동물원

• 에이도스는 초록물고기의 자매회사입니다.

토머스 프렌치 Thomas French 지음
이진선·박경선 옮김

에이도스

Contents

일러두기

1. 이 책은 Thomas French, *Zoo Story: Life in the Garden of Captives*(Hyperion, 2010)를 우리말로 옮긴 것이다.
2. 본문에 있는 괄호 안 글은 옮긴이라는 표시가 없는 경우 저자가 쓴 것이다.
3. 책, 장편소설 등은『』, 영화, 텔레비전 프로그램, 시, 신문은〈〉, 잡지는《》로 구분하였다.

저자의 말

이 책은 플로리다 탬파에 있는 로우리 파크 동물원에서 4년 동안 취재한 자료에 아프리카, 파나마, 뉴욕 등지에서 수집한 자료를 보완해 쓴 논픽션이다. 인간과 동물의 삶 모두를 취재한 결과를 여기 기록했으며, 등장인물의 이름을 비롯한 세부사항은 조금도 꾸미지 않은 실제이다. 내용 중 대다수는 저자가 실제로 목격한 장면이고 인용한 대화 역시 직접 들은 것이지만, 인터뷰나 자료 조사를 통해 얻은 자료를 토대로 재구성한 부분도 있음을 밝혀둔다. 이 책에 등장하는 사람들의 생각이나 감정은 저자가 해당 인물에게서 직접 들었거나 수년간 저자가 이들과 함께하며 알게 된 것이다. 동물들의 내면을 완전히 이해하는 일은 불가능하지만, 동물들의 성장과정 및 사연, 사육사를 비롯해 동물들과 가까운 사람들과의 인터뷰, 저자 스스로 관찰한 내용, 동물들의 인지, 커뮤니케이션, 행동 등에 관한 연구 자료를 종합해 최대한 입체적으로 동물들을 조명하기 위해 노력했다. 각 장이 어떤 자료를 바탕으로 하고 있는지에 대한 자세한 출처는 후주에 기록해 놓았다.

"요즘 사람들은 동물원을 탐탁지 않아해.
종교도 인기가 없긴 마찬가지지.
동물원과 종교 둘 다 자유에 대한 환상에서
벗어나지 못하고 있거든."

• 얀 마텔, 『파이 이야기』 중에서 •

01

새로운 세상

코끼리 열한 마리. 비행기 한 대. 덜컹거리며 하늘을 가로지른다.

살바도르 달리Salvador Dalí의 그림에서나 볼 수 있을 법한 장면이다. 그러나 비행기는 사실 대서양을 까마득히 내려다보며 날고 있었다. 어린 코끼리 열한 마리는 보잉 747기의 불룩한 뱃속에 갇혀 남아프리카에서 미국까지 마라톤 비행 중이었다. 왜 자기들이 비행기에 실려 가는지 영문도 모르는 채였다. 코끼리들은 사방이 꽉 막힌 공간에 갇혀 있는 데 익숙한 서커스 출연 동물이 아니었다. 모두 야생 코끼리였다. 엄청난 비용을 들이고 복잡한 절차를 거쳐 스와질란드에 있는 야생동물 보호구역에서 데려온 이 코끼리들은 미국 샌디에이고와 탬파에 있는 동물원으로 향하고 있었다.

2003년 8월 21일, 유난히 길게 느껴지는 목요일 아침이었다. 코끼리들은 어두컴컴한 화물수송기의 동물용 화물칸에 놓인 열한 개의 철제 우리 안에 갇혀 있었다. 이들은 비행기에 실리기 전 진정제를 맞은 상태였다. 머리가 띵한 것 같았고 배는 별로 고픈 것 같지 않았다. 몇몇은 옆으로 비스듬히 누워 졸고 있었다. 우리마다 돌아다니며 마실 물을 채워주고 다정한 말을 건네는 한 청년에게 무언가 말하려는 듯 선 채로 코를 움직이는 코끼리도 있었다.

"진정해. 이 정도면 지낼 만한 거야." 믹 레일리가 코끼리들에게 말했다.

옅은 갈색 머리에 구릿빛 피부를 가진 믹은 아프리카 오지 마을에서 자란 32세의 청년이었다. 여느 때처럼 카키색 사파리 점퍼 차림의 믹은 조용하면서도 당당해 보였다. 팔다리에는 아카시아 가시에 긁힌 흔적이 있었고, 낡은 장화는 남아프리카 초원의 붉은 먼지로 뒤덮여 있었다. 그의 모든 것이 그가 일생 동안 허리까지 오는 테레빈 풀과 알로에 덤불과 리드우드 나무숲을 헤치며, 사자와 버펄로, 코뿔소의 흔적을 쫓아 행방을 알아내고, 이들 동물의 새끼들을 일일이 세고, AK-47 소총으로 무장한 밀렵꾼을 쫓아내며 살아왔음을 증명해주고 있었다.

믹과 그의 아버지는 남아공과 모잠비크 사이에 위치한 작은 왕국 스와질란드에서 동물보호구역 두 곳을 운영했다. 믹과 이 열한 마리의 코끼리는 동물보호구역에서 함께 자랐다. 코끼리들은 믹의 체취와 목소리, 믹이 말할 때의 리듬을 알고 있었다. 믹은 코끼리 열한 마리의 이름이 무엇이고, 어떻게 자라왔으며, 어떤 놈이 흥분을 잘하고 어떤 놈이 차분한지를 알고 있었고, 무리에서 얼마나 높은 서열을 차지하고 있는지 꿰고 있었다.

우리에 갇혀 있는 코끼리들을 보면서 믹은 코끼리들이 무슨 생각을 하고 있을까 궁금했다. 분명 코끼리들도 덜덜거리는 엔진 소리를 들었을 테고 고도와 기압 변화를 느꼈을 터였다. 멀리서 일어난 지진도 감지해낼 수 있는 발바닥으로 기체가 흔들리는 것을 금방 알아차릴 수 있었을 것이다. 코끼리들은 이런 무수한 감각신호에서 무엇을 해독해냈을까? 열한 마리의 코끼리는 자기들이 하늘을 날고 있는 중이라는 사실을 알기나 할까?

"괜찮아. 아무 일 없을 거야." 믹이 코끼리들을 안심시켰다.

열한 마리 중 몇몇은 믹의 말을 그다지 믿지 않는 눈치였다. 믹은 지난 몇 달간 미국에 있는 동물원과 벌였던 길고 불쾌했던 논쟁 때문에 지쳐 있었다. 스와질란드에 발조차 들인 적 없고 동물보호구역이 어떻게 운영되는지 한 번도 직접 본 적이 없는 사람들이 탄원서를 제출하고 소송을 걸고 비난 성명을 쏟아내는 데 신물이 났던 것이다.

코끼리들이 보호구역에서 살 수 없는 이유는 간단했다. 늘어가는 코끼리들을 모두 데리고 있기에는 보호구역이 비좁았고, 공간을 확보하려면 나무를 잘라내야 하는데, 그렇게 되면 보호구역은 황폐해지고 다른 동물들의 생존이 위협받았기 때문이었다. 코끼리들 중 일부를 죽이거나, 샌디에이고와 탬파에 있는 동물원으로 보내는 방법 중 하나를 선택해야만 했던 것이다. 믹은 코끼리들을 죽이지 않으려면 다른 방도가 없다고 생각했다. 동물보호단체들은 코끼리를 죄수처럼 동물원에 가두느니 차라리 자유롭게 죽게 놔두는 편이 낫다며 믹을 비난했다.

믹은 이런 논리에 넌덜머리가 났다. 자기네가 무슨 정의의 사도라도 되는 양 착각하는 모양이었다. 이들은 동물들이 야생에서 살면 일 년 내내 마르지 않는 맑고 깨끗한 강물을 마시고, 완벽한 자유를 누리며 다 같이 조화를 이루어 살아갈 수 있다고 생각했다. 어디에나 빼곡히 건물이 들어서고 멸종위기에 처하는 생물종이 매일 늘어나는 인구과잉 상태의 지구에서 자유란 그렇게 간단한 문제가 아니다. 다른 생물종들은 점점 멸종위기에 몰리고 있는데 인간 같은 특정 생물종만 마음껏 번식하고 소비할 권리가 있을까?

믹이 아는 한, 대자연은 이데올로기가 아니라 생존을 중요시했다. 그리고 이 비행기에 탄 코끼리들에게는 기회가 주어졌다. 믹의 가족이 코끼리들을 미국에 있는 동물원 두 군데에 보내기로 결정을 내리기 전, 믹은 이들 두 동물원을 직접 방문해 코끼리들이 생활할 공간을 둘러보고 담당 사육사들과 얘기를 나눴다. 믹은 두 동물원 모두 코끼리들이 좋은 대우를 받으며 마음껏 움직일 수 있을 만큼 여유로운 공간에서 살 수 있을 것이라는 확신이 들었다. 그러나 믹은 코끼리들이 여태까지와는 완전히 다른 환경에서 잘 적응할 수 있을지 여전히 걱정이 됐다.

야생에 사는 코끼리는 하루에도 수마일씩 관목 숲을 헤집고 다닌다. 또한 지능이 높고 자기 자신을 인식하며 감정이 풍부한 동물일 뿐만 아니라, 다른 코끼리와 심리적인 유대관계를 형성하며 살아간다. 분노하고 슬퍼하기도 한다. 잘 알려져 있듯, 기억력도 좋다.

스와질란드 코끼리들은 난생처음 사방이 막힌 공간에서 살아가야 한다는 사실을 깨달았을 때 어떤 생각이 들었을까? 다시는 아프리카를 볼 수 없을 거라는 사실을 언제쯤 알게 될까? 이 코끼리들은 운 좋게 구출된 것이거나 노예처럼 감금된 것이었다. 아니면 둘 다일지도 모르겠다.

747기는 살아있는 화물을 싣고 새로운 세상을 향해 서쪽으로 질주했다.

⁂ ⁂ ⁂

해가 지면 사바나 초원은 눈을 뜬다. 앤빌박쥐는 사위어가는 태양빛 속에서 과일을 찾아다니고, 갈라고원숭이는 나무숲 어딘가에서 울부짖는다. 스와질란드 동쪽의 모잠비크 접경지역에는 레봄보Lebombo 산이 검은 벨벳을 두른 듯 펼쳐져 있다.

보름달로 차오르고 있는 달이, 음카야 야생동물 보호구역Mkhaya Game Reserve을 거닐며 얼마 남지 않은 엄브렐러 아카시아를 씹어 먹는 코끼리 떼를 비춘다. 스와질란드 중앙에 위치한 작은 초원 음카야는 747기를 탄 코끼리들을 데려온 공원 중 하나다. 음카야는 코끼리들의 고향이었다. 열한 마리의 코끼리가 어떤 운명에 처하게 될지 얘기하기 전에 코끼리들이 살던 음카야를 둘러보는 것이 좋겠다. 코끼리들이 어떻게 살아왔는지를 알면 그들이 왜 달리의 그림처럼 초현실적인 여행을 떠날 수밖에 없었는지를 이해하는 데 도움이 될 것이다.

저녁 무렵의 음카야를 누비는 투어는 특히 드라마틱하다. 황금빛으로 저물어가는 오후의 끝자락에 랜드로버를 타고 구불구불한 먼지투성이 길을 덜컹이며 남아 있는 코끼리들을 찾아 나서는 것이다. 음카야에는 새끼까지 합쳐 코끼리가 모두 열여섯 마리 있는데, 코끼리는 지구상에서 가장 덩치가 큰 육지 포유류임에도 언제나 찾아내기가 쉽지 않다. 코끼리는 놀라울 만큼 눈에 잘 띄지 않는 동물이다.

해가 저물면 또 다른 동물들이 모습을 드러낸다. 얼룩말과 누gnu(아프리카산 큰 영양의 일종_옮긴이)는 천둥치는 소리와 함께 먼지 구름을 일으키며 저 멀리 지나간다. 아프리카 버펄로는 콧김을 뿜으며 뿔을 치켜들고 어린 버펄로들을 뒤에 거느리고 간다. 기린은 커다란 갈색 눈을 끔벅이며 나무 꼭대기를 말똥말똥 쳐다보더니 슬로우 모션으로 겅중겅중 뛰어간다. 그러나 코끼리는 보이지 않는다.

투어를 시작한 지 두세 시간쯤 지나자 관광객들은 도대체 오늘 밤 안에 코끼리를 한 번이라도 볼 수 있을까 조바심이 들기 시작한다. 그때쯤 어디선가 코끼리 떼가 갑자기 나타난다. 운전수가 길모퉁이를 돌자 본의 아니게 코끼리 떼 행렬의 허리가 끊어진 것이다. 차 앞뒤로 거대한 회색 코끼리들이 유령처럼 불쑥 모습을 드러냈다.

코끼리들은 나무를 쳐서 쓰러트려 가지를 툭 부러뜨린 뒤 잎을 질겅질겅 씹고 엄니로 나무껍질을 벗겨가며 저녁 식사를 하는 중이었다. 랜드로버가 덜덜거리며 서자 코끼리들은 육중한 고개를 돌려 불청객들을 쳐다보았다. 새끼 두 마리가 어미와 암컷 코끼리들 쪽으로 서둘러 뛰어가고, 달빛에 희미하게 엄니를 빛내던 건장한 수컷 코끼리가 어둠 속에서 걸어 나와 불과 6미터밖에 안 떨어진 붉은 레오파드 풀숲으로 다가왔다.

"저 녀석이 제일 큰 애랍니다. 이리 와 인사하렴." 뒷좌석에 있던 한 여성이 말했다.

이 말을 알아듣기라도 한 듯 수컷 코끼리는 도로로 들어서더니 랜드로버를 향해 육중한 걸음으로 느릿느릿 다가왔다. 화난 것 같지는 않았으나 고집 있어 보이는 표정이었다. 운전대를 잡고 있던 투어 가이드가 재빨리 시동을 걸더니 후진 기어를 넣었다. 그는 룸미러로 아프리카버드나무 옆에서 기다리고 있는 암컷 코끼리들 중 하나를 보고 있다가 서둘러 도로 아래쪽으로 후진했다. 차가 다가가자 암컷은 도로 맞은편에 있는 나무를 구부려 인간들이 지나가려는 길을 막았다. 나무를 구부려 잡고 있는 모습이 하나도 힘들지 않아 보였다.

가이드는 후진 기어를 넣은 채 속력을 늦추지 않고 운전대를 재빨리 돌려 도로 바깥으로 차를 빼더니 암코끼리와 도로를 가로막은 나무 옆에 용케 차를 댔다. 그러고는 가속페달을 밟아 언덕 비탈 아래로 내려가 말라붙은 강바닥을 가로질러 코끼리 떼가 따라올 수 없는 곳까지 갔다.

랜드로버에 타고 있던 관광객들은 방금 자기들이 본 게 무슨 뜻인지 궁금해 한다. '암코끼리는 왜 그런 짓을 했던 거지?'

가이드는 빙긋 웃더니 어깨를 으쓱했다. "그건 그냥 심술을 부렸던 거예요. 코끼리는 유머 감각이 있어요. 사람이 생각하는 것 이상으로요."

'심술을 부린 거라고요?'

또 한 번 어깨를 으쓱해 보이더니 가이드는 다음과 같이 말했다.

"암코끼리는 우리가 가는 길을 막으려던 거였어요. 코끼리 떼 사이를 비집고 운전하면 안 돼요. 코끼리들이 좋아하지 않는 일이죠. 코끼리는 자기 말을 들어주길 원해요."

캠프로 돌아가는 길에 가이드는 코끼리는 자기가 원하는 대로 상황이 돌아가지 않으면 짜증을 낸다고 말해주었다. 헬리콥터 조종사들이 코끼리 떼 위를 날고 있으면 코끼리들은 헬리콥터를 향해 장타를 한 방 날릴 것처럼 작은 나무들을 코로 쥐고 흔든다고도 했다.

이곳 음카야에서는 코끼리와 인간과의 만남이 비교적 자유로운 환경에서 이루어진다. 코끼리 떼들은 캠코더를 들고 랜드로버를 타고 접근하는 여행객들의 호기심을 자아낸다. 코끼리도 사람에게 호기심을 느끼는 것 같다. 채 1미터도 안 되는 거리까지 다가와 걸으면서 코를 앞으로 가만히 내미는 것이다. 그러나 인간과 코끼리 사이에는 험악한 일이 벌어지기도 한다. 한번은 공원 직원이 자전거를 타고 이동하다가 뜻하지 않게 코끼리 무리 한가운데를 가로지르고 말았다. 새끼와 함께 있던 어미 코끼리가 덜컹거리는 자전거 소리에 놀라 직원을 공격했고 도망가는 직원을 잡아 수차례 내동댕이쳤다. 그 직원은 간신히 목숨만은 건질 수 있었다.

다른 아프리카 지역과 마찬가지로, 스와질란드에 있는 코끼리들은 인간을 상대로 자신들만의 영역을 지키기 위해 고군분투해왔다. 미국인들은 아프리카를 온갖 생물종들이 지평선 너머까지 마음껏 돌아다닐 수 있는 광활한 미개척 대륙이라고 생각한다. 하지만 현실은 그렇지 않다. 아프리카에는 사람이 너무 많은 공간을 차지하고 있어 대다수 동물들은 동물보호구역에 수용된다. 물론 동물보호구역은 대개 면적이 수백 킬로미터에 이르는 경우도 있을 정도로 넓지만, 인간이 점점 더 많은 땅을 차지하면서 동물들이 활동할 수 있는 공간은 갈수록 부족해지고 있다.

인류가 지구를 뒤덮는 통에 다른 생물종들은 멸종위기에 몰리고 있는데도, 우리 인간은 아무런 제약도 없는 것이 바로 자유라는 비현실적인 환상을 품고 그 속에서 위안을 찾고 싶어 한다. 우리는 안락한 곳에 머물면서 아이들과 둘러 앉아 〈라이온 킹〉을 보며 끝없이 펼쳐진 아프리카 초원을 가로지르는 심바, 품바, 티몬이 삶의 순환을 장엄하게 찬미하는 노래를 함께 따라 부른다. 그러나 현실에서는 동물들이 살아갈 수 있는 삶의 터전이 지금 이 순간에도 줄어들고 있다. 심지어 아프리카에서도 사자를 보려면 울타리로 둘러싸인 동물보호구역에 가야만 할 지경이다.

인간과 동물 사이에 벌어진 갈등의 축소판이 미국 뉴저지 주보다 면적이 더 작은 스와질란드에서 벌어지고 있다. 한때 스와질란드에는 코끼리가 넘쳐났지만 지금은 울타리가 쳐진 보호구역인 음카야 그리고 흘레인 국립공원Hlane Royal National Park 단 두 군데에서만 코끼리를 볼 수 있다. 이마저도 남아프리카 공화국 등 인접국에 있는 거대한 동물보호구역에 비하면 협소하기 짝이 없다. 음카야와 흘레인에는 코끼리가 겨우 십여 마리씩밖에 없다.

50년 전만 해도 스와질란드에서 코끼리라고는 눈을 씻고 찾아도 볼 수 없었다. 원래 있던 코끼리들은 하나둘 죽어갔고 밀렵꾼들에게 희생당했던 것이다. 그때 믹의 아버지인 테드 레일리가 변화를 이끌기 시작했다. 스와질란드에서 나고 자란 테드는 숲속에서 영양이 풀

뜯는 모습이나 킹피셔(물총새류의 새_옮긴이)가 나무에 구멍을 뚫어 둥지를 짓는 모습을 지켜보며 어린 시절을 보냈다.

청년이 되자 테드는 환경보호를 공부하기 위해 남아공과 짐바브웨의 동물보호구역에서 공원경찰로 일했다. 1960년 가족이 운영하던 농장 일을 도우러 고국에 돌아온 그는 자신이 떠나 있는 동안 스와질란드의 야생동물이 거의 죽었다는 사실을 알게 되었다. 한때 수십여 종이 북적대던 지역들을 여행하며 그는 야생동물들이 모두 멸종했음을 두 눈으로 확인한 것이다.

레일리는 동물들을 다시 데려와야겠다고 결심했다. 그는 우선 음릴와네Mlilwane에 있는 가족 농장부터 야생동물의 피난처로 탈바꿈시켰다. 나무와 사바나 풀을 심고 댐을 지어 습지를 조성한 뒤 외국에서 들여오거나 직접 포획한 동물을 데려다 놓았다. 이런 그의 노력에 사람들은 그를 영웅이라 칭송했다. 레일리는 자신이 제저벨Jazebel이라고 이름 붙인 오래된 지프차를 타고 덤불숲을 누비며 임팔라(아프리카산 영양의 일종_옮긴이)와 혹멧돼지, 밀렵꾼을 잡으러 다녔다. 그리고 스와질란드 시골을 샅샅이 뒤져 전갈, 개구리, 도마뱀을 수집했다. 런던 동물원에서 암컷 하마 한 마리를 공수해온 뒤 같은 동물원의 수컷 하마 한 마리는 배를 태워 영국 해협을 거쳐 파리로 이동시킨 다음 비행기로 데려왔다. 레일리가 고용한 어느 순찰감시원은 은코마티Nkomati 강둑에서 몸길이가 2.75미터나 되는 악어를 잡아 몸부림치는 녀석을 픽업트럭에 싣고 음릴와네로 돌아오기도 했다.

한번은 이런 일도 있었다. 어느 날 레일리는 직원 30명과 함께 흰

코뿔소 한 마리에게 진정제를 투여한 뒤 바닥이 평평한 트럭에 싣고 이송하는 중이었다. 잠든 코뿔소를 태우고 얼마나 갔을까, 코뿔소 주위에 앉아 있던 일행은 깜짝 놀라고 말았다. 어느새 정신이 든 코뿔소가 밧줄을 끊고 일행 옆에 떡 하니 서 있었기 때문이었다. 진정제 기운이 남아 있어 비틀거리기는 했어도 코뿔소는 여전히 무시무시한 존재였다. 몇몇은 너무 놀라 트럭에서 뛰어내렸고, 다른 몇몇은 차를 멈추고 코뿔소를 다시 포박할 때까지 비명을 그치지 않았다.

야생동물을 부활시키려는 레일리의 노력은 국왕 소브후자 2세의 관심을 끌었다. 아프리카에 몇 남지 않은 왕족 중 하나였던 스와질란드 국왕은 아내를 50명이나 두기로 유명했다. 스와질란드에서는 매년 '리드 댄스' Reed Dance라는 성대한 부족 축제가 열리는데, 이 축제에서는 수천 명의 처녀들이 가슴을 드러낸 채 춤을 추며 왕과 왕의 모후께 경배를 드린다. 스와질란드 왕은 나라의 다산과 풍요를 상징하는 존재로, 많은 아내를 맞아들여 자식을 여러 명 낳을 책임이 있었다.

스와질란드가 낙후됐다고 생각하는 이웃나라 남아공 사람들은 리드 댄스나 가슴을 드러낸 처녀 무희 얘기를 들으면 눈이 휘둥그레진다. 하지만 다른 나라 사람들이 아무리 무시해도 레일리는 신경쓰지 않았다. 골수 왕정주의자인 그는 외부의 회의적인 시각에 대해 스와질란드 전통문화를 모르는 무식한 소리라고 일축했다.

한편 사냥꾼과 밀렵꾼을 몰아내려는 레일리를 반대하는 스와질란드 정치인들이 늘어가고 있었다. 때문에 레일리가 자신의 주장을 관철시키려면 국왕의 지지를 얻어내야 했다. 스와질란드에 야생동물이 돌아오기를 염원하던 소브후자 왕은 레일리의 든든한 후원자가 되었다.

음릴와네에 만든 야생동물 피난처는 단지 시작에 불과했다. 소브후자 왕과 왕위 계승자인 므스와티Mswati 3세의 전폭적인 지원 아래 레일리는 흘레인에 스와질란드 최초로 국립공원을 세우고 흑코뿔소나 응구니Nguni 소같이 멸종위기에 처한 동물을 보호하기 위해 음카야 동물보호구역을 만들었다. 그리고 이 세 군데의 운영을 위해 비영리 신탁재단을 설립했다. 레일리는 아들 믹을 포함해 순찰감시원을 더 많이 고용해 교육시켰고, 사자, 검은 영양, 버펄로, 치타 등 더 많은 동물들을 데려왔다.

코끼리는 믹이 아직 십대 소년이었던 1987년부터 음카야로 들여오기 시작했다. 코끼리를 들여올 당시 시작부터 논란이 많았다. 남아공에서 두세 살 내외의 어린 코끼리 십여 마리를 트럭으로 데려왔는데, 이들 코끼리는 남아공에서 코끼리 수를 제한하고자 매년 실시하는 도태(특정 동물의 수를 제한하기 위해 줄여 없애는 것_옮긴이)에서 살아남은 코끼리들이었다. 비록 살아남기는 했지만 이들 어린 코끼리는 가족이 도살되는 광경을 목격했다. 따라서 이런 코끼리들을 스와질란드로 데려오는 게 과연 잘하는 일인지 아무도 확신할 수 없었다. 아직 어린 코끼리들이 과연 어미 없이 살아남을 수 있을까? 살아남는다 하더라도 끔찍한 기억에 시달리지는 않을까?

테드 레일리는 이런 염려들에 신경 쓰지 않았다. 그는 어린 코끼리들이 어미 옆에서 마음껏 숲을 돌아다니는 것이 더 행복하리라는 것은 인정했다. 그러나 레일리는 어미 코끼리들은 이미 죽었으니, 음카야와 흘레인에서 새출발을 하는 편이 어린 코끼리들에게 더 낫지 않겠느냐고 반문했다.

어린 코끼리들은 살아남았다. 사실 살아남기만 한 것이 아니라 스와질란드에 데려온 지 불과 몇 년 만에 동물보호구역에서 감당하기 힘들 정도로 왕성하게 활동했다. 코끼리는 지구상에서 가장 사랑스러운 동물 중 하나이지만, 하루 중 최대 열여덟 시간을 먹는 데 보내는 엄청난 대식가이기도 하다. 코끼리는 호모 사피엔스를 제외하고 다른 어떤 생물종보다 주변 생태계를 바꿔버리는 데 뛰어난 능력을 가지고 있다. 음카야와 흘레인에 데려다 놓은 코끼리들은 수많은 나무의 껍질을 벗겼고 너무나 많은 나무를 넘어뜨려 공원 전역이 황폐화되어 갔다. 게다가 나무에 둥지를 틀고 사는 독수리, 올빼미, 콘도르의 생존도 위협했다. 또한 아프리카에서 가장 심각한 멸종위기에 처해 있는 흑코뿔소도 초목을 주식으로 하기 때문에 황폐화된 삼림은 생존에 중대한 위협을 끼쳤다.

열한 마리의 코끼리를 미국행 비행기에 싣기 몇 달 전, 일부 동물보호단체들은 음카야와 흘레인에 코끼리들이 살아갈 만한 공간이 충분히 있다고 주장하면서, 레일리가 코끼리를 다른 동물원에 팔아넘기기 위해 공간이 부족하다는 루머를 퍼뜨렸다고 비난했다.

그러나 당장 오늘이라도 음카야나 흘레인을 방문해보면 누구나 문제의 심각성을 깨달을 것이다. 음카야가 얼마나 황폐한지 실제로 보면 깜짝 놀랄 것이다. 흘레인은 정말 최악이다. 공원을 위에서 내려다보면, 코끼리가 살지 않는 구역은 나무와 숲이 무성히 우거진 광활한 수목지대다. 그러나 몇 센티미터만 눈을 돌려 반대편을 쳐다보면 온통 죽은 나무들만 서 있다. 흘레인에서 코끼리들이 사는 구역인 것이다. 그곳의 나무들은 대부분 땅 쪽으로 꺾여 있고, 가지가 검게 고사되고 부러졌으며, 껍질이 벗겨진 채 삐딱하게 휘어져 있다.

이런 광경을 보고 있노라면, 불모지나 다름없는 이런 환경에서 코끼리나 다른 동물들이 용케 살아남았다는 사실이 믿기지 않을 정도다.

⁂

파도와 구름을 뒤로 한 채 747기는 하늘로 높이 솟구쳤다. 날개 위에서 햇빛이 이글거렸다. 비행기는 가느다란 줄을 그리며 구름 한 점 없는 새파란 캔버스 같은 하늘를 가로질렀다.

비행기 안에는 몇몇 코끼리들이 졸고 깨기를 반복하고 있었다. 다른 코끼리들은 진정제로 맞은 아자페론과 아큐페이스 기운이 점점 약해져 정신이 드는 모양이었다.

믹은 지칠 대로 지쳐 있었다. 그럼에도 믹은 코끼리들이 가장 잘 알아들을 수 있는 인간의 언어로 부드럽게 말을 건네며 우리를 돌아보고 있었다.

"카흘레 음파나, 쿠투룽가(침착하렴, 다 잘 될 거야.)" 믹이 스와질란드 원주민 언어인 시스와티어siSwati로 말했다.

옆에서는 남아공 출신 수의사 크리스 킹슬리가 코끼리들의 상태를 점검하고 있었다. 호흡패턴이 일정한지 살피고 소리에 반응하는

지를 시험한 후, 몸을 떨거나 트라우마 징후를 보이는 코끼리는 없는지 확인했다.

크리스와 믹은 수요일 이른 새벽부터 내리 40시간째 쉬지 않고 일하는 중이었다. 보마boma(장거리 수송에 필요한 사전 준비를 위해 동물들이 머무르는 우리) 안에서 코끼리에게 진정제를 투여하고, 컨베이어 벨트로 크레인에 올려 대형 수송트럭에 실은 다음 공항에서 가장 가까운 도시인 맨지니로 향했다. 트럭에 코끼리를 태우는 작업만 하루 종일 걸렸고 밤새도록 달려서야 맨지니에 도착할 수 있었다. 하지만 맨지니 공항에는 747기가 이륙할 만큼 넓은 활주로가 없었기 때문에 코끼리들을 일류신 IL-16 두 대에 나눠 싣고 요하네스버그까지 가야 했다. 요하네스버그에 도착해서는 지게차로 코끼리가 든 우리를 옮겨 747기 화물칸에 다시 실었다. 남반구인 그곳은 겨울이었고 그날 밤은 활주로가 얼어 얼음으로 반짝일 정도로 추웠지만 거쳐야 할 절차가 남아 있었다. 세관원이 두툼한 양도서류에 서명을 모두 마칠 때까지 기다려야 했던 것이다. 목요일 해가 뜰쯤에야 747기는 비로소 활주로를 이륙할 수 있었다.

대절하는 데만도 엄청난 비용이 든 747기는 코끼리 열한 마리쯤은 거뜬히 싣고 비행할 수 있었다. 몇 톤쯤 더 실어도 문제되지 않았을 것이다. 그러나 기장은 승객들이 최대한 편안하게 여행할 수 있도록 천천히 부드럽게 고도를 높여 아프리카 대륙을 벗어나 대서양으로 향했다.

747기가 적도를 횡단해 여덟 개의 시간대를 지나면서 밤과 낮의 구분이 희미해지기 시작했다. 믹과 크리스는 윙윙거리는 엔진 소리와 코끼리들이 내뿜는 입김에 둘러싸여 있었다. 급수통을 손에 든 채 이들은 우리를 돌아다니며 마실 물이 충분한지, 우리 밑에 둔 소변받이가 넘치지 않는지 살폈다. 코끼리 소변은 금속도 부식시킬 만큼 독했기 때문이었다.

열한 마리 코끼리들은 모두 열 살에서 열네 살 사이로 청소년기에 해당했다. 네 마리는 탬파로, 나머지 일곱 마리는 샌디에이고로 보낼 예정이었다. 지금까지는 말썽 없이 잘 버텨주었지만, 비행 초기에 크리스는 음발리가 걱정이었다. 믹의 딸 이름을 따서 지은 음발리는 열한 마리 중 나이도 제일 어리고 몸집도 가장 작았다. 그런 음발리가 비행기가 이륙하고 나서 식음을 전폐하고 그저 누워만 있었던 것이다. 크리스는 음발리가 우울해 한다고 생각했다. 하지만 몇 시간이 지나자 다행히 음발리는 기분이 나아진 것 같았다. 자리에서 일어나 코로 물도 마시고 사람들의 목소리에 반응을 보였다.

다른 코끼리들도 목청껏 소리를 내고 있었다. 믹과 크리스는 코끼리들의 소리에서 불만이 가득함을 느낄 수 있었다. 수컷 코끼리들의 트럼펫 소리 같은 울음소리에 둘은 깜짝 놀랐던 것이다. 수컷 코끼리들은 암컷보다 더 불안해 하는 것 같았다. 벌써부터 갇혀 있는 것에 저항하는 몸짓을 보였다. 믹은 수컷 코끼리들이 우리 한쪽 벽에 비스듬히 몸을 기대고 다른 쪽 벽을 발로 밀치며 우리가 얼마나 튼튼하게 지어졌는지 시험이라도 하는 듯한 모습을 보았다. 그러다 우리를 부숴버리면 어떡하지? 믹은 머리가 지끈거렸다.

믹의 머릿속에는 자꾸만 수컷 코끼리가 비행기 앞쪽으로 돌진하는 모습이 떠올랐다. 조종석 안까지 밀고 들어가 육중한 발로 기장을 짓뭉갠 뒤 코를 휘둘러 기체를 때려 부수는 장면이 보이는 것만 같았다.

난동을 부리던 수컷은 까마득히 내려다보이는 파도 속으로 떨어지고, 조종사도 없고 조종 장치도 망가져 온통 엉망이 된 747기가 뒤를 따라 추락하는 상상에 믹은 고개를 저었다.

⁂ ⁂ ⁂

레일리 가족이 코끼리들을 어떻게 해야 할지 고민을 막 시작할 무렵만 해도 코끼리를 다른 동물원에 보낸다는 생각은 꿈에도 하지 않았다. 야생생물을 수용할 개방시설을 만들기 위해 수십 년간 고군분투했는데, 동물을 동물원에 가둔다는 생각은 말도 안 되는 발상이었던 것이다. 믹의 누이인 앤 레일리는 아버지와 동생이 코끼리 몇 마리를 샌디에이고와 탬파에 있는 동물원에 보내는 방안을 고려하고 있다는 것을 알았을 때 아연실색하며 "동물원에 가두지 않으려고 여기 데리고 있는 거 아닌가요?"라고 반문했다.

테드와 믹 역시 동물원에 보내겠다는 결정을 쉽게 내린 것은 아니었다. 믹은 퀴퀴한 우리에서 초조하게 왔다 갔다 하는 코끼리들이 눈에 보이는 것 같았다.

"우리도 개인적으로는 동물들이 야생 환경 그대로 살았으면 좋겠어요. 사실 저는 동물원에 가본 적도 몇 번 없고, '동물원' 하면 제 머리 속에 떠오르는 이미지가 50년 전에나 있었을 법한 동물원이죠." 믹의 말이었다.

피임을 시키거나 중성화 수술을 시킬 수도 없었다. 들판에서 코끼리들에게 이 방법을 시도해본 적이 있었지만 효과가 있는지는 뚜렷이 알 수 없었다. 암코끼리의 월경 주기, 수코끼리에게 정관 수술을 하는 데 필요한 시간, 동료 코끼리들이 시술 중인 의료진에게 폭력적인 행동을 할 가능성 등 여러 가지 문제점들이 얽혀 있어 이 방법은 무리가 있었다. 게다가 보호구역 내에는 코끼리 수가 이미 너무나 많이 불어난 상태였다.

레일리 가족은 이웃 나라인 남아프리카 공화국에 코끼리들을 데려다 놓을 만한 공원이 있는지 알아봤다. 마음에 드는 공원이 있었지만, 번번이 거절을 당했다. 남아공도 이미 코끼리 과잉이었다. 레일리의 말에 따르면, 남아공 정부는 다른 나라에서 코끼리를 들여오지 못하도록 금지령을 내린 상태였다.

이들은 다른 아프리카 국가들을 물색해보았다. 그러나 어디를 가나 하나같이 밀렵이 횡행하는 위험천만한 지역이었다. 심지어 대놓고 코끼리를 사냥할 수 있도록 허가해주는 국가도 있었다. 남아공보다도 코끼리 과잉현상이 심각한 보츠와나에서는 부유한 관광객이 5만 달러만 내면 사냥 여행을 하면서 수컷 코끼리 한 마리를 쏘아 죽인 뒤 쓰러져 있는 코끼리 사체 위에 올라가 기념사진까지 한 컷 찍을 수 있었다.

레일리 가족은 음카야와 흘레인에 있는 코끼리들을 죽음으로 몰아넣고, 고기와 상아가 암시장에서 팔려나가고, 사체가 전리품 취급을 당하게 하고 싶지 않았다. 그러나 차선책을 찾아내지 못하면 믹과 그의 아버지는 보호구역의 코끼리 일부를 자기들 손으로 죽일밖에 다른 도리가 없을 것이라는 결론을 내렸다. 그들은 이미 보호구역에 있는 혹멧돼지와 임팔라 등 다른 동물들의 개체수를 제한하기 위해 도태를 실시했던 터였다. 레일리 부자는 다른 동물들을 도태할 때와는 비교도 안 될 만큼 깊은 슬픔을 느끼겠지만, 코끼리들을 도태할 준비가 되어 있었다.

큰 덩치와 높은 지능, 풍부한 감정을 가진 코끼리는 한마디로 매력덩어리다. 사람들은 코끼리 어미가 새끼를 자애로운 애정으로 기르고 남의 새끼 역시 애정으로 돌본다는 사실에 감탄했다. 또한 코끼리의 비상한 기억력은 코끼리가 자기를 인식하고 과거와 미래를 구별할 줄 안다는 사실을 뒷받침 해주는 증거로 제시되기도 했다. 윤리학자들은 코끼리의 이런 특성들 때문에 코끼리가 개성이 있다고 보았으며, 코끼리에게 인간과 같은 수준의 도덕과 권리를 허용해야 하는지 연구하기도 했다.

한편 코끼리 사회의 위계질서는 페미니스트들의 관심을 끌었다. 암컷들 중 가장 서열이 높은 여족장 코끼리는 성인 수컷에게 거의 아무런 간섭을 받지 않고 생활하며 대개 혼자 다니거나 미혼인 수컷 코끼리들과 함께 숲을 돌아다녔다. 많은 이들에게 코끼리는 이 시대의 진보와 자애를 대변하는 동물로 여겨지고 있었다.

사람들은 코끼리를 단순히 경외감을 불러일으키는 동물이 아니라, 자연에 대한 계몽적 깨달음을 주는 동물로 여겼고 이런 이유들 때문에 사람들은 다른 동물들보다도 코끼리를 가깝게 느꼈다.

하지만 코끼리 도태는 오래전부터 아프리카 국가 곳곳에서 행해지고 있었다. 특히 1950년대 이후 상아 교역이 금지되자 아프리카 남부지역의 코끼리 수가 급증했다. 그리고 1960년대부터 1990년대 중반까지 잠비아, 나미비아, 짐바브웨, 남아공에서 코끼리 수를 줄이기 위해 도태를 실시했다. 우간다에서 행해지던 초기 도태 방법 중 하나를 소개하면, 사냥꾼 한 팀이 코끼리들 근처에 조용히 자리를 잡고 일부러 재채기를 하거나 나뭇가지를 부러뜨려 코끼리들에게 주변에 누군가 있음을 알아차리게 만든다. 놀란 코끼리들이 무리를 지어 어린 코끼리들을 둥글게 둘러싸면, 사냥꾼들은 간단하게 총으로 코끼리들을 쏴 죽일 수 있었다.

이 시기 동안 5만 마리에 가까운 코끼리가 도태된 짐바브웨에서는 더 효율적인 방법을 동원했다. 비행기가 저공비행하면서 코끼리 떼를 숲으로 몰아넣으면 도태팀이 기다리고 있다가 자동소총으로 사살한 것이다. 제일 먼저 덩치 큰 수컷 코끼리를 쏘고 그 다음으로 가장 서열이 높은 여족장 암컷을 비롯해 나이 든 암컷들을 차례로 처치했다. 여족장 코끼리는 무리를 이끄는 역할을 하기 때문에, 서열이 제일 높은 암컷을 초반에 죽이는 방법은 많은 나라에서 공통적으로 사용되는 도태 방식이었다. 코끼리 무리의 정신적 지주 역할을 하는 여족장 코끼리를 먼저 처치하면 무리는 지도자를 잃고 혼란에 빠져 무엇을 해야 할지, 어디로 가야 할지 몰라 허둥지둥 댔기 때문이었다. 때로는 총잡이가 벗겨낸 여족장의 가죽으로 다른 코끼리들을 가까이 오도록 유인한 뒤 사살하기도 했다.

30년 동안 14,000여 마리의 코끼리가 도태된 남아공의 크루거 국립공원에서는 잔인한 도태법이 진화에 진화를 거듭했다. 크루거 국립공원에서는 매년 쿼터를 할당해 적정 수용규모를 초과하면 해당 동물을 헬기로 저공비행해 사전에 지정된 구역으로 몰아넣었다. 코끼리들을 수킬로미터나 떨어진 도태 장소로 유인하기도 했다. 도태 장소로는 관광객들의 눈에 띄지 않으면서 순찰도로에 가까워 대규모 사체를 치우기 편리한 곳이 선호되었다. 헬기로 코끼리들을 위협해 도살장 쪽으로 향하게 한 뒤, 상공에서 빙빙 돌면서 코끼리들을 한곳으로 몰았다. 그러면 새끼 코끼리들은 어미와 떨어지지 않으려고 안간힘을 쓰다가 넘어졌다. 낮게 뜬 헬기가 코끼리들의 머리 위로 어두운 그림자를 드리웠고 어른 코끼리들은 엄니를 치켜들어 울부짖었다.

한동안은 순찰감시원들이 심장수술에 쓰이는 스콜린이라는 신경근육 마취제를 도태시킬 코끼리들에게 발사하기도 했다. 그러면 지상에서 최대 60여 명에 이르는 무장 직원들이 마취된 코끼리들을 사살했다. 그러나 마취제를 맞은 코끼리의 몸은 마비되지만 몇 분 동안은 완전히 의식이 있는 상태이기 때문에 지상에서 사살하기도 전에 질식사하는 경우가 있어 이 방법은 비인도적이라는 비난을 받았다. 결국 스콜린 사용은 금지되었다. 대신 장총으로 무장한 저격수가 헬리콥터 밖으로 몸을 기울여 대기하고 있다가 코끼리 바로 뒤에 다가갔다 싶으면 목덜미와 두개골 하부에 총을 쏘았다. 코끼리는 맞히기 까다로운 표적은 아니었다. 대개 코끼리들은 한 줄로 서서 똑바로 달리고, 몸을 많이 움직이지 않고 얌전히 걸으며 머리도 흔들지 않기 때문이었다. 머리 부분을 명중시키면 코끼리는 달리다가 갑자기 푹 고꾸라지면서 엄니가 땅바닥에 쿵하고 세게 부딪혔다.

저격을 담당하는 이들은 동물원의 다른 동물들과 희귀 식물종을 보호하기 위해 코끼리 수를 줄여야만 하는 냉정한 현실을 알고 있었다. 크루거 공원의 코끼리들은 수가 너무 많아서 지난 수천 년 동안 사바나 초원에 드리워 있던 바오바브나무숲을 싹쓸이해버린 상태였다. 하지만 이런 사실을 머리로는 이해한다고 해도 코끼리들을 향해 방아쇠를 당기고, 총에 맞은 어린 새끼가 어미의 사체 옆에 흙먼지를 일으키며 쓰러지는 모습을 지켜보는 일은 결코 쉽지 않았다.

"제게 이걸 즐기느냐는 질문은 하지 마십시오." 1990년대 초, 크루거 국립공원에서 일하던 어느 공원경찰이 공원에서 실시하는 도태를 목격한 영국인 리포터에게 말했다. 그날 공원경찰과 그의 팀은 300마리의 코끼리를 죽였다. 공원경찰은 다음과 같이 덧붙였다.

"코끼리는 아름다운 피조물입니다. 크루거 공원에 있는 동물들 중 저는 코끼리를 가장 좋아해요. 우리는 신처럼 행동하지만 우리가 신은 아닙니다. 도태를 한번 해보세요. 도태를 할 때마다 당신은 무엇인가를 잃어버리는 느낌이 들 겁니다. 도태 작업은 유쾌하지 않습니다. 하지만 누군가는 해야 할 일이죠."

도살 직후의 현장은 어수선했다. 젖을 뗀 새끼들 중 살아남은 놈들은 다른 동물보호구역에 보내거나 미국이나 유럽에 있는 동물원에 팔기 위해 살려두었다. 새끼가 도망치지 못하도록 어미의 사체와 함께 묶어 밀거나 질질 끌어 수송용 우리로 데려가는 경우도 있었다. 이들 주위에는 작업복에 흰 고무장화를 신은 사후처리반이 죽은 코끼리들 사이를 돌아다니면서 커다란 손도끼칼로 목 부분을 갈라 피를 빼내 사체를 치우기 쉽도록 했다. 근처 나무에서는 콘도르들이 날개를 퍼덕이며 날아오를 채비를 하고 있었고, 저 멀리에는 하이에

나들이 기다리고 있었다.

사후처리반은 도살 현장을 최대한 말끔히 치웠다. 며칠 후 도태 대상이 아니었던 코끼리들이 이 지역에 들어왔다가 동료 코끼리의 사체에 걸려 넘어지는 일이 없도록 하기 위해서였다. 공원에서 수년간 근무하면서 코끼리들을 지켜본 직원들은 대부분의 다른 동물들과는 달리 코끼리는 죽음이 무엇인지 인식하고 있고, 동족의 사체를 발견하면 나뭇가지나 풀로 덮어준다는 것을 알고 있었다. 심지어 코끼리는 자기가 아는 암컷이나 수컷 코끼리가 들판에 죽어 있으면 식별해낼 수 있다고 믿는 학자들도 있다. 한번은 우간다에서 도태가 있은 후 공원관리자들이 도태된 코끼리의 잘린 발과 몸의 일부분을 헛간에 옮겨다 놓은 적이 있었다. 그날 밤 다른 코끼리들이 헛간으로 밀고 들어와 죽은 코끼리들의 잘려나간 사체들을 묻어주었다고 한다.

크루거 공원 관계자들은 살아남은 코끼리들에게 두려움이나 적개심을 심어주고 싶지 않았다. 마음에 상처를 입은 코끼리들이 연간 수천 명에 이르는 공원 관광객들에게 복수하지는 않을까 두려웠던 것이다. 이런 이유로 도태 담당직원들은 참혹했던 살육의 흔적을 깨끗이 없앴다. 이들은 피가 흥건히 밴 땅에 크레인과 트럭을 몰고 들어가 코끼리 사체를 싣고 크루거 공원의 도살장으로 운반했다. 상아엄니는 따로 모아 도난을 방지하기 위해 창고에 보관했고, 고기와 가죽은 돈을 받고 팔았다.

죽은 코끼리들을 흔적도 없이 없앤 것이다.

이런 노력에도 불구하고 크루거를 비롯한 국립공원에 있는 코끼리들은 무언가 끔찍한 일이 일어났다는 사실을 감지한 듯했다. 몇 건의 도태가 있은 후 코끼리들이 사방에서 모여들어 도태가 행해진 구역으로 이동한 것이다. 이 코끼리들은 도태 지역에서 현장 조사라도 하듯 잠시 머무르곤 했다. 더욱 놀라운 점은 살아남은 코끼리들이 도태 작업이 끝나기도 전에 위협을 감지했다는 사실이었다. 몇 건의 도태가 행해지던 중 도태 현장에서 멀리 떨어진 곳에 있던 코끼리들이 헬기와 총소리를 피해 떠나는 모습이 목격되었다. 짐바브웨에서는 도태 현장에서 145km 떨어진 곳에 있던 코끼리들이 너무 놀라 도망쳐 숨었다고 한다. 그들은 최대한 외곽지역으로 도망쳐 가서 한데 모여 있었다.

코끼리들은 어떻게 무서워할 수 있었던 것일까? 코끼리는 후각이 엄청나게 예민하기 때문에 바람을 타고 온 피냄새를 맡았는지도 모른다. 아니면 헬기 프로펠러 소리를 들었을 수도 있다. 코끼리는 수백 마일 밖에서도 폭풍 소리를 들을 수 있다고 한다. 코끼리의 생리기능과 습성에 관한 최근 연구 결과에 따르면, 코끼리는 먼 거리에서 공격을 받고 있는 동족이 보내는 조난 신호에 반응했던 것이 거의 확실한 것으로 보인다.

코끼리는 평소에 거센 콧바람을 내뿜고, 날카롭게 외치거나, 포효하고, 큰 소리로 울부짖고, 트럼펫 소리를 내며 서로 의사소통을 한다. 또한 인간에게는 잘 들리지 않는 긴 저주파low-frequency 저음으로 정보를 교환하기도 한다. 가까이 있으면 인간도 코끼리들이 내는 긴 저음을 들을 수 있는 경우가 있다. 이때의 바이브레이션은 천둥이 치는 것처럼 '공기 중에 울려 퍼지는 고동 소리'를 닮았다고 한다.

케냐의 한 연구자는 저주파를 잡아내는 특수 장비에 녹음된 초저주파를 들더니 낮게 가르랑거리는 소리처럼 들린다고 말했다. 한편 코끼리는 귀뿐 아니라 발바닥으로도 이 소리를 감지해낸다. 말랑말랑한 발바닥에 동작 감지세포가 있어 땅을 타고 전해오는 진동에서 저주파음을 감지할 수 있다. 코끼리는 초저주파 신호를 이용해 이성을 유혹하고, 지배력을 행사하며, 늪지대에 빠지거나 어려움에 처해 도움을 요청하는 어린 코끼리들을 구출한다.

따라서 도태를 당하는 코끼리들의 정신적 충격이 확산되지 않도록 막을 수 있는 방법은 없다. 헬기를 피해 도망가던 코끼리들은 먼 곳에 있는 다른 코끼리들에게 공포로 가득한 경고를 보냈을지도 모른다. 먼 곳에 있던 코끼리들이 동료의 메시지를 듣고 충격을 받는 장면을 쉽게 상상할 수 있을 것이다. 충격을 받은 코끼리들은 1~2초간 얼어붙은 듯 멈춰 있다가 머리를 앞뒤로 흔들고 양쪽 귀를 빳빳하게 펼쳐 정보에 귀를 기울일 것이다.

조난 신호가 십여 분 동안 이어질지 삼십 분 동안 계속될지 아무도 알 수 없었다. 조난 신호를 보내는 목소리는 점점 잦아들어 갔다.

⁂ ⁂ ⁂

스와질란드 코끼리들은 피로 물든 역사를 가지고 있다. 이들은 남아프리카 공화국에 있는 크루거 국립공원의 도태에서 살아남은 수백 마리의 새끼 코끼리였다. 모두들 헬기를 피해 달렸고, 소총 소리를 들었으며, 가족들이 처참하게 도륙되는 광경을 지켜봐야만 했다.

그로부터 몇 년이 지난 후, 도태로 고아가 된 코끼리들은 문제를 일으켰다. 아프리카 남부 주변국의 공원으로 뿔뿔이 흩어진 코끼리들이 전형적인 외상 후 스트레스장애 증상을 보였던 것이다. 이들은 조그마한 일에도 깜짝깜짝 놀라고 강한 공격성을 보였다. 성장할 때 연장자 수컷과 암컷들로부터 교육을 받지 못한 어린 수컷 코끼리들은 행패를 잘 부리기로 악명이 자자했다. 울타리를 쓰러뜨리고, 파이프를 파헤치고, 농작물을 짓뭉개놓았다. 인간이나 다른 동물들을 공격하는 경우도 점점 더 잦은 것 같았다. 일부 수컷 코끼리들은 코뿔소를 성폭행한 뒤 죽이는 놀랍도록 비정상적인 행태를 보이기도 했다.

레일리 가족이 데려온 어린 코끼리들도 이런 문제를 보였다. 음카야와 훌레인에 있는 수컷 코끼리 중 일부가 수년에 걸쳐 흰코뿔소에게 공격적인 성향을 보인 것이다. 어떤 수컷 코끼리는 하루 만에 코뿔소 세 마리를 공격해 치명상을 입히기도 했다. 믹은 난폭한 코끼리들을 직접 사살했지만 다행히 이런 상황은 드문 편이었다. 음카야와 훌레인 공원에 있는 삼십여 마리의 코끼리들은 대부분 암컷이었고 새로운 환경에 잘 적응했다. 오히려 너무 적응을 잘해서 탈이었다. 엄청난 식욕에다 공원에 있는 나무들을 파괴한 것만 봐도 그렇다. 크루거 공원에서 일부 코끼리들을 데려온 지 겨우 7년이 지난 2001년, 레일리 가족은 음카야와 훌레인의 황폐화가 너무 심해서 코끼리들을 자기들 손으로 도태하는 것 외에는 다른 선택이 없다고 생각했다.

"우리는 시간이 없었어요." 믹이 말했다.

바로 그때 처음에는 미국의 샌디에이고 동물원에서 그 다음엔 탬파 동물원 측에서 코끼리들을 데려가겠다고 제안해왔다. 이들 동물원 관계자들은 스와질란드를 방문해 자기네들이 코끼리들을 어떤 환경에서 보살필 것인지 설명했다. 샌디에이고 측은 이미 3에이커나 되는 코끼리 전시관을 가지고 있었고, 탬파에 있는 로우리Lowry 동물원은 샌디에이고와 비슷한 면적의 코끼리 전시관을 새로 지을 예정이었다. 이들 동물원은 레일리 가족에게 자기들 공원에 직접 와보라고 초청했다. 믹은 미국으로 건너가 이들 동물원을 둘러보고는 깊은 감명을 받았다. 코끼리 전시관뿐 아니라 직원들이 갖추고 있는 전문지식과 기술, 그리고 동물에 대한 배려에 감동을 받았던 것이다. 믹의 눈에는 샌디에이고 동물원에 있는 동물병원이 스와질란드의 그 어떤 병원보다도 더 훌륭했다. 믹은 로우리 동물원에서 우연히 매너티 전용 병동에 들르게 되었는데, 그곳에서는 부상당했거나 병이 있는 십여 마리의 매너티를 치료해 야생으로 돌려보내는 일을 하고 있었다.

믹은 드디어 해결책을 찾아냈다. 동물보호구역에 자리가 없으면 샌디에이고와 로우리 동물원에 보내면 해결될 것 같았다.

“동물원은 여기저기 많아요.” 테드가 말했다.

므스와티 3세의 승인이 떨어지자 레일리 가족과 두 군데 동물원은 법적으로 허가받기 위해 거쳐야 하는 복잡한 절차를 밟기 시작했다. 미국에 있는 동물원들은 코끼리 한 마리당 1만 2천 달러를 지불하기로 합의했다. 레일리 가족은 이 돈을 음카야와 흘레인을 경영하고, 보호구역이 보유하고 있는 동물들을 보호하며, 더 많은 부지를 매입하는 데 쓸 것이라고 했다. 로우리 동물원과 샌디에이고 동물원 측은 허가신청서에 열한 마리의 야생 코끼리들이 도착하면 미국 전역에 있는 동물원들이 혜택을 받을 것이라고 밝혔다. 아프리카에서 코끼리를 들여오는 것은 미국으로서는 거의 15년 만의 일로, 현재 동물원에 있는 코끼리들은 노쇠해 새끼를 낳는 데 어려움이 있기 때문에 야생 코끼리를 데려가면 번식이 다시 활기를 띨 것이라고 여겼다.

산더미 같은 서류가 변호사와 관료들을 기다리고 있었다. 그러나 미국 동물원 측과 레일리 가족의 야생 동물공원이 처리해야 할 일은 훨씬 더 많았다. 어떻게 열한 마리의 코끼리들을 대서양을 건너 이동시킬 것이며, 또 도착 후 어떻게 보살필 것인지를 준비하는 문제가 만만치 않았다. 샌디에이고에는 이미 아프리카코끼리 전시관이 있었지만 이번에 새로 데려오는 코끼리들을 수용하기 위해 기존에 있던 코끼리들을 다른 동물원으로 보내야 했다.

로우리 동물원은 1993년 아시아코끼리가 젊은 여자 사육사를 죽인 이후 10년 동안 코끼리 전시관을 운영하지 않았다. 사육사가 죽은 이후 동물원 측은 코끼리 전시관을 폐쇄하고 기존에 데리고 있던 코끼리 두 마리를 다른 곳으로 보냈던 것이다. 로우리 동물원은 새로운 시설을 지어야 했고, 새로운 코끼리 사육사를 고용하고 직원 보호규정을 보완해야 했다.

한편 스와질란드에 있는 레일리 가족은 미국에 보낼 코끼리를 선별하고, 기나긴 여정을 준비하기 위해 코끼리를 일단 보마로 이동시켜야 했다. 레일리 가족은 음카야와 흘레인에서 열세 마리의 코끼리를 선별했다. 미국에 보낼 열한 마리에다 비행기를 탈 수 없는 상태가 되거나 준비하는 도중 받은 스트레스로 죽을지도 모르는 가능성에 대비해 두 마리는 예비로 더 뽑아두었다. 어린 새끼가 있는 암컷이나 출산이 임박해 있어 긴 여행 동안 자칫 스트레스로 유산할 위험이 높은 암컷은 제외했다. 그러나 코끼리의 임신 여부는 체내 검사를 해보지 않고는 판단하기가 어려웠다. 불상사가 생기지 않도록 임신 말기에 있는 암컷은 미국으로 보내지 않기로 했고, 코끼리 번식 분야에서 세계적으로 권위를 인정받는 수의사 두 명을 베를린에서 데려와 동행시키기로 했다.

또 다른 문제가 있었다. 레일리 가족은 선별되지 않은 코끼리들이 동료들이 진정제를 맞고 직원들에게 끌려가는 모습을 보고 정신적으로 충격을 받지는 않을까 걱정했다. 남겨진 코끼리들이 보기에 동료 코끼리들이 대거 보마로 실려 가는 모습은 또 다른 도태가 일어나고 있는 것으로 보이기 쉬웠다. 남겨진 코끼리들의 정신적 충격을 막고 공원경찰이나 관람객들에게 적개심을 갖지 않도록 레일리 부자는 다른 계획을 짰다. 2003년 3월, 헬리콥터를 탄 직원이 음카야와 흘레인에 있는 모든 코끼리에게 마취제를 발사해 동료 코끼리 열세 마리를 데려가는 모습을 볼 수 없도록 한 것이다. 그러는 사이 초빙된 독일인 수의사 두 명은 마취제를 맞고 쓰러져 있는 코끼리 사이를 돌아다니면서 미국에 보낼 후보 암컷들에게 야외 초음파 검사를 실시했다. 두 마리의 암컷이 임신 중이었지만 둘 다 임신 후반기에 접어든 상태는 아니었다.

코끼리들을 트럭에 싣고 음카야에 있는 보마로 데려갔다. 레일리 가족은 보마에 1~2주 정도 머물면 떠날 수 있을 것이라고 생각했다. 그러나 그즈음 '본 프리'Born Free와 '동물을 인도적으로 사랑하는 사람들'PETA 등 동물권리 보호단체들이 연합해 시위를 벌였고 탄원서 쓰기 운동을 벌였으며, 미 연방정부에 소송을 제기해 아프리카코끼리들을 미국으로 보내지 못하도록 하고 있었다. 동물권리 보호운동가들은 코끼리들을 '스와질란드 일레븐'이라고 불렀다.

동물권리 보호단체 측 변호사인 캐서린 메이어는 판사에게 다음과 같이 말했다. "이 코끼리들을 나무 상자에 넣고 비행기를 태워 미국으로 데려와 불훅bull hook(서커스단에서 코끼리를 다룰 때 쓰는 갈고리_옮긴이)으로 훈련시키고 우리에 평생을 가둬놓는 것보다는 아예 안락사를 시키는 편이 낫습니다."

스와질란드에 있는 레일리 가족은 의회와 언론은 물론 심지어 다른 코끼리 전문가들에게도 규탄을 받았다. 코끼리 행동과 커뮤니케이션에 관한 연구로 유명한 신시아 모스Cynthia Moss와 조이스 풀Joyce Poole을 포함해 케냐에 있는 아홉 명의 야생 코끼리 연구자들은 레일리 가족에게 공개서한을 보내 항의했다. 공개서한의 내용 중 일부는 다음과 같았다.

> 우리는 이제 코끼리가 감정을 느끼는 동물이라는 점을 고려해야만 한다. 그리고 코끼리는 인간이 돈을 벌거나 다른 목적을 위해 포획하거나 팔아넘기고 전시할 수 있는 대상이 아니다. 우리는 더 이상 코끼리를 착취의 대상으로 보지 말고 복잡한 감정을 느끼는 고등한 존재로 대우해야만 한다.

PETA는 코끼리들을 아프리카에 있는 다른 공원으로 옮기는 데 드는 비용을 부담하겠다고 제의했다. 한 정치인은 레일리 가족이 코끼리를 스와질란드 밖으로 밀수출하려고 한다고 비난하고 나섰다. 다른 이들은 레일리 가족의 도태 얘기는 미국 정부가 반입 허가를 해주도록 압력을 넣기 위한 거짓 위협일 뿐이라고 생각했다.

믹과 테드는 이런 혹독한 비난을 받으리라고는 생각도 못하고 있었다. 부자는 공개 항의서한에 서명한 모스 박사 등 여러 연구자들의 명성은 익히 들어 알고 있었지만, 케냐는 스와질란드와는 사정이 다르다고 생각했다. 아프리카의 다른 공원으로 옮기면 자금을 지원하겠다는 PETA의 제안도 회의적이었다. 자금을 대는 대신 너무나 많은 단서 조항을 달아 요구해올 것이 뻔했다. 게다가 레일리 부자는 자기들이 임팔라나 아프리카 혹멧돼지를 도태할 때는 국제적으로 강력한 항의가 없었다는 사실에 주목했다. 왜 PETA나 본 프리는 임팔라나 혹멧돼지를 위해 언론에 보도자료를 발표하거나 탄원 서명운동을 벌이지 않았을까?

동물보호단체연합은 법정과 언론을 통해 샌디에이고와 로우리 파크 동물원이 코끼리가 수익을 내는 데 효자 역할을 하는 소위 '주력 동물'이기 때문에 어떻게든 사들이려고 혈안이 되어 있다며 거센 비난을 퍼부었다.

하지만 레일리 가족은 동물을 이용하는 쪽은 오히려 동물보호단체라고 반박했다. 여론을 자극해 자기들 유리한 쪽으로 이용하고, 코끼리들을 주력 상품으로 내세워 충격에 빠진 전 세계 동물애호가들이 앞 다투어 기부하도록 만든다는 것이다. 동물보호단체연합이 음카야와 흘레인이 직면한 위기를 손쉽게 지어낸 허구일 뿐이라고 생각한다면, 왜 음카야와 흘레인에 조사단을 파견해 고사된 나무들을 직접 보게 하지 않았을까? 레일리 가족은 코끼리를 밀수출한다는 비난에는 너털웃음을 터뜨리며 도대체 누가 열한 마리의 코끼리를 세관을 통과시켜가며 밀수출하겠느냐고 반문했다.

시간은 흘러 2003년 8월이 되었고, 코끼리들이 보마에 머문 지 5개월이 지났다. 그곳 직원들은 코끼리들이 편안하게 지낼 수 있도록 신경을 썼다. 코끼리들이 가장 좋아하는 마룰라 열매를 손으로 먹여주기도 했다. 그래도 코끼리들은 마음대로 돌아다닐 수 없어 짜증을 부렸다. 하루는 코끼리들이 성벽을 뚫듯이 동료 코끼리 하나를 나무 기둥처럼 들고 전류가 흐르는 울타리를 밀어붙여 통과하려고 했다. 코끼리 여럿이서 음발리(믹의 딸 이름을 딴 가장 몸집이 작은 암컷)를 들고 뛰어가 전기 울타리를 뚫어보려는 심산이었다. 그러나 음발리가 울타리에 닿자 전류가 음발리의 몸을 타고 흘렀고 이에 다른 코끼리들도 감전되고 말았다. 탈출 작전은 싱겁게 끝이 났다.

워싱턴의 연방법원에서는 법적 공방이 오가고 있었다. 동물원 측이 미 정부에서 받은 허가는 법원의 승인을 받았지만 이번에는 동물보호단체연합이 법원에 금지명령을 요청했고, 법원에 명령신청을 냈다가 기각 당하자 항소했다.

8월 15일, 마침내 워싱턴에 있는 미 연방항소법원의 판사 두 명은 동물권리보호단체의 긴급 재판 신청을 기각했다.

레일리 가족은 기각 소식을 듣고 막바지 채비를 시작했다. 이제 코끼리들을 비행기에 태울 때가 온 것이다.

⁂ ⁂ ⁂

747기는 단조로운 엔진 소리를 내며 순항 중이었다. 줄곧 서 있던 믹은 이미 시간 감각을 잃어버린 지 오래였다. 그가 아는 것이라고는 마침내 해가 지고 다시금 암흑 속을 비행하고 있다는 사실뿐이었다. 비행기는 조금 전 바베이도스에 들러 연료를 채우고 이제 다시 플로리다로 향하고 있었다.

코끼리들은 나무 우리 안에서 잘 버텨주었다. 추가로 투여한 진정제 기운 덕분에 수컷들은 차분해졌고, 난동을 피울까 걱정이 이만저만이 아니었던 믹도 한시름 놓았다. 그러나 그는 이번 여행이 코끼리들에게 쉽지 않을 것이라는 점을 알고 있었다. 비행기 안에서 많은 시간을 보낸 터라 코끼리들이 허기를 느끼고 있는 것이 분명했다.

"쿠네쿠드라 루쿠능기(너희들 가는 곳에는 먹을 게 많아)." 믹이 코끼리들에게 말했다.

꼬마 음발리도 다시 조용해져 있었다. 음발리는 졸다 깨다를 반복했다. 음발리는 꿈을 꾸고 있었을까? 예전에 코끼리 친구들이 자신을 전기 울타리로 밀쳤을 때 온몸을 찌르르 타고 흐르던 전류의 느낌을 지금도 느끼는 것일까? 예전처럼 레오파드 풀숲과 엄브렐러 나무 사이를 마음껏 돌아다니는 꿈을 꾸는 것일까?

비행기는 지금까지와는 반대쪽으로 무게중심이 쏠리기 시작했다. 기체는 구름을 뚫고 희미하게 빛나는 격자무늬를 향해 내려가고 있었다.

탬파였다.

02

창의적인 피조물들

고속도로는 새벽부터 붐볐다. 275번 주간州間 고속도로를 따라 탬파 도심의 고층 빌딩숲으로 향하는 자동차 이동 행렬에서 나지막한 탄식이 흘러나왔다.

에어컨이 나오는 차 안에 휴대폰, 아이팟, 네비게이션과 함께 외롭게 갇혀 있던 운전자들은 갓길로 빠져나가 쌩쌩 달리고픈 유혹과 싸워야 했다. 하지만 이들은 주먹으로 운전대를 내리치고, 끼어드는 차들에게 으르렁거리는 등 과하지 않게 공격성을 분출해가며 일렬로 질서를 지켜 거북이 걸음을 하고 있었다.

슬라이 애비뉴로 가는 램프를 지나자마자 또 다른 소리가 들려왔다.

로우리 파크 동물원에서 동물들이 깨어나는 소리였다.

이른 아침 햇살 아래 말레이맥Malayan tapir들은 동료들을 불러 모으기 위해 휘파람 소리를 냈다. 오랑우탄들은 밧줄로 된 해먹에 늘어진 채로 철학자 같은 한숨을 내쉬었다. 코모도드래곤은 유독성 침이 흘러나오는 톱니모양 이빨 사이로 쉿쉿 하고 소리를 냈다. 비밀스러운 신비에 싸여 있고 그늘을 좋아해 눈에 잘 띄지 않는 표범들은 바위와 통나무 아래에 있는 은신처에서 숨을 헐떡이며 낮게 그르렁거렸다. 갈까마귀는 까악 까악 울며 검은 날개를 퍼덕였고, 표범 도마뱀붙이는 고양이 울음소리처럼 구슬피 길게 울었다. 해머코프 새는 꽥꽥거렸고, 뉴기니아 싱잉독New Guinea Singing Dog은 짖어댔다. 킁킁 냄새를 맡으며 햇볕을 향해 터벅터벅 걸어가는 늘보곰은 길게 휜 발톱이 바위에 닿을 때마다 딸깍딸깍 소리를 냈다. 얕은 물웅덩이에서 느릿느릿 원을 그리며 유영하던 남부 노랑가오리는 날개 끝이 수면에 닿을 때 작은 물방울을 튀기는 소리만 냈다.

이들을 내려다보며 샤망(팔이 길고 두꺼운 검은 털과 목에 축 늘어진 커다란 주머니를 가진 아시아 원숭이_옮긴이) 암수 한 쌍인 나디르와 싸이러스는 하늘에서 서로에게 세레나데를 불러주고 있었다. 이들은 9m 상공에서 봉을 옮겨 다니며 매일 같은 울음소리를 주고받았다. 백년가약을 맺은 한 쌍은 자신들의 금실을 돈독히 하고, 자신들이 함께 해왔음을 알리며, 훼방꾼들이 접근하지 못하도록 노래를 불렀다. 이들의 듀엣은 확성 스피커에서 계속 흘러나오는 아프리카 북소리들 사이로 동물원 구석구석까지 울려 퍼졌다.

다른 노랫소리도 들렸다.

욕정과 배고픔, 불만과 환희의 울음소리들. 다양한 대륙에서 온 피조물들이 내는 다채로운 높낮이의 변화무쌍한 목소리들.

맑고 화창한 아침에 이런 소리들을 한꺼번에 들으면, 이 세상에 존재하는 피조물들이 얼마나 창의적인가에 대해 깊이 생각하게 된다. 신의 창의성뿐 아니라 인간의 창의성에 대해서도.

청란靑鸞(꽁지깃에 눈알 모양의 무늬가 있는 꿩과의 새_옮긴이)에서부터 새를 잡아먹는 거대한 거미에 이르기까지, 로우리 파크에 있는 동물 1,600여 종 하나하나가 자연의 끊임없는 창조적 재능을 생생히 보여주는 산증인이었다. 두개골의 곡선, 날개의 근육, 피와 뼈 그리고 DNA를 이루는 나선형의 뉴클레오티드마다 수백만 년에 이르는 지구의 생물학적 역사가 고스란히 담겨 있다. 그러나 동물원에 갇혀 사는 동물들은 그 안에서 살아가기 위해 자존심을 버릴 수밖에 없었던 선조와 동료들의 인고의 역사를 대변하는 존재이기도 했다.

동물들이 로우리 파크에 오게 된 사연을 한데 모아 보면, 동물들뿐 아니라 호모 사피엔스에 대해서도 많은 것을 알 수 있을 것이다. 동물들이 어디에서 어떻게 나고 자랐으며, 어떻게 어미와 헤어져 인간의 손에 잡혔는지, 동물원에 오기까지 어떤 경험을 했는지 등 자세한 이야기를 하자면 인간의 행동과 심리, 지정학과 역사, 그리고 무역에 대한 통찰이 담긴 백과사전 한 권이 나오고도 남을 것이다. 로우리 파크가 존재한다는 사실 자체가 인간은 가장 우월한 피조물이므로 다른 피조물을 지배할 수 있고 마음대로 다른 동물을 다룰 권리가 있다는 사람들의 생각을 여실히 보여준다.

로우리 동물원은 우리 인간의 두려움과 강박, 우리가 동물과 인간을 바라보는 방식 등 우리가 전혀 보고 싶지 않아 하는 모든 것들이 집대성된 살아있는 책이었다. 동물원 곳곳에는 어떤 대가를 치르더라도 즐거움과 오락을 추구하고 싶어 하는 인간의 욕구가 드러나 있다.

잃어버린 야생성에 대한 인간의 열망. 자연을 찬미하면서도 통제하고 싶어 하는 인간의 본능. 숲을 초토화시키고 강을 오염시켜 동물들을 멸종위기에 몰아넣으면서도 이들을 사랑하고 보호하고 싶어 하는, 인간의 가슴 깊은 곳에 자리한 갈망.

이 모든 것이 포로들의 정원에 전시되어 있었다.

☘☘☘

이제 태양은 하늘 높이 솟아오르고 있었다. 아직 개장하지는 않았지만 직원들은 동물들에게 먹이를 주고 전시관을 청소하고 쓰레기가 있는지 살폈다. 준비가 끝나면 직원들은 동물들을 야간 숙소에서 야외 전시관으로 내보낸다. 관람객들을 맞을 채비를 마친 것이다.

인도코뿔소는 사육사를 보자 달려와서는 사육사와 자신을 가로막고 있는 육중한 문을 밀치며 예뻐해 달라는 듯 강아지처럼 낑낑거렸다.

"안녕, 나부." 사육사가 코뿔소의 주둥이를 쓰다듬으며 인사했다.

이 코뿔소의 원래 이름은 '아르준' 이었다. 하지만 동물원 직원들은 영화 〈스타워즈〉에 나오는 행성의 이름을 따 '나부' 라고 불렀다. 직원들은 동물원 동물들에게 〈스타워즈〉에 나오는 이름을 붙여주기를 좋아했다. '츄바카' 라는 수달이 있는가 하면 '레아' 라고 불리는 낙타도 있었다. '아나킨' 이라는 이름을 가진 어린 고함원숭이도 있었다(다스 베이더가 어둠의 세력으로 변하기 전 이름이 아나킨 스카이워커였다). 태어났을 때는 털이 갈색이었다가 다 자라면 검은색으로 변하는 고함원숭이에게 잘 어울리는 이름이었다. 물론 사육사들끼리만 통하는 이름이었다.

뱀, 거북 등 냉혈동물들이 있는 파충류관에는 파란색 독화살개구리들이 인공 안개를 자욱하게 깔아놓은 따뜻한 작은 방 안에서 조용히 눈을 끔벅이고 있었다. 열대우림의 기후와 최대한 비슷하게 꾸며놓은 방이었다. 수컷 독화살개구리들은 자그마한 발가락 끝에 달린 하트 모양 빨판을 바위에 찰싹 붙인 채 앉아 있었다.

독화살개구리의 몸 색깔은 정말 밝은 파란색이어서, 마치 방사능 같았다. 독화살개구리들이 암컷을 부르는 소리는 환풍기 소리에 가려 거의 들리지 않을 정도로 나직했다.

독화살개구리는 야생에서 자취를 감추고 있다. 파나마의 열대림에서부터 물안개 자욱한 탄자니아의 폭포 지대에 이르기까지 전 세계를 통틀어 개구리와 두꺼비는 점차 사라지고 있다. 너무나 많은 생물종들이 공룡이 멸종된 속도보다 훨씬 더 빠른 속도로 없어지고 있기 때문에, 후손을 남기기 위해 최소한만 살리기에도 시간이 부족한 실정이다. 이 중 수많은 생물종들이 완전히 멸종되고 말 것이다. 생존을 위해 선택된 다른 종들은 수족관과 동물원, 로우리 파크에서와 같은 작은 방에서 여생을 보낼 것이다.

동물원에서의 매일매일은 우리가 더 이상 자신이 진정으로 원하는 것을 자유롭게 선택할 수 없는 세상에 살고 있다는 깨달음의 연속이다.

시멘트 장벽으로 둘러싸인 맹금류 전시관에는 날카로운 외침소리와 까악 까악 하는 소리 그리고 짝을 부르며 지저귀는 소리가 울려 퍼졌다. 대머리독수리, 멀린 팰콘, 유라시아 수리부엉이 각각 한 마리, 해리스 호크 한 쌍이 횃대를 발톱으로 꽉 거머쥔 채 앉아 있었다. 야생에서라면 이들은 들쥐, 토끼, 연어를 덮쳤을 것이다. 흰머리독수리는 개나 어린아이들을 움켜쥐고 날아간다고 알려져 있다. 해리스 호크는 팀을 짜 사막에서 사냥하는 것으로 유명하다. 하지만 이들은 지금 누군가가 설치류로 가득한 가까운 냉장고에서 직원들이 '아이스 쥐'라고 부르는 간식을 갖다 주기를 기다리며 검은 눈동자를 반짝이고 있었다.

조련사가 검은 대머리수리 '스메들리'를 향해 팔을 뻗었다. 몸무게를 잴 시간이었다.

"몸무게 좀 재볼까, 친구?"

조련사의 말에 스메들리는 왔다 갔다 하며 망설였다. 그러자 조련사가 작게 소리를 내며 메추라기 한 마리를 내보였다.

"둡!" 조련사가 소리치자 스메들리는 조련사의 팔에 날아와 메추라기를 채갔다.

조류 담당부서는 사고를 당해 동물원으로 보내진 새들을 받아주었다. 조류 부서의 직원들은 둥지에서 굴러 떨어진 새끼 가면올빼미와 공중을 날다 송전선에 세게 부딪힌 송골매를 간호해주었고, 태어날 때부터 기형이라서 야생에서 굶어 죽을 운명에 처한 독수리들을 보살펴주었다.

새들 중 일부는 태어날 때부터 갇혀 사람 손에만 의지해 살아왔기 때문에 스스로 살아갈 능력이 없었다. 운이 좋은 새들은 마침내 건강을 회복해 야생으로 보내졌다. 직원들은 새들을 치료해 놓아주면서 새들이 나무를 향해 힘차게 날아가는 모습에 매우 흡족해 했다. 그러나 야생으로 되돌려 보내는 작업은 그리 간단치 않았다. 새들이 동물원의 일과에 길들여지고, 사람에 익숙해지고, '아이스 쥐' 에 맛을 들이게 되면 더욱 그랬다.

사육사들은 '소프트 릴리스' soft release 프로그램에 따라 동물들이 야생으로 수월하게 돌아갈 수 있도록 도왔다. 새들을 무조건 놓아주는 것이 아니라, 해가 질 무렵에 놓아주되 스스로 사냥할 준비가 되어 있지 않을 경우를 대비해 먹이를 남겨놓는 것이다. 몇몇 새들은 며칠 동안 자유를 만끽하며 자기가 야생에서 살아갈 수 있겠는지 시험해본 뒤 다시는 돌아오지 않았다. 반대로, 야생으로 돌아가기를 포기하고 다시는 동물원을 떠나지 않는 새들도 있었다.

얼마 전, '머틀' 이라는 이름의 어린 탄식비둘기 한 마리를 소프트 릴리스하려 했다. 머틀은 태어난 지 얼마 안 된 새끼였을 때 누군가 땅바닥에서 주워 로우리 파크에 데려온 새였다. 불면 날아갈 것 같았던 머틀은 당시 무게가 30그램도 채 나가지 않았고 지금도 털이 듬성듬성했다. 조련사는 몇 주 동안 머틀을 간호했다. 조련사들은 머틀을 손바닥에 올려놓고 귀여워했고 구구거리는 소리를 주의 깊게 들어주었으며, 덩치 큰 새들이 괴롭히지 못하도록 맹금 전시관 바깥에 조그만 집을 만들어 주었다. 정이 많이 들었지만, 조련사들은 어느새 머틀이 날갯짓을 하며 비행을 시도하고, 날개를 퍼덕이며 깡충깡충 뛰는 모습을 보면서 머틀을 야생으로 돌려보낼 때가 되었다고 생각했다.

탄식비둘기의 날개는 이륙과 착륙 시 휘파람 소리를 냈기 때문에, 조련사들은 머틀과 작별 인사를 하고 머틀이 힘찬 휘파람 소리를 내며 늦은 오후의 하늘로 휙 하고 날아가자 기쁨을 느꼈다. 그러나 머틀은 매일 아침 동물원으로 다시 돌아왔다. 머틀의 귀소본능을 없애기 위해, 맹금류관 책임자가 머틀을 80km나 떨어져 있는 자기 집으로 데려가 집 뒤에 있는 넓은 들판에서 다시 한 번 날려 보냈다. 처음 2~3일 동안 머틀은 근처에 머물렀다. 며칠이 지난 어느 아침, 머틀의 구구 소리는 더 이상 들려오지 않았다. 마침내 독립한 것이다.

그로부터 얼마 지나지 않은 어느 날 밤, 한 조련사는 꿈에서 머틀을 보았다. 꿈속에서 머틀은 로우리 파크로 돌아왔다. 이번에는 자기 집으로 오지 않고 열린 문을 통해 맹금류 전시관으로 날아 들어와 붉은 꼬리매 옆에 앉았다. 언제든 간식을 먹을 준비가 되어 있는 붉은 꼬리매는 머틀을 잡아먹어버리고 말았다.

꿈을 꾼 지 며칠이 지났는데도 조련사는 꿈 생각을 떨칠 수가 없었다. 꿈이 도대체 뭘 의미하는 건지 알 수가 없었던 것이다. 야수들이 우글대는 야생으로 돌아간 머틀에게 끔찍한 일이 생겼다는 뜻이었을까? 아니면 동물들을 자유롭게 살게 해주고픈 마음과는 달리 새로운 동물들을 계속 동물원으로 들여와야 하는 현실에 불편해 했던 잠재의식이 표출된 것이었는지도 모른다.

⁂ ⁂ ⁂

길었던 2003년 여름 내내 로우리 파크는 코끼리들이 오기를 기다렸다. 연방법원에서는 '스와질란드 일레븐'을 놓고 공방이 한창이었다. PETA를 비롯한 동물권리보호단체 연합은 고소장을 제출했다. 전 세계의 야생동물 애호가들도 격렬한 항의를 담은 이메일을 보내왔다. 스트레스와 고통에 지친 로우리 파크 직원들은 소송이 도대체 언제나 마무리 되어 코끼리들이 플로리다와 캘리포니아에서 새로운 삶을 시작할 수 있게 될지 궁금했다.

싸움은 날로 커져만 갔다. 동물애호가들은 로우리 파크 앞에 모여 '스와질란드 코끼리들: 자유의 몸으로 태어나 팔려가다'라고 쓴 피켓을 들고 시위를 벌였다. 무시무시한 장면을 연출해 대중에게 호소하는 데 탁월한 재능이 있는 PETA는 샌디에이고 동물원 밖에서 미디어 이벤트를 펼쳤다. 복슬복슬한 회색 털이 달린 코끼리 의상을 입은 PETA의 남성 회원이 덤프트럭을 몰고 와 동물원 입구에 세우더니 엄청난 양의 말 분뇨를 바닥에 쏟아 부었다. 경찰은 자물쇠 제조공을 불러 트럭문을 열고 들어가 코끼리 옷을 입고 트럭 안에서 버티던 남자에게 수갑을 채워 끌어냈다. 체포된 그는 몰려든 취재기자들에게 코끼리 탈을 벗으며 한마디 했다.

"저는 당분간 감방에 있겠지만, 스와질란드 코끼리들은 남은 생 전부를 철창 안에서 보낼 겁니다."

스와질란드 일레븐의 운명은 불확실한 상태였지만, 로우리 파크는 다른 동물들을 계속 들여왔다. 아직 미개발 구역이었던 동물원 남쪽은 불도저와 건설 인부들로 붐볐다. 아프리카 동물들을 위한 신규 전시관을 넉넉히 짓는 중이었다. 아프리카에서 동물들을 들여오게 되면, 코끼리들이 가장 중심이 될 예정이었다. 코끼리들에게 아프리카관에서 제일 좋은 자리를 내줄 뿐 아니라 코끼리가 동물원 전체를 통틀어 가장 명물이 되게 할 계획이었다.

로우리 파크는 서둘러 덩치를 키웠다. 중간 규모였던 로우리 동물원은 새로운 세기를 맞아 재단장 하면서 역사상 가장 야심차고 대담한 확장 공사에 열중하고 있었다. 로우리 파크가 대대적인 변신에 성공하느냐의 여부는 코끼리들에게 달려 있었다. 수익이 늘어나고 지명도가 높아지는 등 동물원 측에서 기대하는 잠재적 이익은 코끼리들의 몸집만큼이나 거대했다.

지난 수년 동안 로우리 파크는 관람객들을 대상으로 동물원에 어떤 동물을 더 데려왔으면 좋겠는지를 조사했고, 조사 결과 코끼리가 언제나 1위를 차지했다. 그러나 코끼리를 중심으로 한 재단장 계획에 도사리고 있는 위험 또한 엄청났다.

코끼리는 관람객들의 사랑을 독차지하는 동물이지만, 코끼리를 데리고 있으려면 동물원 측은 만만치 않은 대가를 치러야 했다. 코끼리는 먹이고 재우는 데 비용이 많이 들고, 다루기가 상당히 위험하며, 코끼리의 특성—독립적이고 똑똑하며, 감수성이 풍부하고, 다른 코끼리들과 긴밀한 관계를 형성하며, 하루에도 수킬로미터씩 걷는다—상 우울해지지 않도록 주변 환경을 조성해주기가 어려웠다. 이런 문제점 때문에 미국에 있는 다른 동물원들이 코끼리 전시관의 영구 폐쇄를 고려중인 마당에, 코끼리를 새로 들이는 동물원이 있다는 것은 그 자체로 놀라운 일이었다.

야생 코끼리를 데려와 확대 개편의 주인공으로 삼는다는 발상은 논란을 불러일으키기에 충분했다. 로우리 파크의 계획은 전례 없는 여론의 스포트라이트를 받았다. 수송 중 혹은 도착 이후 코끼리들이 동물원에 적응하는 과정에서 만에 하나라도 잘못되면 동물원은 엄청난 비난을 받을 터였다. 전 세계의 동물보호단체들은 작은 실수 하나만 발견해도 꼬투리를 잡아 코끼리는 동물원의 소유물이 아니라는 증거라며 의기양양해 할 것이다.

그해 여름까지만 해도, 로우리 파크가 국제적인 공분의 대상이 될 것이라고는 꿈에도 생각지 못했다. 로우리 파크는 평판도 좋았고 미국 동물원수족관협회AZA로부터 공인을 받았으며 플로리다에 서식하는 멸종위기종에 대한 공헌을 인정받은 동물원이긴 했지만, 규모도 너무 작았고 지명도도 높지 않았다. 그러나 야생 코끼리들을 들여오기로 결정함으로써, 로우리 파크는 대규모 동물원을 향해 도약할 가능성과 도전을 받아들일 준비가 되어 있다고 만천하에 밝힌 것이다.

이런 막중한 책임을 지고 있는 로우리 파크의 CEO 렉스 샐리스버리는 다가올 위험에 대해 잘 알고 있었다. 키가 크고 밝은 금발 머리에 걷는 모습이 마치 흰등고릴라처럼 위풍당당했던 렉스는 수백만 달러의 예산과 자신의 명예를 걸고 로우리 파크 동물원을 미국에서 가장 멋진 동물원으로 탈바꿈시키는 일대 도박에 뛰어든 셈이었다. 렉스는 그를 탐탁치 않게 여기는 이들에게조차 선견지명이 있다는 평을 듣는 사람이었다. 렉스를 좋게 평하는 이들은 많았다. 하지만 그는 아랫사람들에게는 몹시 엄했다. 렉스는 직원들의 사기를 북돋아 주는 매력적인 상사인 동시에 상황에 따라 험악한 폭군이 되기도 했다.

렉스는 동물원의 존재와 사명에 대해 대중에게 말할 때는 거의 종교에 가까운 신념을 보였다. 동물원을 향한 그의 열정은 너무나 순수해서 그의 얘기를 듣다보면 마치 천국에나 나올 법한 이상적인 동물원을 보는 듯한 착각에 빠질 정도였다. 그러나 렉스는 로우리 파크를 마치 자기가 소유한 봉토라도 되는 것처럼 생각했다. 자신에게 도전하는 직원은 가차 없이 해고했다.

렉스는 매력적인 미소를 가졌고, 사냥을 좋아했으며, 대외적으로 보도되는 사진을 찍는 것을 즐겼다. 동물원에서 발간하는 연례 보고서에는 마치 세렝게티 초원에서 제트기를 타고 방금 날아온 것처럼 카키색 제복과 사파리 모자 차림을 한 그의 사진이 실렸다. 어떤 기자는 그에 대해 이런 기사를 쓰기도 했다. "금발에 파란 눈, 조각처럼 잘 생긴 외모를 한 그는 영화 〈아웃 오브 아프리카〉에 나오는 멋진 백인 사냥꾼 로버트 레드포드를 닮았다."

총관리자로 있던 십 년 전, 렉스에 대한 평판은 어느 직원이 그를 '엘 디아블로 블랑코'(하얀 악마)라고 부르면서 굳어졌다. 전해오는 이야기에 따르면, 그 직원은 렉스의 종잡을 수 없는 운영 스타일을 알아보고 '언젠가 엘 디아블로 블랑코가 이 동물원을 운영할 것이다'라고 공언했다고 한다. 예나 지금이나 렉스에게 불만을 갖고 있는 직원들 사이에서 그는 여전히 '하얀 악마'로 통했다.

렉스는 자기 별명을 알고 있었지만 신경 쓰지 않았다. 그는 과장하기를 좋아했으며 로우리 파크의 발전을 위해서라면 직원들에게 공포심을 유발하는 일도 서슴지 않았다. 또한 렉스는 마음먹은 일은 어떤 대가를 치러서든 반드시 해내고야 마는 수완이 있었다.

스와질란드에서 코끼리를 들여와 새 전시관을 짓는 이번 계획을 주도한 것도 그였다. 그는 지난 몇 년간 세부사항 하나하나까지도 직접 챙겼다. 탬파로 데려올 코끼리 네 마리를 선별하기 위해 스와질란드를 직접 방문해 보호구역에 있는 코끼리들을 살펴보았고, 가격을 협의할 때는 스와질란드 국왕 므스와티 3세를 알현하며 예의 바르게 처신했다. 플로리다로 돌아와서는 부지를 확장하고, 코끼리들을 수용할 신규시설을 건설하는 데 필요한 자금을 더 많이 확보하기 위해 탬파 시의회에 로비를 벌였다. 또 코끼리들을 다루는 사육사들이 더 안전하게 일할 수 있도록 하는 규정을 직접 만들기도 했다. 아프리카에서 코끼리들이 도착하자 렉스는 로우리 파크가 동물원이 이상적으로 나아가야 할 방향을 보여주는 모범이라며 대대적으로 선전했다. 이런 대담함이 PETA의 분노를 사든 말든 관심이 없다는 태도였다.

렉스는 탬파 시정부의 지지를 얻으면 어떤 일을 해낼 수 있는지 알고 있었다. 15년 전 로우리 파크에 보조 큐레이터로 입사했을 때, 그는 로우리 파크가 또 한 번 변신하는 모습을 지켜보았던 적이 있었다. 탬파 시민의 수치로 전락한 로우리 파크의 리모델링을 담당한 팀에서 일했던 것이다.

로우리 파크는 1930년대 라쿤과 악어, 외국에서 들여온 새 몇 마리밖에 없는 보잘것없는 서커스용 동물 사육소로 시작했다. 이후 사자와 호랑이, 곰을 들여오고, 1961년 인도에서 제트기를 태워 '쉐나' 라는 암컷 아시아코끼리 한 마리까지 데려오면서 차근차근 보유 동물 수를 늘려나갔다. 초창기 로우리 동물원 시절의 명실상부한 스타였던 쉐나는 하루 두 번씩 서커스 공연을 하고 나서 아이들을 등에 태워주었다. 입장료는 무료였다.

이따금씩 로우리 동물원은 '동화나라 동물원' 이라고 불리기도 했다. 동물쇼도 볼 수 있고 『마더 구즈』Mother Goose 같은 동화를 재구성한 배경에 동화책에 나오는 집들을 지어놓아 아이들이 좋아했다. 아이들은 무지개다리를 깡충깡충 뛰어서 건넌 뒤 동화 『백설공주』에 나오는 일곱 난장이와 『이상한 나라의 앨리스』에 나오는 달걀 캐릭터 험프티 덤프티, 『아기돼지 삼형제와 늑대』를 본 따 만든 조형물을 전시해놓은 쪽으로 달려갔다. 아이들은 칙칙폭폭 커브를 도는 작은 기차 위로 기어오르고, 회전관람차를 타고, 쉐나가 받아먹을 수 있도록 담장 너머로 먹을 것을 던졌다.

동물원 북쪽에는 탬파를 축소시켜 놓은 미니어처 마을인 '세이프티 빌리지' 가 있었다. 탬파에 있는 쇼핑몰과 소방서, 시청을 작은 미니어처로 옮겨놓은 세이프티 빌리지에서 경찰관은 어린이들에게 교통신호 보는 법과 횡단보도 건너는 법, 그리고 이상한 어른이 다가올 때 쫓아내는 법을 가르쳤다. 초등학교 2학년은 '행복한 운전과 함께하는 예절바른 도로' 에서 소형 전동차를 실제로 몰면서 브레이크를 밟아 정지시키는 연습도 해볼 수 있었다.

동물원을 후원했던 전前 탬파 시장 닉 누치오는 동물원을 '어린이들의 천국' 이라고 불렀다. 그러나 세월이 흐르자 로우리 파크도 점점 낡고 볼품없어졌다. 한때 색다르다고 인기 있었던 것들은 꼴사나워졌다. 기차는 녹슬었고, 어린이용 롤러코스터가 탈선되는 바람에 유아 두 명이 부상을 입었으며, 왕년의 스타 쉐나는 배를 타고 캐나다로 실려가 그곳에서 심장마비로 죽었다. 가장 최악은 동물들이 학대로 계속 죽어나가 동물원의 낡아빠진 우리 안에는 보기만 해도 가슴 아픈 몰골을 한 동물들만 남았다는 것이었다. 어렸을 때 동물원에 왔던 아이들은 몇 년이 지나도 동물원의 끔찍한 광경이 떠올라 몸서리를 쳤다. 미국 동물보호협회the National Humane Society는 로우리 파크가 미국 최악의 동물원 다섯 곳 중 하나라고 발표했다.

"쥐구멍처럼 좁고 지저분한 곳이었죠." 한 시의원이 회상했다.

1980년대 들어 동물원의 형편없는 상태에 대한 우려가 심해지자, 오래된 동물원을 부수고 새 동물원을 지었다. 예전에 있던 우리는 답답했던 철창 대신 해자로 둘러싸 개방형으로 바꾸고 통로를 높여 관람객이 더 친숙하게 느낄 수 있도록 탁 트인 공간으로 만들었다.

플로리다 서식 동물 특별전시관에서는 관람객들이 소나무와 야자수 숲으로 나 있는 판잣길을 거닐었다. 흑곰이 나무 밑을 파서 땅벌레를 잡아먹었고, 아메리카 흰두루미는 특유의 짝짓기 춤을 추었으며 그늘에 있던 조그마한 플로리다 키사슴은 어디론가 쏜살같이 달려갔다. 판잣길 끝에는 지하 벙커 같은 건물이 자리하고 있었다. 지하에 있는 방으로 내려가면 투명창을 통해 북미 농어와 늑대거북, 매너티들이 샘처럼 꾸며놓은 맑은 풀 속에서 잠수하고 물속을 이리저리 헤엄치며 양상추를 아삭아삭 뜯어먹는 광경을 볼 수 있었다.

탬파 일대에서 로우리 파크는 많은 사랑을 받았다. 리모델링을 마치고 재개장한 지 십여 년이 지난 뒤에도, 지역 주민들은 아직도 로우리 파크를 '새 동물원'이라고 자랑스레 부를 정도로 로우리 파크를 좋아했다(그리고 끔찍한 우리가 없어졌다는 사실에도 큰 안도감을 느꼈다). 시장과 시의원들도 로우리 파크가 멸종위기 동물 보존에 힘을 쏟고, 추락했던 옛 명성을 꾸준히 되찾아가는 모습에 칭찬을 아끼지 않았다.

새로운 전시관 공개를 기념하는 리본 커팅 행사에 참석한 시의원들은 커다란 가위를 들고 환한 미소를 지으며 카메라 기자들을 향해 포즈를 취했다. 연례예산 회의 때 로우리 파크 CEO 렉스는 시의원들에게 로우리 파크는 예산을 규모 있게 지출하고 있음을 상기시켰고, 시의원들은 렉스의 말에 수긍하며 고개를 끄덕였다. 렉스는 로우리 파크의 재정 지출이 늘어나고 있지만 예산을 합리적으로 집행하고 있다고 탬파 시의회를 안심시켰다.

비영리단체인 로우리 파크는 탬파 시의 지원에 의존했다. 힐스버러 강의 서쪽 강둑을 따라 펼쳐져 있는 시립공원 부지 56에이커를 시에서 임대 받았다. 이곳은 예전의 로우리 파크가 있었던 자리로, 로우리 파크라는 이름도 이 시립공원에서 따왔다. 시에서 빌려준 공원 부지는 접근성이 좋지 않았다. 탬파 시내에서 북쪽으로 한참 떨어져 있고, 언제 청소했는지 알 수 없는 지저분한 길거리에 페인트칠이 다 벗겨진 방갈로 주택이 들어서 있는, 인적이 드물고 낙후된 지구에 위치해 있었다. 노란색 꽃가루가 자욱이 덮인 고물차 밑에는 도둑고양이들이 어슬렁거렸다. 플로리다의 작렬하는 태양 아래 연회색 플로리다 모스가 떡갈나무 가지마다 치렁치렁 늘어져 아이젠하워 대통령 시절 이후 한 번도 쓰레질을 하지 않은 것 같은 들판 위로 그늘을 드리우고 있었다. 로우리 파크 바로 옆에 일렬로 늘어서 있는 가정집에 사는 사람들은 매일 아침 주머니긴팔원숭이의 듀엣과 세라마닭들의 날카로운 울음소리로 하루를 시작했다.

여태까지 거둔 성공에도 불구하고 로우리 동물원은 다른 동물원의 그늘에 가려 빛을 보지 못했다. 플로리다 중앙에 있는 대규모 동물원 두 곳에 비하면 로우리 동물원은 보잘것없었다. 275번 도로에 위치한 연인들의 데이트 명소인 부시 가든Bush Gardens of Tampa과 한 시간 남짓밖에 걸리지 않는 올란도 외곽에 위치한 디즈니 동물왕국Disney's Animal Kingdom 두 곳 모두 거대한 관광 메카였다. 두 곳에서는 롤러코스터 같은 놀이기구뿐 아니라 사자, 얼룩말, 하마, 기린, 나일 악어가 가득한 스릴 만점 사파리 투어를 즐길 수 있었다.

부시 가든에는 로우리 파크에 있는 전시관을 모두 합친 것보다 더 큰 규모를 자랑하는 '세렝케티' 구역이 있었다. 로우리 파크보다 열 배 더 큰 디즈니 동물왕국에는 길이가 44미터나 되는 대형 바오바브 나무 모형이 있는데, 가지는 돌고래와 비비원숭이 등 수백 마리의 동물 모양으로 되어 있었고, 밑동 부분에 있는 나무뿌리를 헤치고 들어가면 극장 입구가 나왔다.

극장 안의 불이 꺼지면, 아이들은 3D 만화영화를 보기 위해 특수 안경을 썼다. 〈벌레로 살기란 힘들어〉라는 제목의 단편 애니메이션은 귀여운 곤충들이 등장해 뮤지컬 코러스 라인에서처럼 춤추면서 바퀴벌레와 쇠똥구리가 겪는 좌충우돌을 멋진 목소리로 노래했다.

로우리 파크의 예산으로는 디즈니 동물왕국이나 부시 가든과 경쟁할 재간이 없었다. 로우리 파크에는 3D 영화도, 후름라이드(물 미끄럼틀 위로 보트를 타고 내려오는 놀이기구_옮긴이)도, 칙칙폭폭 정글을 달리는 멋진 기차도, 동물들을 한눈에 내려다볼 수 있는 모노레일도 없었다. 로우리 파크는 동물과 더 친근하게 만날 수 있다는 것을 장점으로 내세울 수밖에 없었다. 로우리 파크에 있는 놀이기구라고는 어린이용 정글 회전목마뿐이었다. 말 모양 대신 멸종위기 동물 모양으로 회전목마를 만들었지만, 그런 것에 의미를 두거나 뜻 깊게 느끼는 관람객은 아무도 없었다.

렉스를 비롯한 로우리 파크 운영진들은 부시 가든이나 디즈니 동물왕국의 규모를 따라갈 수 없다는 사실을 인정했다. 그럴 필요도 없었다. 로우리 파크는 동물원이지 테마파크가 아니었다. 입장료도 더 저렴했고, 관람객들도 눈이 휘둥그레질 만큼 대단한 볼거리를 기대하지는 않았다. 사람들은 롤러코스터를 타고 비명을 지르거나 재미있는 곤충 애니메이션을 보려고 로우리 파크에 오는 게 아니었다. 사람들은 진짜 살아있는 동물을 보러 로우리 파크를 찾았고, 로우리 파크는 많은 동물을 보유하고 있었다. 실제로, 로우리 파크에 있는 동물 수는 부시 가든이나 디즈니에 비해 그리 적은 편은 아니었다.

스와질란드 코끼리들이 도착하기 전에도, 로우리 파크는 '카리스마 넘치는 거대 동물' charismatic megafauna(코뿔소나 곰, 매너티같이 덩치가 크고 관람객들에게 엄청난 인기를 누리는 동물들을 가리킨다_옮긴이)들을 다수 보유하고 있었다. 대부분의 사람들은 포유류를 가장 좋아했다. 에뮤나 뱀장어보다 자신들과 닮은 구석이 많고, 포유류가 구애하고 짝짓고 새끼를 돌보는 모습에서 동질감을 느꼈기 때문이다. 다른 동물보다 포유류는 자신의 삶이나 감정, 생각들을 투사하기에 더 쉬웠다. 사람들은 두드러지게 눈에 띄는 특성이 있다든지, 개성이 뚜렷한 포유동물들에게 더욱 열렬한 애정을 보였다. 이렇듯 인간은 동물원에 전시된 포유류에게 감정을 이입하면서 이들의 신비한 내면을 엿보기를 좋아했다.

사람들은 그 중에서도 동물원에서 가장 개성이 뚜렷한 왕과 여왕을 가장 사랑했다.

☘ ☘ ☘

우두머리 침팬지는 자신의 왕좌에 웅크리고 있었다. 그는 아침이면 폭포 옆에 있는 바위 위에 자리를 잡았다. 자신의 영역을 한눈에 둘러보기에 더할 나위 없이 훌륭한 지정석이었다. 폭포 옆 바위들은 비바람에 풍화된 협곡 바위처럼 보이도록 도장 처리가 된 가짜 바위였다. 폭포 역시 PVC 관에서 물이 쏟아져 내리는 가짜 폭포였다. 그러나 침팬지 왕 '허먼'은 머리부터 발끝까지 진짜였다. 허먼은 30년간 로우리 파크를 지배했다. 로우리 파크의 어떤 동물이나 직원도 이렇게 오랫동안 군림한 경우는 없었다. 허먼은 동물원에서 가장 유명했고, 동물원 역사의 산증인이었다. 로우리 파크에서는 1,600마리의 동물들에게 고유번호를 부여했다. 허먼의 번호는 000001이었다.

그즈음 허먼도 세월을 비껴갈 수는 없었다. 가늘어진 털은 회색으로 변했고, 예전보다 숨이 빨리 찼다. 그래도 허먼의 기세는 여전했다. 무리 가운데 흥분하는 침팬지들이 보이면 허먼이 달랬고 싸움이 일어나면 허먼이 나서서 말렸다. 그러나 허먼은 무리와 섞이지 않고 늘 앉던 바위에 혼자 있곤 했다. 서 있는 것이 지겨워지면 허먼은 바위에 엎드려 자신의 검은 발톱을 들여다보았다. 그의 멍한 눈빛에는 지루함을 넘어 마음 깊은 곳으로부터의 권태가 깃들어 있었다. 누가 그를 탓할 수 있었겠는가? 허먼은 한 번도 자기가 우두머리 침팬지가 되겠다고 한 적이 없었다. 그저 오래전부터 그에게 떠맡겨진 책임이었다.

"저기 큰 원숭이 보이니?" 한 아이의 엄마가 아이에게 물었다.

허먼은 여자 목소리가 들려오는 방향으로 고개를 돌렸다. 금발 여자의 목소리였음을 알아챈 허먼은 재빨리 일어났다. 누군가 자신을 보고 있다는 사실에 들뜬 허먼은 갑자기 행동이 민첩해졌고 에너지가 넘쳤다. 위풍당당한 태도로 바위 위를 앞뒤로 걸어 다니며 장군처럼 과시했다. 거드름을 피우며 가슴을 한껏 부풀리는가 하면, 어깨와 등에 난 빳빳한 검은 털을 곧추세웠다. 강하고 힘센 수컷으로 보이기 위해서였다.

미소를 짓고 있던 여자는 웃음을 터뜨리고 말았다. 이 덩치 큰 침팬지가 그녀를 좋아하는 것이 분명했다.

"저 원숭이 웃긴다, 그치?" 그녀의 말에 아이가 고개를 끄덕였다.

금발 앞머리에 태닝한 어깨를 햇볕에 반짝이는 젊은 엄마들은 무슨 일이 벌어지고 있는지 전혀 알지 못했다. 그러나 허먼이 뻐기며 걸어 다니는 모습을 조금 더 지켜본 여자들은 이제 알겠다는 표정을 짓곤 했다. 예전에 술집이나 파티에서 이런 행동을 하던 남자들과 마주쳤던 기억이 떠올라서였다.

아이를 데리고 온 여성들이 아주 잠깐 관심을 보이다 곧 다른 곳으로 발길을 돌리면 허먼은 등 뒤에 대고 큰 소리를 질렀다. 자신이 거절당한 것을 알아챘기 때문이었다. 30년도 넘게 로우리 파크에 있는 동안 허먼은 감당하기 힘들 만큼 무수히 거절을 당했다. 정식으로 따지자면 허먼은 원숭이가 아니라 침팬지였고, 침팬지는 유인원에 속한다. 허먼의 이런 행동에 기분 상해하는 여성이 있는 것도 무리는 아니었다. 어느 누가 동물원에 있는 유인원이 자신을 유혹할 거라고 생각이나 했겠는가. 허먼이 인간 여성에게 성욕을 느끼는 것이 허먼의 탓이 아니라는 사실을 알았더라면 기분 나빠 하지는 않았을 것이다. 허먼이 어떻게 자랐고 무슨 일을 겪으며 살아왔는지를 알았다면, 이 때문에 허먼의 내면에서 어떤 변화가 일어났는지 이해했을 것이다.

허먼의 어린 시절은 마치 찰스 디킨스Charles Dickens와 찰스 다윈Charles Darwin이 공동 집필한 책에나 나올 법한 이야기로 가득했다. 서아프리카의 야생에서 태어난 허먼은 젖먹이 때 어미와 떨어졌다. 허먼은 자신을 보호하려다 죽어가는 어미의 모습을 지켜보아야 했다. 나무 궤짝에 담겨 25달러에 팔려간 허먼은 몇 년 동안 애완동물로 길러지다가 마침내 플로리다로 왔고, 이후 로우리 파크에 기증되어 전시관에 살면서 낯선 이들의 불완전한 사랑에 의존하는 법을 배웠다. 허먼은 제인 구달Jane Goodall을 매료시켰고, 탬파 시장에게 흙을 집어 던졌으며, 박수치는 법과 담배 피는 법에 이르기까지 대중을 즐겁게 하는 일이라면 무엇이든 익혔다. 살아남기 위해 무엇이든 닥치는 대로 배웠던 것이다.

허먼은 리모델링 전 로우리 파크의 마지막 시기와 리모델링을 마치고 재개장한 초기를 통틀어 로우리 파크에 사는 동물들의 왕이었다. 허먼은 아직도 물구나무서기를 선보였고 손시늉으로 키스를 보냈다. 그러나 허먼이 인간 여성을 희롱하는 행동은 단순한 퍼포먼스 이상의 무언가로 변질되었다. 허먼이 보여주는 쾌활함 이면에는 소유욕과 욕구 불만이 자리하고 있었다. 허먼은 여자 사육사들을 자기 소유로 생각해 침팬지 전시관 앞에서 여자 사육사들 옆에 서 있는 남자를 발견하면 이 불법 침입자 쪽으로 흙먼지를 한 움큼 던졌다.

"허먼 눈에 안 띄는 데로 옮기자." 남자 사육사는 말하곤 했다.

침팬지 전시관 앞에서 잠깐만 관찰해도 허먼이 정체성에 위기를 겪고 있다는 사실을 알아챌 수 있다. 타고난 지능과 성격에도 불구하고, 허먼은 자신이 침팬지라는 사실을 인정하고 싶지 않은 것 같았다. 옷을 입혀주고 기저귀를 갈아주고 저녁 식탁에 앉는 법을 가르쳐 주던 인간 가족과 어린 시절을 보냈던 기억 때문에 허먼은 큰 혼란에 빠졌다. 이후 철창 안에 고립된 채 수년을 보내면서 이 혼란은 더욱 커져만 갔고, 인간의 관심을 끊임없이 필요로 하게 되었다.

우두머리 침팬지의 위치에 오르면서 허먼은 성적으로 특권을 갖게 되었지만, 그가 택한 세 마리의 암컷 침팬지와 새끼를 낳으려 하지 않았다. 허먼은 인간 여성, 그 중에서도 몸매 좋은 금발을 좋아했다. 허먼은 인간 여성에 대한 집착을 매일 나타냈다. 여자 사육사들이 아침에 인사를 하면 허먼은 성적으로 흥분했다. 특히 여자 사육사들이 입고 있는 로우리 파크 폴로 티셔츠 바깥으로 드러난 어깨를 보면 발기를 했다. 허먼은 어깨를 좋아해서 탱크톱 페티시fetish가 있었다.

엉뚱한 대상을 향해 있는 리비도는 허먼을 파괴했다. 허먼은 다른 침팬지들과 짝짓기나 번식을 할 수 없었고, 침팬지 사회에 완전히 동화될 수 없었다. 다른 침팬지들에 둘러싸여 있었지만 철저히 외톨이였던 것이다.

사정을 아는 여성 사육사들은 허먼을 불쌍히 여겼다. 침팬지의 성적 대상이 되는 일은 기분이 묘한 일이었지만 대수롭지 않게 넘겼다. 여성 사육사들은 허먼의 모든 것을 존중했다. 허먼에게는 특이한 성적 집착을 가리고도 남는 훌륭한 점이 아주 많았기 때문이었다. 허먼이 다른 침팬지들과 있는 모습을 지켜보면서, 사육사들은 허먼이 연약한 침팬지를 언제든지 도와주는 자애로운 지도자라는 사실을 알게 되었다. 허먼은 다른 침팬지들의 의견을 경청할 줄 알았고 의리 있고 너그러웠으며 참을성이 많았다. 허먼의 갈색 눈에는 영혼이 담겨 있었다.

우두머리 침팬지로 살아가기란 쉬운 일이 아니었다. 사육사들은 침팬지들을 '드라마 퀸'이라고 불렀는데, 거기에는 그 만한 이유가 있었다. 침팬지들이 생활하는 모습은 마치 일일 연속극을 보는 것 같았다. 겨우 여섯 마리밖에 없다는 게 믿기지 않을 정도로 침팬지들은 날카롭게 비명을 질러대고 겁에 질려 꽥꽥대며 난리법석을 피웠다. 팔을 휘저으며 서로 추격전을 벌이다가 전시관 앞쪽 경계를 이루고 있는, 물이 채워져 있지 않은 해자로 뛰어들었다. 그런가 하면 전시관 뒤쪽에 있는 높다란 철조망 벽을 기어올라 동물원이 떠나가라 소리를 질렀다. 직원들은 침팬지들이 왜 이런 돌발행동을 하는지 이유를 알 수 없었다. 다만 허먼이 사태를 해결해주기를 바랄 뿐이었다. 허먼은 침팬지 사회의 평화를 유지하는 데 탁월한 재주가 있었고 예의를 갖추는 것을 좋아했다. 허먼은 언제 다른 침팬지들을 쫓아가 따끔하게 혼을 내야 하는지, 언제 뒤로 물러나 침팬지들끼리

해결하도록 내버려둬야 하는지를 알고 있었던 것이다.

마침내 침팬지들은 조용해지고 서로의 털을 매만져주며 전시관 중앙에 있는 나무 위로 올라가 수평선을 바라본다. 그러나 이들이 조용하게 있는 동안에도 감정들은 본능적으로 겉으로 드러났으며, 때로는 맹렬히 분출되곤 했다. 아슬아슬하게 통제되고 있는 일종의 에너지처럼 말이다.

허먼의 임무는 이 에너지를 감시하고 분산시키는 일이었다. 그는 로우리 파크에 있는 어느 누구보다도 오래 이 일을 해왔다. 허먼이 왕좌에 있는 한, 모든 일이 잘 돌아갈 것이다.

☘ ☘ ☘

여왕은 관람객의 눈에 보이지 않는 복도를 따라 뒤에서부터 사람들의 눈앞으로 걸어 나왔다. 로우리 파크의 여왕인 이 수마트라호랑이는 조금 전까지 자신만의 스위트룸에서 편안히 휴식을 취하고 있었다. 그녀가 태어났고 어미와 헤어졌던 그 방에서, 이제 그녀는 밤을 보내고, 느긋한 아침을 보내고, 몸단장을 하다 시종들에게 불같이 화를 내기도 하면서, 그녀를 소유할 수 있다고 착각하는 수컷들과 사랑놀이를 했다. 지금 그녀는 산책 나갈 준비를 마쳤다.

스르륵 문이 열리더니 몽환적이면서도 무시무시한 기운을 내뿜으며 엔샬라가 나타났다. 응달을 지나 햇볕 쪽으로 걸어 들어오는 걸음마다 믿음직함이 묻어났고, 숨결마다 무시무시한 경고를 내뿜었다. 그녀는 뼛조각과 핏자국이 어지럽게 흩어져 있는 바닥을 터벅

터벅 가로질러 관람용 대형 유리창을 지나쳤다. 관람객들은 엔샬라의 에메랄드 빛 두 눈과 걸을 때마다 실룩이는 어깨 근육을 코앞에서 지켜보며 입을 다물지 못했다.

"야옹아, 여기야, 야옹아!" 한 남자가 큰 소리로 외쳤다.

엔샬라는 들은 척도 하지 않았다. 그녀는 아름다운 머리를 들어 공기를 들이마시며 시종들이 진상해놓고 간 것이 있나 냄새를 맡았다. 사육사들은 그녀를 즐겁게 해주고 싶어 했다. 호랑이는 다양한 향기를 맡는 것을 무척 좋아했기 때문에, 사육사들은 엔샬라가 아직 자기 방에 갇혀 있는 이른 아침 전시관에 시나몬향, 페퍼민트향, 심지어 향수를 뿌려놓곤 했다. 사향 냄새를 좋아하는 엔샬라는 '옵세션'이라는 향수를 가장 마음에 들어 했다.

그해(2003년) 8월, 엔샬라는 에릭이라는 수컷 수마트라호랑이를 소개받았다. 동물원 측은 엔샬라와 에릭이 새끼까지 낳기를 바랐지만 일이 잘될 것 같지는 않았다. 에릭은 겨우 네 살밖에 안 된데다가 성경험이 없었다. 열두 살이 다된 엔샬라는 경험이 풍부하고 도도했다. 로우리 파크에서 태어난 엔샬라는 호랑이 전시관이 자신의 영역이라 생각했고 넘치는 카리스마로 지배했다. 그녀는 동물원에서 가장 아름다웠지만, 가장 사나운 존재였다. 오만하고 독립적이며, 인간뿐 아니라 다른 호랑이들에게도 호락호락하지 않았다.

인간의 기준으로 보면, 엔샬라 가족의 역사는 그리스 비극과 비슷했다. 엔샬라의 부모는 각기 다른 대륙 출신이었고 로우리 파크에서 짝을 맺었다. 엔샬라의 어미는 실수로 처음으로 낳은 새끼 중 하나를 죽였다. 그리고 엔샬라가 아직 어렸을 때, 엔샬라의 아비는 많은 사람들이 보는 앞에서 어미를 무참히 죽였다.

엔샬라에게 부모에 대한 기억이 남아 있는지 알 길은 없었다. 그녀는 마치 오늘이 영원히 계속될 것처럼 과거에 연연하거나 미래를 걱정하는 기색도 없이 하루하루를 살았다. 그녀가 움직이는 모습을 정확히 표현할 만한 인간의 말은 없지만, 시인 테드 휴즈Ted Hughes가 호랑이가 걷는 모습을 묘사한 시 중 "자유의 황야"라는 구절이 가장 비슷하다. 심지어 웅크린 채로 오후 낮잠을 자는 모습까지 엔샬라의 모든 행동은 유려한 우아함을 보여주는 동시에 섬뜩한 힘으로 빛났다.

직원들은 엔샬라에게 반했다. 품위 있는 도도함, 진한 오렌지 빛 털, 선명한 검은 줄무늬, 갈기처럼 둥글게 목을 감싼 긴 흰색 털, 전시관 앞쪽에 있는 물가로 다가갈 때 털을 많이 적시지 않으려는 우아함에 경탄했다. 수마트라호랑이는 발가락 사이에 물갈퀴가 있어서 수영을 잘하지만, 엔샬라는 털이 젖는 것을 좋아하지 않았다. 엔샬라의 섬세함에는 빈틈이 없었다. 그녀는 수컷 호랑이에게, 특히 동물원에서 태어난 수컷 호랑이에게 놀라우리만치 공격적이었다. 사육사들은 엔샬라가 뛰어난 사냥 기술을 가진 것을 알았기 때문에 근처에 사는 새가 엔샬라의 거처로 날아와 머무는 바보 같은 짓을 하지 않을까 노심초사했다.

그동안 동물원에서는 엔샬라에게 수많은 수컷을 소개시켜 주었다. 그때마다 주도권을 잡는 쪽은 한결같았다. 수컷 수마트라호랑이는 몸집과 정력에서 엔샬라를 능가했다. 하지만 엔샬라는 80킬로그램 정도의 자그마한 몸집을 가지고도 의지력에서 수컷들을 제압했으며, 자기가 전시관의 주인이고 자기가 좋아하는 방식으로 행동하겠다는 점을 분명히 했다. 발정기가 오면 구혼자에게 다정해지고, 그르렁거리며 애교를 부리거나 자기 볼을 비벼대고, 구혼자의 발밑에서 장난스레 구르는 등 짝짓기를 할 준비가 되어 있다는 신호를 보냈다. 그러나 수컷이 반응을 보이면 엔샬라는 도망가버리거나 별안간 사납게 대했다. 수컷이 자기 같은 암컷쯤은 쉽게 죽일 수 있다는 사실을 무시한 채, 그녀는 마치 먹잇감을 대하듯 수컷을 쫓아버리고 구석으로 몰았으며 따라다니며 귀찮게 했다.

이제 에릭이 엔샬라의 짝으로 적절한지 알아볼 차례였다. 직원들은 아직 둘을 같이 두지 않았다. 에릭과 엔샬라가 천천히 사귈 수 있도록 엔샬라의 방 옆에 에릭의 거처를 마련해 서로를 해치지 않고도 서로 눈을 마주치고 냄새를 맡을 수 있게 했다. 에릭은 격렬한 폭력성을 보일 것 같지는 않았다. 워싱턴 D.C.에 있는 국립 동물원에서 대여해 온 에릭은 아직 새로운 환경에 적응하고 있는 중이었다. 에릭의 겉모습과 목소리는 상당히 사나웠다. 에릭이 으르렁거릴 때 양쪽으로 드러나는 송곳니는 사람 손가락보다 길었다. 그러나 다른 수컷 구혼자에 비해 에릭은 태평해 보였다. 엔샬라를 상대해야 하는 막중한 임무를 맡은 수컷치고는 너무 느긋해 보였다. 엔샬라는 털을 곤두세우며 에릭을 위협했고 에릭은 엔샬라의 성질을 누그러뜨릴 수 없었다. 약삭빠르고 노련한 엔샬라에게 어린 숫총각 에릭은 거의 맥을 못 췄다. 그래도 직원들은 에릭이 당당하게 행동해 엔샬라의 기세를 꺾을 방도를 찾아내기를 바랐다.

로우리 파크에 있는 많은 동물들처럼, 수마트라호랑이도 급격히 줄어들고 있었다. 지구에서 가장 심각한 멸종위기를 맞고 있는 수마트라호랑이는 야생에 남아 있는 수가 600마리도 채 안 된다. 따라서 수마트라호랑이가 살아남으려면 인도네시아의 숲이나 로우리 파크 같은 동물원에서 번식을 해야만 했다. 다른 한편으로 엔샬라가 새끼를 낳으면 동물원도 더 많은 수익을 거둘 수 있었다. 어린 새끼가 태어나면 동물원을 찾는 관람객의 수가 늘어났기 때문이다. 그 중에서도 보드라운 털과 조그맣게 으르렁거리는 호랑이 새끼들은 인기 만점이었다.

그러나 아무도 이런 말을 눈치 없게 입 밖으로 내지는 않았다.

에릭과 엔샬라의 짝짓기를 담당한 사육사들은 이런 짝짓기 시도를 동물원의 수입을 늘리는 차원에서 생각하지 않았다. 그들이 무엇보다 원했던 것은 지구상에 호랑이가 더 많아지는 것이었다. 에릭과 엔샬라가 새끼를 낳도록 결정하는 일은 사육사나 로우리 파크 차원에서 결정할 수 있는 문제만은 아니었다. 에릭과 엔샬라를 맺어주기 전에 로우리 파크는 동물원에 있는 멸종위기 동물의 복지를 감독하는 프로그램으로부터 허가를 받아야 했다. 프로그램의 명칭은 '종 생존 계획'으로, 미국 동물원수족관협회AZA에서 운영했다. AZA의 지시에 따라 수마트라호랑이를 비롯해 개구리, 두루미, 자이언트판다, 로랜드고릴라 등 동물원에 있는 수십여 종을 위한 계획이 세워져 있고, 수천여 건의 번식 내력을 추적해 특정 개체의 DNA만 후손에게 전달되지 않도록 조정한다. 엔샬라나 에릭은 아직 새끼를 가져본 적이 없었기 때문에 둘을 맺어주기 위해 허가를 받는 데 어려움은 없었다. 에릭과 엔샬라 사이에 새끼가 태어난다면, 수마트라호랑이의 유전자 보존에 도움이 될 것이다. 또한, 로우리 파크의 수익에도 좋은 일이었다.

로우리 파크에서는 멸종동물 보존이라는 높은 차원의 목표를 이루는 것이 경제적으로 도움이 되는 일이기도 했다. 지구를 살리려는 바람은 경제적 측면에서의 생존과 맞물려 있었던 것이다. 비영리단체이긴 했지만 로우리 파크는 운영에 들어가는 비용을 스스로 충당해야 했다. 2003년 여름, 로우리 파크는 확장 공사를 시작했고 코끼리를 비롯한 아프리카 동물을 위한 전시관을 새로 짓고 있었다. 공사를 마무리하려면 로우리 파크는 더 많은 수입과 동물, 그리고 물밀 듯 들어오는 유료 관람객이 필요했다. 아기 호랑이 몇 마리가 늘어난다고 해서 손해볼 것이 없었다.

이런 목표를 달성하려면 우선 엔샬라가 에릭을 받아들일 것인지 결정을 내려줘야 했다. 당시, 결정권은 에릭이 아니라 엔샬라가 쥐고 있었고 좋은 결과를 기대하기는 거의 불가능해 보였다.

⁂ ⁂ ⁂

전시관 위를 가로질러 설치된 관람로에서 엔샬라가 참새 쪽으로 살금살금 기어가는 모습을 내려다보고 있노라면 왜 동물원을 찾은 많은 이들이 반대되는 두 가지 감정을 동시에 느끼는지를 쉽게 이해할 수 있었다. 사람들은 엔샬라가 원래 나고 자란 지구 반대편의 늪림 대신 동물원에서 평생을 갇혀 지내왔다는 사실을 알고 나면 상실감과 측은함을 느꼈다. 그러나 엔샬라를 보고 있노라면 경탄을 금할 수 없기도 했다. 그림책을 보며 막연히 짐작만 하던 존재가 눈 앞에서 살아 움직이고 있었던 것이다. 사람들은 지구상에 몇 남지 않은 수마트라호랑이 엔샬라의 당당한 풍채와 거부할 수 없는 매력, 길들여지지 않은 야성을 지켜보며 숨을 죽였다.

허먼의 전시관 앞에서 사람들은 여러 가지 감정들이 마음속에 뒤엉켜 있는 느낌이었다. 동물원 안에서 어딜 가든 어느 동물을 보든 복잡한 감정이 들기는 마찬가지였다. 즐거움과 애석함, 기쁨과 죄책감이 동시에 고개를 들었다.

아무리 의식 있는 동물원이라도 이 세상 모든 동물원은 인간이 야생동물을 가두어 야생의 아름다움을 향유하기 위해서는 먼저 야생동물을 길들여야 한다고 생각한다. 동물원 측은 지구 보존을 위해 분투하고 있고 사라져가는 동물들에게 피난처와 양식을 제공하며 대중을 교육시키는 역할을 한다고 말한다. 그들의 주장은 옳다. 동물권리보호단체 측은 동물원이 살아있는 동물들을 불법 거래하고 경제적 이득과 오락을 위해 동물들을 착취한다고 주장한다. 이들의 주장도 옳다.

상반되는 두 주장 사이에서 동물들과 동물의 복지를 담당하고 있는 사람들은 이러지도 저러지도 못하는 난처한 입장에 처해 있다.

사육사들은 매일 동물원의 현실을 제일 가까이에서 보는 사람들이다. 그 누구보다도 동물들이 자기가 일하는 동물원에서 언제 좋은 대우를 받고 언제 그렇지 않은지 잘 아는 사람들이다.

어느 동물원의 수의사가 쓴 책에는 다음과 같은 구절이 나온다. "사육사는 동물원의 양심이다."

로우리 파크의 사육사들은 대부분 로우리 파크가 좋은 동물원이라고 말한다. 완벽하지는 않지만 동물들을 잘 보살피고, 상당히 많은 멸종위기종을 살리는 데 기여하고 있다는 사실에 직원들은 자부심을 가지고 있다. 그러나 사육사들은 어떤 동물원에서 일하든 상반되는 감정을 느끼며 살아가야 한다는 사실을 인정한다. 로우리 파크 유니폼을 입고 식료품 가게에 가면 어떤 쇼핑객은 셔츠에 박힌 동물원 로고를 보고 반가운 낯빛을 하고, 어떤 사람은 혐오하는 표정을 지었다. 사육사들이 파티에 갔을 때 어디서 일하는지를 밝히면 얼굴을 찡그리는 사람도 있었다.

사육사들은 자기 안에 복잡하게 얽혀 있는 감정들과 싸웠다. 그들은 동물을 사랑했고 자기가 보살피는 동물에게 깊은 애착을 느꼈다. 그러나 그들이 느끼는 애착은 생계를 위해 하는 일 때문에 발생하는 도덕적으로 복잡한 문제들까지 못 보게 하지는 않았다. 로우리 파크와 샌디에이고 동물원에서 스와질란드 코끼리 열한 마리를 구입했다고 발표했을 때, 많은 사육사들은 속으로 걱정했다. 코끼리를 돌보는 것이 얼마나 어려운지 동물원에 종사하는 사람들은 잘 알고 있었기 때문이었다. 열한 마리나 되는 코끼리를 스와질란드에서부터 그 먼 거리를 우리에 가둔 채 비행기에 싣고 온다는 것은 보통 일이 아니었다. 코끼리를 비행기에 싣고 대양을 건넌다는 것 자체가 자연의 질서를 근본적으로 거스르는 일이다. 오만에 가까운 자신이 없으면 불가능한 일인 것이다.

로우리 파크 사육사들은 동물원 측의 공식 입장을 알고 있었고, 이번 일은 코끼리들이 도태되지 않도록 구해주는 자비로운 미션이라고 설명한 보도자료도 읽었다. 그러나 이런 이타적인 내용에도 불구하고, 로우리 파크가 그 대가로 코끼리 네 마리라는 탐나고 값나가는 보상을 얻게 된다는 데에는 의문의 여지가 없었다. 일단 코끼리를 전시하면 동물원의 수익은 치솟을 게 분명했다.

그러나 아무리 생명을 구하기 위한 일이라지만, 아프리카 대자연에서 생활하던 코끼리를 데려오는 일은 상당히 복잡했다. 사육사들 사이에는 데려온 코끼리들이 과연 행복하게 지낼 수 있을지, 경영진이 앞으로 방침을 바꾸지는 않을지 우려하는 분위기도 있었다. 로우리 파크는 이미 재정난을 겪고 있는데 어떻게 수백만 달러가 들어가는 코끼리 전시관을 지을 것인지도 걱정스러웠다. 코끼리 전시동을 신축하는 데 그렇게 많은 돈을 쏟아 부으면 다른 동물들은 어떻게 될까? 코끼리를 데려오는 일은 여러 가지 면에서 동물을 무엇보다 중시하는 윤리적 기관이라는 로우리 파크의 정체성에 혼돈을 가져오는 일대 시련이었다.

PETA를 비롯한 동물보호단체들은 자신들이 주장하는 순수한 도그마를 둘러싼 현실에는 관심을 두지 않는 이상주의자일지도 모르지만, 그렇다고 이들의 주장이 꼭 틀렸다고 할 수는 없다. 스와질란드 코끼리들을 미국으로 데려오는 것이 과연 잘하는 일이었을까? 로우리 파크 직원들도 확실히 대답할 수 없었다. 직원들은 로우리 파크가 꿈꾸던 확장공사를 시작하면서 돌아올 수 없는 선을 넘어버린 것은 아닐까 하는 의구심을 가졌다.

03

한밤의 호송

자정 직전, 스와질란드 일레븐은 비 내리는 미국 땅에 은밀히 도착했다. 마침내 747기가 탬파 국제공항에 착륙하자, 대기하고 있던 경찰 순찰차와 FBI 요원들을 태운 번호판 없는 검은 차량 행렬이 스와질란드 일레븐을 동물원으로 호송했다. 경찰 헬기는 상공에서 무슨 일이 일어날 경우에 대비해 동태를 살폈다.

"호송 중 습격이 있을 것이라는 제보를 받았습니다." 탬파 경찰서장이 말했다.

열한 마리의 코끼리를 대양을 건너 수송하는 초대형 보잉 747기를 숨기겠다는 생각은 말이 되지 않았다. 로우리 파크는 수송 비행기의 여정을 연막작전을 펴 은폐했다. 연방법원에 맹렬히 항의하던 동물보호단체연합은 며칠 전 곧 코끼리들이 도착할 것이 확실하다는 사실을 알고 나서 절망했다. 어떤 회원은 샌디에이고 동물원에 전화를 걸어 동물원을 불태워버리겠다고 협박했고, 한 여성은 동물원장의 사무실에 침입했다가 체포되었다.

탬파에서는 PETA 본부가 있는 버지니아에서 온 PETA 창립자를 포함한 동물보호운동가 세 명이 로우리 파크에 관람객으로 입장해서는 경영진 사무실을 습격 사무집기와 전화기를 파손하고 '스와질란드 코끼리에게 자유를!'과 '야생 동물을 자연으로!' 같은 구호를 외쳤다. 경찰은 이들 세 명을 연행해 불법 주거침입 및 치안방해 혐의로 기소했다.

로우리 파크 직원들은 이런 저항이 언제까지 계속될지 걱정이었다. 적어도 스와질란드 코끼리를 태운 747기가 도착할 때까지 동물보호단체들의 공격을 두려워할 수밖에 없었다. FBI 샌디에이고 지부는 코끼리들이 미국에 도착해 동물원으로 호송될 때 동물보호운동가들이 습격해올 것이라는 첩보를 알려주었다.

어느 FBI 요원이 작성한 내부 문건에는 다음과 같은 말이 적혀 있었다. "우리는 최선을 다해 비행기로 도착한 코끼리들을 보호해야 한다."

마침내 747기가 화물구역에 도착하자, 로우리 파크 대표단이 맞을 준비를 했다. 동물원 수장인 렉스 샐리스버리와 수의사 데이비드 머피, 오랫동안 코끼리 조련사로 일하다 새로 문을 여는 아프리카관의 부관장이 된 전직 서커스 스타 브라이언 프렌치, 로우리 파크 큐레이터인 리 앤 로트먼이 나와 있었다.

리 앤은 동물원의 가치를 진정으로 믿는 사람이었다. 그녀는 로우리 파크에 있는 모든 동물과 사육사를 관리하는 책임자로서 동물원을 자기 자신과 동일시할 정도로 동물원 일에 정성을 쏟았다. 리 앤이 없는 로우리 파크는 상상하기 힘들었다. 그녀는 로우리 파크에 있는 동물에 대해 모르는 것이 없었다. 마치 친자식 자랑을 하듯 시시콜콜 얘기를 늘어놓는 때도 많았다. 비비원숭이가 스트레스에 시달리자 리 앤은 전시관에 들어가 마치 동료 원숭이처럼 등에 난 털을 손질해 주며 위로해 주었다. 새끼 가면올빼미가 어미를 잃자, 리 앤은 퇴근할 때 솜털이 보송보송 난 이 새끼 올빼미를 집으로 데려가 자기가 자는 동안 올빼미가 침대 주위를 날아다니는 연습을 할 수 있게 했다.

"난 동물들이 행복해하지 않는 동물원에는 안 갈 거예요." 리 앤은 입버릇처럼 말하곤 했다.

그날 밤, 747기가 활주로에 착륙하자 리 앤은 코끼리들의 건강 상태가 염려되었다. 믹 레일리와 남아공 수의사 크리스 킹슬리가 비행기에서 코끼리들을 내내 보살폈다는 것을 그녀도 알고 있었다. 그렇지만 동물 수송에는 위험이 따른다는 사실을 여러 문헌을 통해 익히 알고 있던 터였다. 지난 수십 년 동안 동물원이나 동물보호구역으로 이송되던 동물들 중 이번보다 훨씬 짧은 거리였는데도 정신적 쇼크나 스트레스로 사망하는 경우가 있었다. 몇 년 전에는 머피 박사가 탬파에서 겨우 145km 떨어진 오칼라에서 왈라비 세 마리를 트럭에 싣고 로우리 파크로 데려오던 중 그만 죽어버렸다.

코끼리는 힘도 세고 예민해서 이송하기가 특히 까다로웠다. 이송 중 예측불허의 행동을 하기도 했다. 일례로, 어느 동물원에서는 아시아코끼리 한 마리를 다른 시설로 보내려고 트럭 뒤에 실어 이동하던 중 차에 타고 있던 동물원 직원이 코끼리 코가 땅에 닿을 정도로 축 늘어져 있는 것을 발견했다. 트럭을 멈추고 살펴보니 코끼리는 떡갈나무로 두텁게 깔아놓은 트럭 바닥에 계속 무릎을 짓찧어 30cm가량 구멍을 내놓았다. 인간의 손에 유순하게 길들여져 있던 코끼리가 트럭을 탄 지 얼마 되지 않아 돌변한 것이었다. 스와질란드 코끼리들은 인간의 손을 탄 적도 없고, 원치도 않게 12,900km를 비행한데다 극도로 혼란스러운 상태에서 50시간 넘게 나무 상자에 줄곧 갇혀 있었다. 리 앤은 마음속으로 생길 수 있는 모든 불상사를 따져보았고, 이송 중 죽은 코끼리가 생겼을 수도 있다고 마음을 다잡았다.

마침내 비행기가 엔진을 멈추자, 리 앤은 서둘러 화물칸으로 갔다. 코끼리들을 본 순간, 그녀는 가슴이 뭉클했다. 코끼리들은 아무런 고통 없이 평온해 보였다. 놀라울 정도로 차분했다. 리 앤이 나무 상자 속을 들여다보며 인사를 하고 다정하게 말을 건네자, 코끼리들은 코를 뻗어 그녀의 냄새를 맡았다. 그러나 오래 지체할 시간이 없었다. 다음 목적지인 캘리포니아와 샌디에이고로 가기 위해 연료를 급유하는 동안, 지게차가 로우리 파크로 갈 코끼리 네 마리가 든 우리를 화물칸에서 내렸고 크레인이 평상형 트럭 두 대에 이들을 나눠 실으려고 대기 중이었다. 공항 세관원과 야생동물 담당관이 허가서와 서류를 검사하자, 마침내 코끼리들은 트럭에 실려 대장정의 대미를 장식할 마지막 여정을 떠날 채비를 마쳤다. 자정이 조금 지난 시각, 트럭과 번호판 없는 FBI 차량, 그리고 전조등을 번쩍이는 경찰차 행렬이 길게 줄을 지어 공항을 떠났다. 코끼리들을 실은 트럭에 탄 리 앤은 어안이 벙벙했다.

“마치 대통령 호위 행렬 같군요.” 그녀가 말했다.

호송 행렬은 힐스버러 애비뉴에서 동쪽으로 방향을 튼 뒤 데일 매브리 고속도로를 타고 로우리 파크가 있는 북쪽으로 향했다. 경찰차 몇몇이 행렬을 누비듯 나아가 행렬 맨 앞에서 리드하고 나머지는 불시에 행렬 뒤쪽으로 빠지는 등 전술 대형을 끊임없이 바꿨다. 도로는 교통을 통제해 텅 비어 있었다. 동물보호단체의 사주를 받은 저격수들이 잠복하고 있을 것이라는 첩보에 경찰 헬기가 호송 행렬을 엄호하며 어둠 속에서 앞뒤로 스포트라이트를 비추고 있었다.

☘☘☘

두 대의 트럭이 로우리 파크 후문으로 덜컹거리며 들어와 동물원 북쪽 끝에 신축한 대형 녹색 코끼리 축사로 향했다. 트럭에서 코끼리를 내린 뒤 마실 물과 건초, 사과, 당근, 바나나를 준비해 놓은 축사로 데려갔다.

브라이언 프렌치는 코끼리 네 마리가 미국이라는 새로운 땅에 첫발을 내딛는 모습을 유심히 관찰했다. 진정제 기운은 많이 가셨지만 처음 경험하는 낯선 소리와 냄새에 코끼리들은 아직도 조심스레 움직이면서 주위 소리에 귀를 기울이고 사방으로 냄새를 맡았다. 브라이언은 그해 초 로우리 파크로 데려올 코끼리를 선별하러 스와질란드에 있는 동물보호구역에 방문했는데 거기서 코끼리들을 처음 만났다. 네 마리 중 하나는 음카야에서 골랐다. 나머지 셋은 흘레인 출신으로, 어릴 때부터 같이 자라서 서로에게 익숙했다. 함께한 날들이 많으니 이들 셋은 이송하는 동안 서로에게 의지가 될 터였다.

브라이언은 코끼리들이 개별 축사로 들어갈 때 어느 코끼리가 다른 코끼리가 있는 두터운 철창 사이로 코를 뻗어 인사를 건네는지, 어느 코끼리가 말없이 그냥 지나치는지를 살폈다. 코끼리들이 하는 몸짓, 귀를 펄럭이고 꼬리를 흔드는 모습을 유심히 보았다. 움직임이 이상하거나 불안정하지는 않은지, 깜짝깜짝 놀라지는 않는지, 당황하거나 근심스러운 기색은 없는지, 다른 코끼리들의 움직임에 어떻게 반응하는지 등을 알아보기 위해서였다.

특히 브라이언은 코끼리들의 이마를 주의 깊게 관찰했다. 코끼리가 초저주파음으로 의사소통을 할 때 이마에 있는 근육이 움직이는 경우가 있기 때문이었다. 초저주파는 사람이 들을 수 없지만, 그는 누가 말하고 누가 대답하는지, 누가 사교성이 좋고 누가 말없이 조용한지를 알고 싶었다. 또 코끼리마다 어떤 기질과 습관을 가지고 있고, 어떤 것에 기분이 상하고 어떤 것에 마음이 편안해지는지 알아야 했다. 코끼리들의 내면을 아주 조금이라도 엿볼 수 있는 단서라면 어떤 것이든.

브라이언은 이런 노력을 '동물들을 읽어내기 위한 공부'라고 불렀고, 상당히 많은 연습을 해왔다. 나이는 스물아홉밖에 안 됐지만, 그는 걸음마를 하기 전부터 코끼리와 어울렸다. 브라이언의 집안은 '크리스티아니스'라는 이름의 서커스 공연가 가문으로, 7대째 동물과 함께했고, 4대째 코끼리를 조련하고 같이 공연해왔다. 세 살 때부터 코끼리와 함께 놀았던 그는 여섯 살 때 일본에서 있었던 서커스 공연에 코끼리를 타고 출연하기도 했다. '브라이언 크리스티아니' 라는 예명으로 활약했던 브라이언은 링글링 브라더스 서커스단을 비롯해 전 세계 서커스단에서 코끼리를 조련했다.

많은 서커스 단원들처럼, 브라이언도 코끼리뿐 아니라 말이나 호랑이와도 함께 다양한 공연을 선보였다. 또한 오토바이를 타고 '글로브 오브 데스' globe of death(대형 원형 철창 안에서 선보이는 오토바이 스턴트 쇼_옮긴이)를 하기도 했으며, 일곱 명이 인간 피라미드를 쌓아 올려 함께 외줄 위를 이동하는 7인 피라미드 쇼를 하기도 했다. 그 시절에 대한 질문을 받자 그는 어깨를 으쓱해 보이며 대답했다.

"그게 저의 일상이었는걸요."

브라이언이 지상 12미터의 허공에서 아슬아슬하게 외줄을 타는 모습은 쉽게 상상이 가지 않는다. 브라이언은 고소공포증이 있었고 곡예사처럼 깡마른 체격도 아니기 때문이다. 수많은 연습으로 극복해냈기에 가능했을 것이다.

개주인이 자신이 기르는 개와 닮듯, 브라이언은 신기하게 코끼리와 닮았다. 힘이 세고 몸집이 컸으며, 엄청난 존재감과 진지한 태도를 가졌을 뿐 아니라 몸놀림이 놀라우리만치 우아하고 민첩했다. 살아오면서 그는 코끼리에게 특별한 유대감을 느꼈다. 그는 코끼리의 총명함, 복잡다단한 성격, 두꺼운 회색 피부 아래 숨겨진 서로 다른 개성에 감탄했다.

코끼리를 조련하려면 코끼리에게 공감할 줄 아는 능력과 코끼리와의 상호신뢰가 형성될 때까지 기다릴 줄 아는 참을성이 필수였다. 코끼리는 인간 사육사보다 몸집도 크고 힘도 세기 때문에, 코끼리들을 조련하는 일은 만만치 않았다.

"누구나 코끼리가 인간인 당신을 존중해야만 한다고 생각하잖아요. 당신도 코끼리를 존중해야만 하고, 코끼리도 당신이 그래야 한다고 생각하죠. 코끼리는 서서히 당신을 좋아하는 법을 배우게 되요. 이렇게 친해지는 거예요." 브라이언이 말했다.

그는 신비로운 느낌을 주는 어투로 코끼리와 인간의 관계에 대해 설명했다. 훈련이 성공적으로 이루어질 경우 브라이언은 코끼리가 무슨 생각을 하는지 읽어낼 수 있었고, 코끼리는 그의 생각을 알 수 있을 정도로 서로를 깊이 이해하게 되었다. 이렇게 긴밀한 관계가 형성되면 인간과 동물 사이의 구분은 허물어졌다. 브라이언은 이 상태를 '소통'이라고 불렀다. 하지만 스와질란드에서 온 코끼리들과 이 정도로 친밀한 관계를 형성하는 일은 쉽지 않을 터였다.

브라이언은 한 번도 사바나 초원에서 방금 데려온 야생 코끼리들을 훈련시켜본 적이 없었다. 그가 경험한 바로는, 동물원에서 자란 아프리카코끼리라도 아시아코끼리보다 사육하기에 더 까다로운 경우가 많았다. 브라이언은 '무스탕(미국 서남부 평원에 사는 반야생마_옮긴이)과 쿼터호스(약 400m를 달리는 단거리 경주마_옮긴이)의 차이와 비슷하다'고 설명했다. 아프리카코끼리는 신경이 예민하고 안절부절못하며 고집까지 세서, 자기 뜻대로 되지 않으면 어린 아이처럼 토라졌다.

코끼리와 사육사 간의 감정적 유대에도 불구하고 아프리카와 아시아코끼리는 사육하는 데 상당한 위험이 따랐다. 어느 연구 결과에 따르면, 15년 동안 미국에서는 매년 코끼리 사육사가 한 명씩 목숨을 잃었다. 이 수치는 미 연방 노동부에서 가장 위험한 직업이라고 발표한 광부의 사망률보다 세 배나 높은 것이다.

특히 사육사가 자유접촉free contact 지침에 따라 코끼리 옆에서 나란히 일할 때 위험했다. 사육사들이 코끼리와 같은 공간에 들어가야 하는 자유접촉 방식에서 목숨을 잃지 않으려면, 사육사들은 무리의 일원처럼 행동하되 지배권을 잃지 않아야 했다. 여족장 코끼리처럼 행동해야만 하는 것이다. 하지만 코끼리보다 덩치도 작고 힘도 약한 사육사가 여족장 역할을 하기란 결코 쉽지 않았다. 특히 수석 사육사가 근무를 마치고 아래 직급의 사육사와 교대할 때가 위험했다. 코끼리들은 무리 안에서 더 높은 서열을 차지하려고 경쟁하기 때문에, 사육사들을 밀치거나 들이받으면서 테스트해본다. 만약 사육사가 경험이 부족하다든지, 자기들 보는 앞에서 넘어지거나 하는 등의 허점을 보이면, 코끼리는 사육사를 얕보고 공격하기도 한다.

1993년, 로우리 파크에서 근무한 지 얼마 되지 않았던 젊은 사육사 차리 토레Char-Lee Torre가 아시아코끼리에게 목숨을 잃는 사고가 있기 전까지만 해도 동물원에서는 자유접촉 방식을 따르고 있었다. 차리의 죽음은 로우리 파크 역사상 가장 끔찍한 사건이었다. 당시 로우리 파크의 원장이었고 지금은 CEO인 렉스 샐리스버리는 아직도 그날의 악몽을 기억했다. 코끼리 공격이 있은 직후, 사육사들은 코끼리를 진정시키느라 진땀을 뺐고, 응급구조사들은 차리가 병원에 도착할 때까지 생명을 유지할 수 있도록 응급처치를 하느라 여념이 없었다. 그로부터 10년이 지난 후, 코끼리를 다시 전시하기로 결정하면서 렉스와 경영진은 10년 전과 같은 비극이 재발되지 않도록 예방책을 마련했다.

스와질란드에서 코끼리 네 마리가 도착하기도 전에, 동물원은 보호접촉protected contact이라는 코끼리 관리 방식을 채택했다. 미국 전역에서 보호접촉을 택하는 동물원이 늘어나고 있었는데, 이 시스템은 직원들이 매일 하는 발바닥 검사나 피부각질 제거 등 가까이에서 할 수밖에 없는 일도 방책을 사이에 두고 하도록 규정하고 있다. 이 방식은 긍정적 강화positive reinforcement(바람직한 행위에 대해서 긍정적인 결과를 부여함으로써 그 행위를 반복하게 하는 것_옮긴이)에 기반하고 있기 때문에 코끼리에게도 더 인간적이었다. 자유접촉 때와는 달리 코끼리들은 더 이상 사육사들의 명령에 일방적으로 복종하거나 막대로 찔리거나 벌을 받지 않았다. 또한 음식을 보상 수단으로 이용함으로써 코끼리들은 겁에 질려 억지로 복종하는 대신 보상을 얻기 위해 조련사의 명령을 자발적으로 따르게 되었다.

보호접촉을 시행하면서 코끼리와 사육사 간의 친밀감은 예전 같지 않았지만, 사육사가 부상을 입거나 사망하는 사고가 눈에 띄게 줄어들었다. 샌디에이고 동물원의 야생동물관 역시 스와질란드 코끼리가 도착할 당시 보호접촉을 시행하고 있었다.

하지만 보호접촉이 도입된 지 십여 년이나 흘렀어도, 야생 코끼리에게 적용된 사례는 아직 한 번도 없었다. 이 방식을 적용하면 실패할 것이 뻔하다며 벌써부터 비판하는 전문가들도 있었다. 야생에서 나고 자라 인간에게 조련받지 않은 코끼리는 애완견처럼 먹을 것에 흔들리지 않을 것이라는 주장이었다.

렉스는 이런 회의론에 흔들리지 않았다. 그는 보호접촉 방식이 '순진한 코끼리들'이라고 불리는 스와질란드 코끼리들에게도 효과가 있을 것이라 판단하고는, 이 시스템이 무리 없이, 안전하게 시행

될 수 있도록 만전을 기했다. 로우리 파크는 5백만 달러를 들여 보호접촉용 첨단 장비를 갖춘 코끼리 전시관을 지었다. 리모컨으로 열 수 있는 유압식 개폐 도어와 게이트, 코끼리를 실내외로 이동시키기에 편리한 이동통로, 직원이 코끼리를 검사하거나 관리하기 위해 가까이 다가가야 할 때 코끼리가 마음대로 움직이지 못하게 하는 '허거' hugger라는 거대한 철제 상자 등을 갖춘 건물이었다. 건물 외부에는 수컷들이 호르몬이 솟구칠 때 따로 수용할 수 있도록 공간을 넉넉히 마련했고, 코끼리들이 헤엄치고 코로 물을 끼얹을 수 있는 대형 풀도 만들었다.

새 식구들의 적응을 돕기 위해 동물원에서는 암컷 아프리카코끼리 엘리를 데려왔다. 열여덟 살인 엘리는 아프리카에서 태어났지만 새끼 때부터 내내 미국에 있는 동물원에서 살았다. 동물원은 나이가 많은 엘리가 여족장 역할을 맡아 스와질란드 코끼리들에게 동물원에서 살아가는 법을 가르쳐주기를 바랐다. 엘리가 새 식구들에게 배우는 것도 꽤 있을 것이다.

엘리는 어렸을 때 플로리다 팬핸들 지역에 있는 걸프 브리즈Gulf Breeze 동물원에 살았다. 그러나 그곳에는 코끼리라고는 엘리밖에 없었기 때문에 엘리는 무리 안에서 다른 코끼리들과 어울려 살아가는 법을 배울 기회가 없었다. 결국 엘리는 다른 코끼리들이 있는 녹스빌 동물원에 보내졌다. 하지만 엘리는 사교성이 너무 떨어져 다른 코끼리들에게 따돌림을 당했다. 조련사들은 엘리를 보호하기 위해 다른 코끼리들로부터 따로 떨어져 지내게 했지만, 이는 엘리를 더 외톨이로 만들 뿐이었다. 엘리는 다른 코끼리들보다 인간과 함께 있을 때 더 편안해 했다.

"엘리는 코끼리로 살아가는 법을 정말 몰라요." 로우리 파크에서 엘리를 담당하고 있는 사육사가 말했다.

엘리를 탬파로 데려오면서 로우리 파크는 엘리가 코끼리들을 이끄는 여족장이 될 수 있는 유리한 환경을 만들어 주었다. 스와질란드에서 온 새 식구들이 도착하기 몇 달 전 녹스빌 동물원에서 엘리를 데려와 새로 지은 코끼리 전시관과 부근 공터를 엘리의 영역으로 삼도록 한 것이다. 엘리는 스와질란드 코끼리들보다 키가 최소 60cm나 더 컸고 동물원 일과에 벌써 익숙해져 자연스럽게 주도권을 가지게 되었다. 하지만 코끼리는 인간이 원하는 대로 무조건 복종만 하는 동물이 아니었다. 엘리가 몇 달 먼저 유리한 위치를 점했다고 해도 스와질란드 코끼리들이 도착하고 나서 서열에 어떤 변화가 생길지 아무도 확신할 수 없었다. 엘리가 새 식구들의 신뢰를 얻지 못해 여족장이 되는 데 실패할 수도 있었다. 야생에서 자라면서 무리 내에서 어떻게 높은 서열과 위치를 차지할 수 있는지 체득한 스와질란드 코끼리들은 엘리가 거느리기에 너무 벅찰 수도 있었다.

스와질란드 코끼리들이 동물원에 도착한 첫날 밤, 브라이언 프렌치는 긴 여행으로 지친 기색이 역력한 코끼리들을 돌보며 밤을 지새웠다. 갑자기 식음을 전폐하거나 우리를 둘러싼 굵은 쇠창살에 몸을 부딪히는 등 코끼리가 이상 징후를 보이면 즉시 대응해야 했기 때문이었다. 브라이언은 복도에 미리 간이침대를 준비해두었다. 앞으로 2~3주가 됐든 아니면 그 이상이 됐든 코끼리들이 완전히 안정을 되찾을 때까지 밤낮으로 돌볼 생각이었다. 우리 안에 설치된 야간

투시카메라를 사무실 모니터에 연결해 야간 소등 후에도 코끼리들의 행동을 지켜볼 수 있었다. 그는 어떤 코끼리가 졸고 있고 어떤 코끼리가 깨어 있는지 알고 싶었다.

코끼리는 잘 때 보통 서서 자거나 한쪽으로 비스듬히 몸을 누이고 자긴 하지만, 다리를 쭉 펴고 배를 땅에 대면 긴장이 풀린 편안한 상태라는 뜻이었다. 브라이언은 모니터로 코끼리들이 건초를 먹는지 지켜보다가 넷 중 세 마리가 다리를 펴고 배를 땅에 댄 채 편안히 쉬는 모습을 발견하고는 기뻐했다.

그리 오래 걸리지는 않겠지만, 코끼리들이 정상 컨디션을 되찾기까지는 시간이 필요했다. 지금 코끼리들은 시차에 적응하느라 애를 먹고 있을 수도 있었고, 사바나 초원에서 지구 반대편으로 건너오면서 흐트러진 생체 시계가 다시 정상으로 돌아가는 데 며칠이 걸릴 수도 있었다. 장시간 비행으로 몹시 배가 고팠던 네 마리의 코끼리는 건초를 게걸스레 먹어치웠고 엄청난 양의 물을 단숨에 들이켰다. 또 다른 좋은 신호였다.

아침이 되자 코끼리들은 창살 사이로 코를 뻗어 축축한 타원형 콧구멍을 열었다 닫았다 하면서, 브라이언을 비롯한 다른 직원들의 냄새를 한 명씩 들이마실 정도로 친해져 있었다. 얼마 지나지 않아 넷은 사육사가 손으로 주는 먹이를 받아먹었다.

⁂ ⁂ ⁂

과도기를 무사히 보내려면 동물원 도착 후 첫 몇 시간이 상당히 중요한데, 지금까지는 동물원 측에서 바랐던 대로 잘 진행되고 있었다. 그렇긴 해도, 코끼리들이 이 새로운 환경을 어떻게 받아들일지 궁금하지 않을 수 없었다.

예전에 한 번도 갇혀서 살아본 적이 없다는 말만으로는 이런 경험들이 코끼리들에게 얼마나 낯설었을지 설명되지 않는다. 코끼리들은 건물 안에 발조차 들여본 적이 없었다. 말하자면 코끼리들에게는 건물이 무엇인지 아예 개념조차 없는 것이다. 이들이 아는 것이라고는 아프리카의 탁 트인 푸른 하늘, 사바나 초원의 흙과 풀, 인도양에서 불어와 가시혹나무를 지나는 바람뿐이었다. 시멘트 바닥에 서 있어본 적도, 사방이 벽과 지붕으로 막힌 곳에 있어본 적도, 출입구로 걸어 나가라는 말을 들어본 적도, 환풍기 팬에서 나오는 인공 바람에 덜덜 떨어본 적도 없었다.

코끼리들은 오랜 세월 동안 시냇물이나 강, 저수지에 있는 물을 마시고 살았다. 하지만 이제는 난생처음으로 플로리다 대수층에서 끌어와 스테인리스로 된 물그릇에 담아 놓은 물을 맛보고 있었다. 태어나서부터 줄곧 코끼리들은 하마가 울부짖는 소리, 뱀독수리가 우는 소리, 누gnu가 콧김을 뿜는 소리를 듣고 살았다. 그러나 동물원에 오자 주위에는 이런 소리 대신 주머니긴팔원숭이들의 이중창과 호랑이가 포효하는 소리, 다양한 동물들의 울음소리 등 난생처음 듣는 소리뿐이었다. 스와질란드 동물보호구역에서 자랄 때 공원 안에 공원경찰과 관광객들이 있긴 했지만, 코끼리들은 여족장 코끼리의 지시에 따라 매일 공원을 돌아다녔다. 그러나 이제 코끼리들은 인간이 만들어 놓고 통제하는 환경에 발이 묶였다.

이런 엄청난 환경 변화가 코끼리들에게 정확히 어떤 영향을 미쳤을까? 자기들이 겪고 있는 상황을 현실로 받아들이기까지 내면에서 어떤 과정을 거쳤을까? 자기들에게 어떤 일이 일어났고 어떻게 미국까지 오게 됐는지 얼마나 이해했을까? 이 질문들에 답하려면 코끼리들의 내면세계를 들여다봐야 한다.

지난 수백 년 동안, 윤리학자와 철학자들은 인간이 동물의 내면세계를 헤아릴 수 있는지를 놓고 논쟁을 벌여왔다. 철학자 비트겐슈타인Ludwig Wittgenstein은 자신의 저서 『철학적 탐구』에 '사자가 말할 수 있다고 해도 우리는 사자가 하는 말을 이해할 수 없다' 라고 썼다. 통찰력이 엿보이는 이 대목은 아무리 동물들의 행동을 해석하려 해봤자 헛수고라는 자기비하적인 생각에 기반하고 있다. 이 유명한 대목이 담긴 책이 출판된 지 수십 년이 지나서야 학자들은 돌고래에서부터 개똥벌레에 이르기까지 수많은 생물들의 커뮤니케이션을 해독하기 시작했다.

로우리 파크 사육사들은 자기가 돌보는 동물들이 하는 행동의 의미를 완전히 이해하지는 못한다는 사실을 인정했지만, 이해하기 위해 끊임없이 노력했다. 영장류 담당 사육사들은 허먼이나 다른 침팬지들이 이를 드러내고 씩 웃을 때 즐거워서 웃는 것이 아니라 두려워서 하는 행동이고, 엔샬라가 증기기관차처럼 '칙칙' 소리를 내며 울면 위협하려는 게 아니라 반가움의 표현이라는 것을 알았다. 만약 비트겐슈타인이 코끼리 소리를 주의 깊게 들어본 적이 있다면 위와 같은 말을 하지 않았을 것이다.

코끼리는 상당히 다양한 소리를 이용해 커뮤니케이션 한다. 케냐에서 코끼리를 연구하는 현장 연구진과 코넬 대학교 생체음향학 교수진은 70가지가 넘는 코끼리 울음소리를 발견해 각기 어떤 뜻을 가지고 있는지 사전을 만들고 있다. 이들 합동 연구진은 여족장 코끼리가 무리들에게 계속 이동하라고 지시하는 소리, 침입자에게 가까이 오지 말라고 경고하는 소리, 암컷 코끼리들이 새끼가 태어났다고 기뻐하며 트럼펫을 부는 것처럼 합창하는 소리를 구별할 수 있었다.

코끼리들이 비행기에서 보인 행동에서 로우리 파크에 도착하기까지의 긴 여정이 코끼리들에게 얼마나 힘들었을지 어렵잖게 유추해볼 수 있었다. 비록 무사히 도착하긴 했지만, 비행기에서 일부 코끼리가 보였던 행동(눈에 띄게 침울해 했던 음발리, 나팔 부는 소리를 내며 끊임없이 나무 상자 벽을 밀치고 밖으로 나오려던 수컷들)은 인간의 노력에도 불구하고 코끼리들에게 얼마나 힘든 여정이었는지를 잘 보여주었다.

콩나물시루처럼 빽빽이 들어찬 비행기에서 중간 좌석에 끼어 장시간 비행해본 적이 있는 사람이라면 비좁은 나무 상자에 갇혀 있는 기분이 어떨지 조금은 상상이 갈 것이다. 어디로 가는지, 앞으로 무슨 일이 일어날지 알지도 못하고 비행기가 뭔지 개념조차 없는 코끼리들에게 꼬박 이틀을 갇혀 있는 일은 뭐라 표현할 수 없을 정도로 혼란스러웠을 것이다.

아프리카에서 747기에 실리는 동안 비행기가 어떻게 생겼는지 흘끗 본 코끼리도 있었을 것이다. 그때 코끼리는 비행기가 무엇이라고 생각했을까? 대서양을 횡단하는 내내 자기가 어떤 거대한 날개 달린 동물의 뱃속에 들어 있다고 생각했을까? 탬파 땅에 착륙하는 느낌이 어땠을까 상상해보라. 우선, 구름을 통과하며 아래로 하강한다고 생각해보라. 기체가 서서히 내려갈 때 드는 이상한 느낌, 평평하게 접히는 비행기 날개, 단계적으로 낮아지는 고도. 코끼리에게는 어떤 느낌이었을까? 귀가 먹먹했을까? 발밑에서 랜딩 기어가 펼쳐지는 소리가 들리고 공기 저항이 증가하면서 바깥쪽에서부터 떨리는 느낌이 전해져 왔을 것이다.

비행기가 착륙하면서 덜컹거리고 바퀴가 땅에 닿을 때 몸이 앞으로 확 쏠리는 느낌이 들다가 굉음과 함께 속력이 점점 줄어들더니 마침내 멈춰 섰다. 무언가가 열리더니 모르는 얼굴과 냄새가 연달아 코끼리들이 있는 나무 우리로 다가왔다. 지게차가 윙윙거리는 소리를 내며 나무 우리를 들어 올렸다가 내렸을 때 코끼리들은 끙끙거리며 신음했다. 신선한 공기, 후두둑 떨어지는 빗줄기. 한밤중, 코끼리들이 갇혀 있던 금속 상자의 문이 마침내 열렸다. 트럭에 실릴 때의 기계음. 반짝이는 불빛들의 숲. 머리 위 어디선가 헬기 프로펠러가 돌아가는 소리.

스와질란드 코끼리들은 헬기 소리를 알아들었을지도 모른다. 아프리카 남부에 사는 코끼리들은 수십 년간 헬기소리를 피해 도망 다녔기 때문이다. 스와질란드 코끼리 네 마리도 크루거 국립공원에서 도태 담당팀이 총을 들고 무리를 추적할 때 이 소리를 들어본 적이 있었다. 멀리서 다가오는 금속 프로펠러 소리는 앞으로 어떤 일이 벌어질지를 예고하는 소리이기도 했다. 머리 위에서 헬기가 총을 쏘아대면 엄마, 이모, 동생할 것 없이 가족들이 쓰러졌고 다시는 일어나지 못했다.

크루거 국립공원 도태에서 살아남았지만 고아가 된 동물들이 얼마나 깊은 트라우마를 갖게 되었는지에 대해서는 이미 많은 연구결과가 나와 있다. 그러나 스와질란드 코끼리 네 마리가 크루거 공원에서 벌어진 도태에 대해 무엇을 기억하고 있는지, 탬파에 도착했던 날 밤, 경찰 헬기를 보고 옛날 기억이 떠오르지는 않았는지 알 수 있는 방법은 없었다. 덤불을 지나 일제히 달아나는 무리들에게 밀어닥치던 공포와 혼란을 아직도 느낄 수 있을까? 자욱한 먼지 속에 어미의 사체 옆에 서 있던 순간이 생각날까? 흰색 유니폼을 입은 사체처리반이 주변을 돌아다니며 단도로 죽은 코끼리들의 목을 가르는 모습을 보았을까?

스와질란드 코끼리들은 미국으로 오기 불과 몇 달 전에 헬기를 또 한 번 만났다. 이들을 보마로 이송하기 위해 동물보호구역 직원들이 헬기를 타고 공중에서 마취총을 발사했다. 코끼리들 입장에서는 헬기가 이번에는 도태하러 온 것이 아니라 다른 일로 왔다는 사실을 알 턱이 없었다. 마취총이 발사될 때 예전에 겪었던 도태의 기억이 되살아났을 것이다. 헬기가 나타나자 이번에도 코끼리들이 도처에 쓰러졌다. 마취총을 맞은 수컷과 암컷들이 보마에서 깨어났을 때, 그들이 아는 것이라고는 자기들이 도태가 있고 난 후와 마찬가지로 어딘가 다른 곳으로 옮겨졌고, 같이 지내던 다른 코끼리들이 사라져 버렸다는 사실 뿐이었다.

스와질란드 코끼리들에게는 헬리콥터 프로펠러 소리가 다른 곳으로 옮겨졌던 기억, 동료들의 죽음, 그동안 익숙했던 모든 것들과 작별했던 기억과 연결되어 있었다. 한밤중 탬파 상공을 가로지르며 호송 행렬을 동물원으로 안내하던 헬기의 프로펠러 소리를 들으며 코끼리들의 머릿속에는 무슨 생각이 스쳐갔을까? 또다시 도살장으로 끌려가고 있는 것은 아닐까 불안하지 않았을까? 언제 총이 발사될지 몰라 잔뜩 긴장하고 있지는 않았을까?

태어나서부터 겪어온 일을 생각하면, 코끼리들이 스와질란드 덤불에서 탬파의 콘크리트 초원까지 가는 긴 여행 동안 회복탄력성을 보인 것은 그리 놀라운 일도 아니었다. 미국에 도착하기 전 수개월 동안, 이들은 난민, 희생양, 가엾음의 상징, 정치적 인질, 유전자 보존의 희망으로 불리지 않았던가. 그러나 가장 확실한 설명은 이들이 '생존자' 라는 것이었다. 어찌됐건 한 번도 아니고 두 번이나 죽을 고비를 넘겼고, 치열한 법정 공방과 정치가들의 농간, 그리고 지구 반 바퀴를 횡단하는 장거리 여행에서 살아남았다. 새 보금자리에서의 첫날밤이 저물 때쯤, 로우리 파크 직원들은 벌써 이들의 이름을 외우고 있었다.

음숄로.

머체구.

스툴루.

음발리.

음카야와 흘레인에 있는 공원경찰들이 지어준 이름이었다. 음숄로는 시스와티어로 '갑자기 나타난 사람' 이라는 뜻이고, 머체구는 '비뚤어진 상아', 스툴루는 '튼튼한', 음발리는 '예쁜 꽃' 이라는 뜻이었다.

당분간 이들 네 마리는 관람객의 눈에 띄지 않는 곳에서 지내게 될 것이다. 그리고 몇 달 동안 동물원에서 살아가는 법을 배워야 할 것이다. 모든 것이 계획대로 된다면, 전시관으로 옮겨져 코로 흙을 등에 끼얹으며 걸어 다니고, 로우리 파크에 구경 온 사람들 앞에서 트럼펫 부는 소리로 울 것이다. 아장아장 걷는 아이를 어깨에 태운 엄마 아빠들은 코끼리에게 가까이 다가가 손가락으로 가리킬 것이다. 견학 온 초등학생들은 코끼리들의 이름을 소개받을 것이다. 대부분은 코끼리들의 이름이 뭐였는지 금방 잊을 테고, 코끼리들이 아프리카 야생에서 왔다는 사실도 모른 채, 코끼리들의 머릿속에 어떤 기억이 떠도는지, 지금 이곳 동물원에 전시되기 위해 어떤 일을 견뎌냈는지, 코끼리들이 무엇을 잃어버렸는지 전혀 알지 못한 채, 코끼리들을 큰 소리로 부를 것이다.

04
바다 요정의 노래

동물원 안에서 시간은 인간이 사는 세상의 시간과는 달랐다. 좀 더 정확히 말하자면, 시간은 인간의 예상을 뛰어넘어 움직였다. 동물원의 시간은 불안정하고, 변하기 쉬우며, 예측 불가능했다. 동물원에서 시간은 동물마다의 심장 박동과 호흡 패턴 그리고 습성에 맞춰 서로 다른 리듬과 속도로 흘러갔다.

동물원 직원과 관람객들은 호모 사피엔스끼리 합의한 시, 분이 디지털 디스플레이로 보이는 손목시계와 휴대폰을 가지고 다녔다. 그러나 일단 수십여 마리의 진홍앵무(인도네시아와 오스트레일리아에 서식하는 무지갯빛 앵무새)가 사는 미니 조류사육장에 발을 들여 놓으면 인간의 시간은 아무런 의미가 없었다. 진홍앵무의 영역에 들어가는 것은 완전히 다른 세계로의 여행이었다. 진홍앵무들이 속삭이고 짹짹 울면서 사방에서 날아들고 부드러운 총소리가 나는 날갯짓으로 앞뒤로 날아다니자 눈앞에서 파랑, 노랑, 빨강이 어지럽게 섞였다. 진홍앵무들은 관람객들의 팔과 어깨, 머리 위에 앉더니 금세 어디론가 휙 날아갔다가 다시 돌아왔다. 호기심이 발동해 선물가게에서 파는 컵에 담긴 달콤한 음료를 한 모금 마시고 돌아온 것이다. 사람들은 새들의 움직임에 맥박이 빨라지고 가슴이 두근거리며 정신이 혼미해진다.

어떤 관람객은 너무 놀라 새들이 사라질 때까지 땅바닥에 엎드려 있었다. 다른 이들은 고개를 돌려가며 이번에는 총소리를 닮은 날갯짓 소리가 어디에서 들려올지, 진홍앵무의 날갯짓이 어떻게 저런 소리를 낼 수 있는지, 진홍앵무들이 한쪽으로 몸을 기울여 날거나 십자로 교차하며 하늘을 나는 모습을 보며 조물주는 어떻게 진홍앵무의 가슴털을 끊임없이 터지는 불꽃놀이의 폭죽 같은 저토록 강렬한 빨강으로 채색했을까 경탄해마지 않았다.

'우와!' 사람들의 입에서 절로 탄성이 터져 나왔다.

온갖 색과 소리로 혼미한 가운데, 세상은 속도가 빨라지기도 하고 동시에 느려지기도 했다. 관람객들은 겨우 30초만 지나도 자신이 얼마나 오랫동안 서 있었는지 잊어버리고 말았다. 초라는 개념과 30이라는 숫자 모두 아득하기만 했다. 사람들은 시간을 생각할 겨를이 없었다. 진홍앵무의 춤사위에 완전히 넋이 나가 있었다.

로우리 파크 어디를 가든, 어떤 동물을 보든, 하나의 시간 개념은 완전히 없어지고 또 하나의 시간 개념으로 대체됐다. 진홍앵무 사육장을 나와 몇 발자국만 가면 비단뱀 전시관이 있다. 비단뱀 전시관에는 몸길이가 5m인 그물무늬 비단뱀과 융단 비단뱀 두 마리, 그리고 버마 비단뱀 세 마리가 있는데 모두 유리창 반대편에 반짝이는 정물처럼 똬리를 틀고 인간들 쪽으로 고개를 돌린 채 눈 하나 깜박않고 미동도 하지 않았다. 사람들은 비단뱀이 도대체 움직이기는 하는지 신기해했다. 시간은 점점 느려져 완전히 멈춘 것만 같았다. 시간은 더 이상 직선으로 흘러가지 않고 숨죽여 기다리고 있었다. 먹이를 주는 날 사육사가 전시관 안에 죽은 토끼를 갖다 놓으면 비단뱀은 눈 깜짝할 새 먹이를 향해 달려드는데, 그 속도가 너무나 빨라서 관람객들은 이 광경을 제대로 볼 수조차 없다. 백만분의 1초 사이에 비단뱀이 토끼의 귀와 머리를 삼키는 순간, 한없이 늘어지던 시간은 치명적인 움직임으로 순식간에 폭발적으로 빨라진다. 유리창에 얼굴을 대고 있던 아이들은 갑작스런 광경에 자지러지게 놀라 비명을 질렀다.

건너편 매너티 전시관의 삶은 덜 난폭했다. 관람객들은 터널을 통해 지하 관람구역으로 내려가 원하는 만큼 실컷 매너티를 구경할 수 있지만 매너티가 다른 동물을 잡아먹는 장면을 보지는 못했다. 수조 안에서 일어나는 가장 공격적인 행동은 거대한 바다 포유류인 매너티 옆에서 헤엄치던 수컷 거북에게서 나왔다. 수컷 거북은 자신이 성적으로 우위에 있다고 착각해 자꾸만 매너티 위에 올라타려 했다. 매너티는 참다못해 수컷 거북과 싸우기도 했다. 서로의 몸통을 머리로 치받거나 꼬리로 밀치는 때도 있었다. 그러나 이런 다툼은 오래가지 않았고 다칠 정도로 심하게 싸우는 법도 없었다.

로우리 파크의 매너티는 유순하다는 평판에 걸맞게 대부분의 시간을 물속을 조용히 떠다니거나 검정말이나 당근을 한 입 베어 물고 몸을 빙글빙글 돌려가며 여유롭게 헤엄쳤다. 이따금 매너티들은 유리창 앞에 멈추고는 자기들을 구경하고 있는 인간들을 바라봤다. 특히 동물원이 한가한 주중 오후에 매너티 전시관에 있다 보면 관람객들은 이내 마음이 여유로워졌다. 시간은 우아하고 매끈하게 흘러갔다.

만약 당신이 관람객으로 북적대는 전시관 뒤쪽, 사육사들이 일하는 구역으로 들어서면 몽롱한 고요함을 느낄 것이다. 발아래 포물선을 그리며 유영하는 회색 형체를 눈으로 좇고 있노라면, 매너티의 꼬리가 때때로 물결에 첨벙거리는 소리와 2~3분 간격으로 숨을 쉬러 물 밖으로 나올 때 공기를 가르는 우렁찬 소리를 들을 수 있을 것이다. 코털이 숭숭 삐져나온 콧구멍을 내놓고 깊이 숨을 들이쉬고는 다시 물속으로 몸을 던져 헤엄치는 모습을 보던 당신은 이내 매너티가 다음 숨을 쉬러 올라오기를 기다리며 숨죽이고 있는 자기 자신을 보게 될 것이다. 멀리서 들려오는 다른 인간의 목소리가 이 침묵을 깨뜨리는 순간, 당신은 시간뿐 아니라 그날 날짜도 까맣게 잊고 있었음을 돌연 깨닫게 될 것이다. 매너티를 보는 순간만큼은 자기 자신조차 인식하지 못하는 시간이었던 것이다.

이런 순간들은 동물원에서만 맛볼 수 있는 경험이다. 그 모든 단점에도 불구하고, 동물원은 우리들을 깨어나게 한다. 동물원은 매일 자기 자신이라는 테두리 안에서만 갇혀 지내는 우리들을 바깥으로 나오도록 이끄는 것이다. 동물들을 바라보며 우리는 자연이 얼마나 다양한 생존 계획을 가지고 있는지, 구애하고 짝 지으며 어린 새끼를 보호하고 지배권을 획득하고 먹이를 사냥하고 잡아먹히지 않기 위해 얼마나 다양한 전략을 구사하는지 깊이 생각해보게 된다.

날씨가 화창한 날 동물원에 와보면 얼마나 다양한 방식으로 삶을 살아갈 수 있는지 다시금 깨닫게 된다. 지구를 걸어서 횡단하거나, 대양을 헤엄치거나, 울창한 숲을 굽어보며 날아다니는 것은 어떤 기분일까를 상상하게 만든다. 물론 동물원에 전시되어 있는 동물 대부분은 다시는 자연에서 이렇게 해 볼 기회가 없을 것이다.

로우리 파크 직원들은 매일 이런 역설과 부딪혔다. 현실과 상관없는 관념이 아니라 매일 눈앞에서 펼쳐지는, 살아 숨 쉬는 현실이기 때문이다. 직원들은 살아있는 동물을 가두는 것이 어려울 수밖에 없다는 사실을 누구보다 더 잘 이해했다. 그러나 직원들은 대중이 자연을 낭만적으로 바라보는 경향이 있다는 점 역시 알고 있었다. 자유라는 개념은 인간이 발명해냈으며, 야생에 사는 동물들도 행동반경이 세력권 내로 한정되고 스스로 먹이를 찾아야 하며 포식자에게 잡아먹힐 위협에 시달린다는 점에서 진정으로 자유롭다고 할 수 없다는 사실을 인식하고 있었다.

일부 직원들은 이런 모든 논리에 반대해 언젠가 동물들을 자연에 놓아줄 방법이 있을 것이라는 희망을 가지고 있었다.

"아무리 훌륭한 사육사라도 죄책감을 느끼기 마련이에요. 출근해서 동물들을 바라보며 '저 아이들이 여기 올 필요가 없었다면 좋았을 텐데' 하며 안타까워하곤 하죠." 어느 날 저녁 로우리 파크가 문을 닫고 나서 고참 사육사가 털어놓았다.

⁂

로우리 파크에서 매너티만큼 원래 살던 서식지로 많이 되돌려 보내지는 동물은 없었다. 매너티 전시 구역에는 안이 들여다보이는 수조뿐 아니라 의료용 수조 주변에 작은 병원도 있었다. 매너티는 '사이렌'(그리스 신화에 나오는 반인반조의 바다 요정으로, 아름다운 노랫소리로 뱃사람들을 홀렸다고 전해진다_옮긴이)이라 불리기도 한다. 보트 프로펠러에 몸이 찢기거나, 낚싯줄에 칭칭 감겼거나, 동상과 비슷한 저온 스트레스에 걸린 '사이렌'들이 동물원으로 보내졌다. 적조가 발생했을 때 독성물질을 먹고 생명이 위태로워진 매너티들도 있었다.

로우리 파크에서는 이들이 천천히 건강을 되찾을 수 있도록 장기간 간호했다. 세균에 감염되지 않도록 각종 항생제를 투여하고 원기를 되찾도록 비타민을 먹였으며 필요한 경우 외과 수술도 실시했다. 회복되고 나면 다시 야생으로 돌려보냈다. 지난 10년 동안 로우리 파크는 64마리의 매너티를 놓아주었다.

"우리는 매너티를 데려와서 상처를 꿰매주고 돌려보내요." 머피 박사가 말했다.

다시 야생으로 돌려보내겠다는 아름다운 약속은 직원들에게 자신들이 왜 로우리 파크에서 일하는지를 상기시켜 주었다. 동물원이 이 약속을 지키는 것은 쉬운 일이 아니었다. 인력과 장비, 잘 짜인 계획을 모두 필요로 하는, 복잡하고 까다로운 작업이기 때문이었다. 1톤에 육박하는 야생 동물을 다루려면 엄청난 인내심과 힘이 필요했다.

수의사 머피가 매너티의 혈액이나 대변 샘플을 채취할 때면 사육사들은 매너티를 의료용 수조에 데려다 놓고 수조 물을 뺀 다음 몇 사람이 머피와 함께 수조로 올라가 매너티가 가만히 있도록 붙들었다. 사육사들은 몸을 숙여 매너티를 내려다보며 부드럽게 달랬다. 두꺼운 피부를 쓰다듬어 주거나 안심하라고 속삭였다. 그러면서도 매너티가 최대한 움직이지 않도록 붙들어야만 했다. 매너티가 꼬리를 뒤척이거나 휘두르기라도 하면 붙들고 있던 사육사의 다리가 부러질 수도 있었다.

"조심해요, 1분만 얌전히 붙들어줘요." 머피는 매너티가 몸부림치려는 기색이 보이면 사육사들에게 말하곤 했다.

매너티는 인간에게 붙들려 있는 것을 달가워하지 않았다. 이런 때문인지 인간들이 자기를 치료해주고 있을 때 엄청난 양의 배설물을 분출하는 일이 잦았다. 이런 모욕적인 일에 익숙해진 머피는 발가락 사이로 매너티의 배설물이 줄줄 흘러도 신경조차 쓰지 않는 것 같았다.

매너티를 야생으로 돌려보내는 과정은 고단하고 위험했지만, 로우리 파크의 사육사들은 하나같이 기꺼이 자원했다. 매너티가 원기를 되찾아 바다로 돌려보내질 때만큼 뿌듯한 순간도 없기 때문이었다. 복귀팀은 매너티 밑에 커다란 보자기를 깔고 크레인으로 보자기를 들어 올려 매트를 깐 트럭 바닥에 옮겨놓는다. 머피가 방사 지점까지 트럭을 운전하는 동안 트럭 뒤에 탑승한 사육사들은 매너티에게 물을 끼얹어주면서 숨을 잘 쉬는지 살폈다.

자연복귀팀은 강이나 개울, 멕시코 만 근처의 작은 만 등 매너티를 처음 발견했던 곳과 가까운 위치에 매너티를 풀어주려고 노력했다. 자연복귀팀은 일단 매너티를 방사하기 전 꼬리에 위성송신기가 달린 벨트를 채워 주었다. 야생에서 잘 적응하는지 몇 달 동안 지켜보기 위해서였다. 몇 달 후 매너티가 성공적으로 적응했다고 판단되면 방사팀은 매너티에게서 송신기를 풀어주며 눈물로 환송했다.

모든 매너티들이 야생으로 복귀할 수 있는 것은 아니었다. 이미 심각한 상태로 로우리 파크에 도착해 끝내 회생하지 못하는 경우가 많았다. 특히 어미를 잃어버렸거나 어미가 죽임을 당한 갓 태어난 어린 매너티들이 살아남을 가능성은 희박했다. 이런 매너티 중 대다수는 구조팀이 동물원 재활센터로 미처 데려오기도 전에 죽고 말았다. 동물원에 도착해도 새끼 매너티들에게는 힘겨운 싸움이 기다리고 있었다. 그들은 어미를 잃은 직후였다. 젖도 먹을 수 없었다. 새로운 환경에 적응하기란 만만치 않았다.

"구조된 새끼 매너티들은 동물원이라는 곳에서 살아가는 법을 몰라요." 머피 박사와 함께 매너티 구역을 담당하고 있는 플로리다 서식 포유류 부관리자인 버지니아 에드먼즈가 말했다.

스와질란드 코끼리들이 도착하기 얼마 전이었던 2003년 5월의 어느 날, 네이플스 근처 버튼우드베이에서 보트를 타고 낚시를 하던 사내 두 명은 물가에서 조그마한 회색 물체를 발견했다. 새끼 매너티였다. 태어난 지 하루 정도 된 이 새끼는 어미를 잃고 길을 잃어버린 것이 분명했다. 이 새끼 매너티는 로우리 파크로 보내졌고 사육사들은 버튼우드라는 이름을 붙여주었다. 로우리 파크 직원들은 대개 매너티에게 발견되었던 곳의 지명을 이름으로 붙여주었다. 이렇게 하면 어디서 발견되었는지 기억하기도 쉽고 나중에 어디에 놓아줄 것인지 결정하기도 수월했다.

어미를 잃고 구조된 새끼들이 그렇듯, 버튼우드도 구조 후 첫 48시간이 고비였다. 일단 이틀 동안 살아남으면 살아남을 확률이 훨씬 높아졌다.

버튼우드는 동물원에 실려 왔을 때부터 통 먹이를 먹지 않아 사육사들을 걱정시켰다. 사육사들은 유아식과 페디아라이트(탈수를 막기 위한 유아용 이온음료_옮긴이)를 섞어 젖병으로 먹여봤지만 효과가 없었다. 동물원에 올 때 이미 저체중이었던 버튼우드의 체중은 늘었다 줄었다를 반복했다.

"요행을 바라는 수밖에 없어요. 버튼우드의 상태는 심각합니다. 행운을 빌어주세요." 머피 박사가 말했다.

이런 버튼우드의 사정은 언론의 스포트라이트를 받았다. 버튼우드의 초췌하고 앙상한 모습이 신문과 TV를 통해 삽시간에 플로리다 전역으로 퍼졌다. 초등학생들은 동물원에 전화를 걸어 버튼우드의 상태가 어떤지 묻기도 했다. 로우리 파크는 버튼우드를 전시관에 공개하기로 결정했다. 생사를 헤매는 어린 새끼를 두고 위험한 결정을 내린 것이다. 직원들은 뒤편의 의료용 수조에 두었던 버튼우드를 알록달록하게 꾸며진 어린이용 풀에 넣고 사육사들이 돌보는 모습을 관람객이 볼 수 있도록 했다. 버튼우드의 팬이 된 아이들은 스타 매너티를 보기 위해 어린이 키높이에 맞추되 버튼우드에게 손이 닿지 않도록 제작된 울타리 앞에 장사진을 쳤다.

사육사들은 하루 24시간 내내 버튼우드에게 음식을 먹이려고 노력했다. 먹이를 먹이기 위해 안고 있던 사육사의 품 안에서 버튼우드는 잠이 들기도 했다. 그런 노력에도 버튼우드의 체중이 늘었다

줄었다를 반복하자, 사육사들은 젖이 나오는 암컷 매너티 '사니'와 함께 의료용 수조로 버튼우드를 다시 옮겼다. 사니가 버튼우드에게 젖을 물리기를 기대했던 것이다.

사니는 처음에는 젖을 먹이는가 싶더니 며칠 후 버튼우드를 밀어냈다. 직원들은 마지막 수단으로 버튼우드의 위장에 튜브를 꽂아 채식 유아식을 공급했다. 효과가 있는 것 같았다. 마침내 버튼우드의 체중이 계속 늘기 시작했다. 그러나 호전되기 시작한 지 몇 주 뒤인 7월 중순, 사육사가 상태를 확인하러 갔다가 얕은 물속에 버튼우드의 조그마한 회색 몸이 둥둥 떠 있는 것을 발견했다. 다른 전시관에 근무하는 직원들은 이 소식을 들었을 때, 자신의 귀를 의심했다. 버튼우드는 점점 더 튼튼해지고 있지 않았던가? 버튼우드 담당 사육사들은 충격에 휩싸여 아무 말도 하지 못했다.

그해 가을, 어미를 잃은 또 하나의 어린 매너티가 동물원에 들어왔다. 겨우 두세 살밖에 안 된 수컷이었다. 동물원에서 남쪽으로 두세 시간 거리에 떨어진 카루사해치 강에서 발견된 이 매너티에게는 '루'라는 이름이 붙여졌다. 이번에도 버지니아를 비롯한 매너티 담당 직원들은 루의 생명을 구하기 위해 밤낮없이 노력을 기울였다. 기쁨과 슬픔을 수차례 겪은 끝에 사육사들은 어떻게 하면 매너티를 살릴 가능성이 높아지는지 알게 되었다. 로우리 파크 홍보부 역시 깨달은 바가 있었다. 이번에는 매너티 구역에서 소리 없이 일어나는 드라마틱한 상황들을 언론에 공개하지 않은 것이다. 어떤 일이 일어나든, 루와 담당 사육사들만 알고 있기로 했다.

사육사들은 루를 의료용 수조 안에 넣고 두세 시간마다 수조 안으로 들어가 젖병으로 젖을 먹였다. 모두 문을 닫은 캄캄한 밤에도 사육사 중 한 명이 남아 늦게까지 루를 돌봤다. 밤에 남은 사육사는 잠수복을 입고 루를 찾기 위해 컴컴한 물속을 헤매야 했다. 루는 몸무게가 겨우 27kg밖에 나가지 않아 비교적 가벼웠기 때문에, 사육사는 루를 꺼내 무릎에 누여 품에 안고 어르다가 루가 젖병을 스스로 잡도록 시켰다. 만약 단 몇 모금이라도 루의 위장에 도달한다면, 루가 살 가능성이 높아지는 셈이었다.

루를 먹이는 일은 몇 주에 걸쳐 밤낮으로 계속되었다. 버지니아를 비롯한 직원들은 포기하지 않았다. 말은 안 해도 자신들이 루의 오직 하나뿐인 희망이라는 사실을 모두들 너무나 잘 알고 있었다. 동틀 녘, 사육사들이 수조 안에서 루에게 다시 먹이를 먹이려고 할 즈음, 주변에서 들려오는 소리로 동물들이 잠에서 깨어나고 있다는 것을 알 수 있었다. 주변이 더 조용했다면 사육사들은 지하에 있는 관람 구역으로 내려갈 때 근처 수조에 있던 다 자란 매너티들이 희미하게 부르는 소리를 들을 수 있었을 것이다.

매너티들이 내는 소리는 돌고래가 끽끽 거리는 소리와 비슷했지만 더 조용했다. 이런 이유로 매너티를 두고 '말소리가 조용조용하다' 고 하기도 한다. 과학자들에 따르면, 매너티는 두려움이나 분노를 표현하기 위해, 다른 매너티들과 연락을 주고받기 위해 그리고 새끼들이 길을 잃지 않게 하기 위해 이런 소리를 낸다.

매너티들이 높은 음으로 내는 소리는 아름답고 신비로웠다. 이 아름답고 신비로운 소리가 어떤 내용을 전하려는 것인지, 이 소리가 물속에서 퍼지면 매너티들의 귀에는 어떻게 들릴지 궁금증을 자아냈다. 내용이 무엇이었든 간에, 루도 아마 귀 기울여 듣고 있었을 것이다.

☘☘☘

공식적으로는 여름이 다 갔다. 달력은 10월을 알리고 있었다. 하지만 아직도 로우리 파크를 산책하고 있으면 마치 도자기를 굽는 거대한 가마 속을 통과하는 기분이었다. 오전 10시쯤 되자 지면 위로 보이지 않는 열의 장막이 쳐졌다. 이글거리는 햇빛은 엄니로 땅을 파고 있는 바비루사 멧돼지와 그늘을 쏜살같이 달려가는 문착(동남아산의 짖는 작은 사슴_옮긴이)을 지나 구부러지는 관람로를 뜨겁게 내리쬐었고, 꼬리에 줄무늬가 있는 여우원숭이와 콜로부스원숭이를 둘러싸고 있는 해자의 잔잔한 초록빛 수면 위에서 희미하게 빛났으며, 동물원에 한 마리뿐인 붉은 늑대가 서성이고 있는 왜소한 소나무 숲을 달구고 있었다.

지글지글 끓는 더위에도 동물원 입구 주차장에는 자동차와 미니밴 행렬이 끊이지 않았다. 관람객들이 들고 나는 모습을 지켜보노라면 마치 쉴 새 없이 전시 동물이 교체되는 동물원 전시관 앞에 서 있는 기분이었다. 그러나 주차장에 전시된 인간이라는 종의 목소리는 부드럽거나 조용하지 않았다. 관광버스에서 서로 밀치며 쏟아져 나온 초등학생들은 한시도 점잖게 있지 못하고 부끄러운 줄도 모르고 여기저기 긁적댔다. 여자 아이들은 재빨리 무리 지어 팔짱을 끼고는 친한 친구들끼리 모이거나 새로운 친구와 몰려다녔다. 남자 아이들은 눈에 보이지 않는 위계 서열 속에서 유리한 위치를 차지하려고 서로 팔꿈치로 찌르고 몸을 밀쳐댔다. 성인 커플들은 자신들이 한 쌍의 암컷과 수컷임을 대외적으로 알리며 둘 사이에 끼어들 생각은 하지 말라는 경고의 표시로 키스를 하고 손을 잡고 큰 소리로 깔깔거리며 웃어댔다.

생물학적 관점에서, 커플이 보내는 이런 신호들은 아주 명확한 메시지를 전달하고 있다. 매표소로 걸어가면서 그들은 서로의 어깨를 쓰다듬고 옷의 먼지를 털어주고 실 보푸라기를 떼 주고 서로의 머릿결을 손가락으로 만졌다. 이 모두는 성교를 하기 위해 준비하는 전형적인 행동이다(성교 후일 수도 있다). 아이 엄마와 아빠들은 자신들의 사회적 지위뿐 아니라 유전자를 물려받은 자기 자손의 미래를 지키려는 굳은 결의가 반짝이는 포드 엑스페디션과 캐딜락 에스컬레이드의 트렁크에서 탱크같이 튼튼한 유모차와 주스병과 물티슈, 군대가 바르고도 남을 만한 대용량 선크림이 터질 듯이 담긴 디자이너 기저귀 가방을 내리느라 꾸물거렸다. 응석받이로만 자란 어린 영장류들이 대개 그렇듯, 아기는 성난 꼬마 폭군처럼 다리를 버둥거리며 유아용 카시트에서 자기를 꺼내주기를 기다리고 있었다.

관람객들이 귀를 기울이고 있었다면, 수마트라 수컷 호랑이 에릭이 으르렁거리는 소리를 이미 들었을 것이다. 에릭은 전시관에서 자기 차례를 기다리느라 안절부절못하는 것 같았다. 에릭은 엔샬라에게 구애했지만 엔샬라에게 계속 무시만 당해 성적으로 욕구불만인 것이 틀림없었다. 에릭이 으르렁거리는 소리를 들은 사람들은 이 소리가 어떤 동물의 소리인지 의아했을 것이다. 굵고 낮은 베이스음은 계속 되풀이되며 아침의 고요를 깨뜨렸다. 영화에서 듣던 호랑이의 울음소리가 아니었다. 으르렁거리는 소리라기보다는 커다랗고 사나우며 굶주린 어떤 짐승의 울부짖음에 가까웠다. 완벽했다. 스피커에서 아직도 둥둥 들려오는 정글의 드럼 소리보다 훨씬 마음을 끄는 소리였다.

관람객들이 입장료를 내고 개찰구를 통과하면 이들을 기다리고 있는 것은 진짜 야생이 아니라 정교하게 연출된 가짜 야생이라는 사실을 다시 일깨워주는 익숙한 사운드트랙이 흘러나왔다. 정글 드럼 소리에 담긴 진정한 메시지는, 지금부터 하게 될 경험은 동물원에서 정교하게 연출한 것이고, 호랑이는 물론이고 표범과 곰, 판다는 안전하게 갇혀 있으니 아무리 배가 고파도 아이들을 잡아먹지 못할 거라는 사실이었다.

로우리 파크는 어린 자녀가 있는 가족을 주요 고객으로 하는 동물원이라는 것에 자긍심을 가지고 있었다. 동물원을 규모는 계속 커지고 있었지만, 두세 시간 정도면 주요 볼거리를 모두 둘러볼 수 있을 만큼 효율적으로 설계되어 있었다. 이는 우연이 아니었다. 로우리 파크는 새로 지을 때, 크기만 어마어마한 동물원은 지양했다. 동물원은 네 살짜리 아이가 지루해 하거나 지치지 않고 구경할 수 있도록 만들어졌다. 대부분의 관람객은 아이들을 동반했다. 아이들을 데리고 온 부모들은 아이의 걸음에 보조를 맞추면서, 혹여 열사병에 걸릴까 충분한 수분을 보충시켜가며 자기 새끼가 골고루 볼 수 있도록 여기 저기 데리고 다녔고, 새끼가 너무 놀라거나 겁에 질리면 새끼를 안고 출구 쪽으로 전속력으로 달려갔다.

동물원은 입장하면서부터 나갈 때까지, 한창 감수성 예민한 어린이들이 즐거운 경험을 할 수 있도록 설계되었다. 정문 안뜰에는 공중에서 헤엄치는 매너티 상이 장식된 분수대로 아름답게 꾸며져 있었고, 유아들은 솟아나오는 물줄기를 뛰어다니며 기쁨의 소리를 질렀다. 오스트레일리아 동물 전시관인 월러루 스테이션Wallaroo Station에는 어린이들이 암벽등반을 할 수 있는 인공외벽이 있었다. 아쿠아틱 센터 근처에 있는 스팅레이 베이에서는 아이들이 얕은 수조 속으로 들어가 꼬리에 있는 가시가 제거된 남부 노랑가오리의 매끄러운 등을 손가락으로 만져볼 수 있었다.

야외극장은 〈스피릿츠 오브 더 스카이〉라는 맹금류 쇼를 보러 온 가족 관람객으로 연일 만원이었다. 조련사는 독수리 스메들리를 관객들에게 소개하고 수리부엉이 이반이 관객의 머리 바로 위로 날아다니도록 지시했다. 커다란 날개를 펄럭일 때마다 바람이 일어 관객들의 머리카락이 헝클어질 정도로 이반은 가까이에서 날아다녔다. 디스커버리 센터에서는 아이들이 독두꺼비를 코앞에서 자세히 관찰할 수 있었고, 가짜로 만든 라쿤 똥을 주물럭거려 볼 수 있었다.

생일을 맞은 어린이는 친구들과 함께 동물원에서 축하 파티를 열고 스컹크나 뱀을 직접 쓰다듬거나 여러 가지 게임도 할 수 있었다. 동물원에서 파자마 파티도 할 수 있었다. 파자마 파티에 참가한 초등학교 3학년들은 물속을 들여다볼 수 있는 창문 옆에 침낭을 깔고 누워 해우가 헤엄치는 모습을 보며 잠이 들곤 했다. 할로윈에는 유치원생들을 초대해 박쥐와 타란툴라거미와 함께 하는 캠프를 열었다. 크리스마스가 되면 유치원생들은 진짜 순록과 그리 진짜 같지 않은 산타를 만날 수 있었다.

동물원에서 일 년 내내 가장 인기 있는 곳은 어린이 동물원이었다. 아이들은 들뜬 얼굴로 먼지가 풀풀 날리는 우리 안에 들어가 매에 하고 울어대는 양 떼 사이를 비집고 돌아다니며 곡식으로 만든 사료를 양에게 먹였다. 양들은 자기도 좀 달라고 아이들의 옷자락을 이빨로 잡아당겼다. 어린이 동물원 우리에는 '코디'라는 숫염소도 있었는데, 코디는 자기 몸을 비꼬는 기술을 용케 터득해 자기 머리에 오줌을 누는 묘기를 선보였다. 물론 암컷의 환심을 사기 위해서였다.

"코디는 별명이 오줌싸개예요. 저렇게 지저분한 짓을 하잖아요."
어느 날 한 사육사가 안전거리를 확보한 채 숨을 참으며 말했다.

당연히 많은 어린이들은 코디의 이런 특별한 재능에 푹 빠졌다. 라쿤 똥을 보고 그렇게도 좋아하던 아이들은 악취를 풍기는 염소 코디에게도 환호했다. 아이들의 눈에는 이보다 더 재미있는 것도 없었을 것이다.

☘ ☘ ☘

나뭇가지에 걸터 앉은 황금사자타마린(남미에 서식하는 세계에서 가장 작은 원숭이_옮긴이) 두 마리가 마치 새처럼 울면서, 할아버지처럼 생긴 조그마한 얼굴을 빼꼼히 내보였다.

비단같이 부드러운 붉은 갈기를 어깨까지 늘어뜨린 타마린은 로우리 파크에서 가장 눈에 띄는 존재였다. 몸무게가 900g밖에 안 나가는 케빈과 캔디는 정말 사자를 조그맣게 축소해 놓은 것 같았다. 리 앤 로트먼은 이 둘과 신경전을 벌이고 있었다. 케빈과 캔디가 사자처럼 으르렁거릴 줄 알았다면, 그렇게 했을 테지만, 이 원숭이들은 그저 리 앤을 있는 힘껏 노려볼 뿐이었다.

"쟤들 보여요?" 케빈과 캔디를 가리키며 리 앤이 고개를 가로저었다.

로우리 파크의 큐레이터 리 앤과 반항적인 타마린 원숭이들은 조류 사육장 자유비행 구역에서 대치중이었다. 사람들이 얼마나 타마린을 좋아하는지 잘 알고 있는 로우리 파크는 케빈과 캔디를 에메랄드 빛 찌르레기와 댕기물떼새를 비롯해 온갖 종류의 새들과 함께 칸막이가 쳐진 대형 울타리 안에 오래전부터 함께 전시해왔다. 고향 브라질의 숲 속에서 타마린은 캐노피(나무 위의 덮개 모양 생태계_옮긴이)에 살거나 나무 몸통에 구멍을 뚫어 둥지를 만들어 지냈다. 하지만 로우리 파크에서는 조류 사육장에 있는 떡갈나무를 옮겨 다니거나 나뭇가지에 높이 매달아 놓은 이글루 모양의 냉방장치에서 잠을 잤다.

케빈과 캔디가 오기 전 오랫동안 로우리 동물원을 지켰던 타마린 한 쌍은 새들이나 관람객과 사이좋게 잘 지냈지만, 최근 이들이 너무 나이가 들자 동물원은 케빈과 캔디를 새로 데려왔다. 그러나 케빈과 캔디는 골칫거리가 되고 말았다. 관람객이 지나다니는 보도와 너무 가까운 나뭇가지에서 살다시피 했기 때문이다. 케빈과 캔디는 고양이보다 몸집이 훨씬 작고 성질이 비교적 유순했다. 그러나 날카로운 이빨을 가지고 있어 귀뚜라미나 과일 등 먹이를 주러 다가가던 사육사가 물린 적이 있었다. 동물원 측은 타마린을 만지지 말라는 경고문을 써 붙였다. 하지만 케빈과 캔디는 보고만 있기에는 너무 귀여웠고, 말썽 부리지 않을 거라 믿기에는 성질이 너무 급했다. 머지않아 이들이 누군가의 손을 깨무는 사고가 일어날 가능성이 높았다.

사육사는 케빈과 캔디가 낮게 매달려 있는 가지에 앉는 버릇을 고쳐 관람객 통로에서 멀리 떨어진 나뭇가지에서 놀도록 모든 방법을 동원했다. 심지어 호랑이 에릭의 소변을 받아 이들이 주로 앉아 있는 나뭇가지에 뿌리기도 했다. 코를 찌르는 오줌냄새에 겁을 먹고 다른 곳으로 옮겨가지 않을까 하는 바람에서였다. 그러나 소용이 없었다. 케빈과 캔디는 아무것도 두려운 것이 없었다. 이들은 심지어 넓적부리왜가리조차 무서워하지 않았다. 왜가리들은 자기들 둥지에 너무 가까이 얼쩡대는 케빈과 캔디를 점점 못마땅하게 여겼다.

"케빈과 캔디는 왜가리 앞에서 큰 소리로 떠들었어요. 왜가리 따위는 안중에도 없다는 태도였죠." 리 앤이 말했다.

암컷인 캔디는 자기 영역을 침범하는 것을 특히 싫어했다. 캔디는 아무리 몸집이 큰 동물일지라도 다른 동물이 자기에게 명령하는 것을 좋아하지 않았다. 사육사가 가까이 다가갈 때마다 캔디는 화를 내며 꽥꽥거렸다. 캔디는 리 앤에게도 그랬다.

"캔디는 까칠해요." 리 앤이 말했다.

물론, 케빈과 캔디를 앞으로도 쭉 조류전시관에 두지는 않을 계획이었다. 동료 타마린과 마모셋원숭이가 있는 영장류관의 작은 우리로 돌려보내야만 할 때가 다가올 것이다. 원래 있던 전시관으로 되돌려 보내는 일은 리 앤이 해야 할 수많은 업무 중 하나였다. 그녀는 다양한 동물의 노이로제와 불평, 기행, 불안, 골칫거리 등을 도맡아 해내는 만능해결사였다. 어미로부터 버림받은 침팬지 새끼에게 리 앤은 대리모를 찾아주었다. 큰두루미가 입맛을 잃거나 캥거루가 유산을 하면 그녀는 이유를 찾아내야 했다. 오랑우탄이 은행장에게 똥을 던졌거나 쌍봉낙타가 현장학습을 온 초등학교 2학년들 앞에서 교미를 하면, 그녀에게 보고되었다.

사육사들도 리 앤에게 의지했다. 리 앤에게 눈물을 흘리며 이혼 소송의 괴로움을 토로하는 사육사도 있었고, 에뮤가 자기를 자꾸 부리로 쪼아대 힘들다는 불평을 털어놓는 사육사도 있었다. 인간도 별수 없는 동물일 때가 많았다. 리 앤은 자기가 맡고 있는 동물들과 인간들을 관리해야만 했다. 몸집의 크기와 무력으로 지배되는 동물원 안에서, 리 앤은 형편없이 왜소하고 가냘픈 암컷이었다. 168cm의 키에 호리호리한 체격, 수줍음 많은 성격의 리 앤은 연약해 보였다. 그러나 내면은 강인해서 어려운 일이 있어도 금세 털고 일어날 줄 알았다. 리 앤은 보통 사람들은 상상도 못할 비상사태가 닥쳐도 당황하지 않고 침착히 대처했다.

지난 몇 년 동안 리 앤은 동물원으로부터 정기 휴가를 받아 우간다와 카메룬에서 야생 침팬지를 관찰하며 연구하다가 장티푸스, 아메바성 이질, 뇌 말라리아 같은 병에 걸리기도 했다.

한번은 이런 일도 있었다. 리 앤과 연구진이 고무 튜브를 타고 강을 건너고 있는데 하마 한 마리가 물속에서 나타나 리 앤의 남자친구를 물고 강 하구로 끌고 갔다. 하마는 보기보다 훨씬 더 위험한 동물이다. 아프리카에서는 사자나 코끼리가 사람을 죽이는 경우보다 하마가 사람을 죽이는 경우가 더 많았다. 끌려가는 남자친구를 본 리 앤은 비명을 질렀다. 얼마나 지났을까, 갑자기 남자친구가 도망쳐 나와 물 위로 다시 모습을 드러냈다. 몸통을 심하게 물어 뜯겨 피가 흐르고 있었다. 병원으로 옮겨 진찰한 결과, 하마의 이빨이 척수와 대퇴동맥을 아슬아슬하게 비껴간 것으로 확인됐다. 남자친구가 입원해 있는 동안, 리 앤은 침대 옆 바닥에 누워 잠을 잤고 남자친구가 고열로 헛소리를 할 때마다 그의 손을 잡아주며 위로했다. 리 앤의 남자친구는 목숨을 건졌지만, 결국 둘은 헤어지고 말았다.

리 앤은 이 일로 동물이 얼마나 위험한 존재인지 확실히 알게 되었다. 동물원은 아프리카의 야생보다는 더 통제된 환경이었지만, 과거 차리 토레가 코끼리의 습격을 받아 숨진 사건이 말해주듯, 동물원에서 일하는 것은 야생 못지않게 위험하고 고됐다.

로우리 파크에서 동물들을 돌보는 일은 육체적, 정신적으로 상당히 힘든 일이었기 때문에, 사육사들은 채 몇 년을 버티지 못하고 떠났다. 영장류 부서에서 근무를 시작해 십 년 넘게 로우리 파크를 지킨 리 앤은 열심히 일한 결과 지금의 위치까지 오를 수 있었다. 동물원 큐레이터의 업무는 그녀가 여태까지 맡아본 일 중 단연코 가장 힘들었다. 어떤 상황이 닥치든 그녀는 즉각적으로 판단을 내려 지시해야 했다. 그녀의 얼굴은 땀으로 뒤범벅일 때가 허다했다. 부츠 바닥에는 무수히 많은 동물의 배설물이 덕지덕지 묻어 있었다.

매일 새벽부터 밤까지 거의 매 순간 긴장의 끈을 놓을 수 없는 동물원에서의 일은 리 앤에게 두려움을 주기도 했지만, 기운을 북돋아 주거나 영광을 가져다주기도 했다. 그녀는 동물원의 1,700여 식구들(그 중에는 네 발로 걸어와 힘 하나 들이지 않고 그녀를 죽일 수 있는 동물도 있었다)을 이끄는 수장인 동시에 치료전문가, 독심술사, 그리고 외교관이기도 했다.

리 앤이 가장 좋아하는 동물은 동물원에 하나뿐인 어른 수컷 오랑우탄 '랑고'였다. 랑고가 있는 전시관 앞에 멈춰선 그녀는 마침 근처 그물로 올라가고 있는 랑고에게 얼마나 아빠 노릇을 잘하고 있는지 칭찬해주었다.

"랑고는 정말 잘생긴 것 같아요. 이 동물원에서 제일 감수성이 풍부한 눈을 가졌죠." 리 앤이 말했다.

그러나 최근 들어 랑고는 리 앤과 눈도 맞추지 않고 냉랭하게 대했다. 리 앤이 너무 바빠서 최근에 자기를 보러 오지 않았기 때문에 화가 난 것이다. 리 앤은 랑고에게 미안했지만, 그래도 할 수 없었다. 아프리카 사파리관 개장을 앞두고 리 앤은 전보다 더 많은 업무를 처리해야 했다. 기린과 얼룩말의 도착이 겹치지 않게 조정해야 했고, 스와질란드 코끼리 네 마리와 엘리의 관계가 나아지고 있는지 살펴야 했다. 또 로우리 파크는 코끼리들이 새끼를 많이 번식시키기를 바랐다. 돌아오는 봄에는 새 전시동 개관에 앞서 엘리에게 인공수정을 시도할 계획이었다. 스와질란드에서 데려온 암컷 두 마리는 무사히 임신할 수 있을 만큼 나이가 차지 않았고, 수컷 두 마리는 아직 엘리를 올라탈 만큼 키가 크지 않았다. 다른 코끼리를 불편해하고 잘 어울리지 못하는 엘리의 성격을 고려할 때, 수컷이 교미를 시도할 경우 엘리가 어떻게 나올지 아무도 예측할 수 없었다.

엘리가 한 번도 짝짓기를 하거나 새끼를 밴 적이 없어서 임신이 가능할지조차 확실하지 않았다. 인간과 마찬가지로, 암컷 코끼리도 나이가 들면 자궁내막증에 걸려 낭종과 반흔 조직이 생기고 불임이 될 수 있다. 자궁내막증은 한 번도 임신한 적이 없는 코끼리가 걸리기 쉽다. 때문에 엘리가 아기를 갖게 하려면 서둘러야 했다. 직원들은 엘리에게 인공수정 시술을 할 최적의 시기를 알아내기 위해 엘리의 생리 주기를 체크하고 있었고, 스와질란드에서 소노그램(초음파로 종양 등의 크기, 밀도를 측정하는 것_옮긴이)을 실시했던 베를린 출신 전문의 두 명(닥터 토마스 힐데브란트와 프랑크 괴리츠)에게 엘리를 진찰하게 했다. 이 두 명의 전문의는 명성이 자자한 권위자로, 전 세계 동물원에서 '베를린 보이즈'로 통했다. 동물원은 이 베를린 보이즈를 플로리다로 곧 데려올 예정이었다.

리 앤과 직원들은 동물보호운동가들이 공항에서 습격을 하지 않을까 우려했지만 다행히 그런 일은 일어나지 않았다. 그러나 앞으로 시위가 일어날 가능성에 대비해 준비태세를 갖추고 있었다. 로우리 파크는 밤에 누군가 몰래 침입해 코끼리들을 해치는 일이 없도록 경계 울타리를 높이는 공사를 끝내 놓았다. 리 앤은 스와질란드 코끼리를 들여오는 것을 반대했던 PETA나 다른 동물보호단체들에 대해 적대감을 품고 있지는 않았다. 어느 저녁, 동물원의 도슨트와 대화하던 중 그녀는 동물보호단체들이 연합해 벌인 반대 운동이 모든 사람들의 관심을 코끼리들의 복지에 집중시켰다는 점에서 궁극적으로 유익한 결과를 낳았다는 사실을 인정했다.

그렇다고 해도, 리 앤은 이런 동물단체들의 행동이 얼마나 극단적으로 치달을 수 있는지 알고 있었다. 15년 전, 아시아코끼리에 대한 샌디에이고 야생동물공원의 처우에 대해 비난 여론이 거세지자 동물해방전선ALF, Animal Liberation Front이라는 생소한 이름의 단체가 세 명의 공원 코끼리 사육사들의 사무실을 부수고 자택과 회사에 시뻘건 페인트와 시너를 끼얹었다. 창문에는 산성액체로 'ALF' 라는 글자를 아로새겼다.

리 앤은 이런 극단적인 사태가 벌어지지 않도록 노력했다. 그녀는 동물원에서 얼마나 무시무시한 일들이 벌어져 왔는지 잘 알고 있었다. 지난 수세기 동안 동물원에 갇힐 수밖에 없었던 동물들의 슬픈 사연을 수도 없이 들었고, 동물원에 고용된 동물 매매업자가 정글과 숲에서 동물원의 새로운 얼굴을 물색해 들여오면 동물원에 원래 있던 동물들이 얼마나 심한 상실감과 서운함을 느끼는지도 잘 알고 있었다. 그러나 그녀는 로우리 파크를 비롯한 다른 동물원에서 생물종의 멸종을 막고자 얼마나 노력하고 있는지 또한 알고 있었다.

황금사자타마린은 흥미로운 예였다. 황금사자타마린인 케빈과 캔디는 동물원에서 태어났다. 그러나 지난 수십 년 동안 타마린들은 많은 동물원과 개인 수집가들이 탐내는 아름다운 외모 때문에 너무도 많이 사냥을 당했고 이런 탓에 거의 멸종될 위기에 있었다. 이를 보다 못한 과학자들과 동물원 관리자들은 힘을 합쳐 타마린들이 원래 서식지인 브라질 늪림에서 안전하게 살아갈 수 있도록 보호운동을 전개했다.

30년 전만 해도 타마린의 개체 수는 100여 마리도 채 안 됐지만, 이후 타마린의 수는 급격히 증가했다. 가장 큰 이유는 워싱턴 D.C. 국립동물원을 비롯한 여러 동물원에서 번식용 암컷과 수컷을 들여와 새끼를 낸 뒤 숲으로 방사했기 때문이었다. 다시 말해, 동물원은 황금사자타마린의 멸종과 부활에 원인을 제공한 셈이었다. 타마린을 전시해 관람객들을 사로잡고 싶어 하는 동물원의 과도한 욕심이 타마린을 멸종위기까지 몰아넣었다. 하지만 이런 행태가 눈살을 찌푸리게 할 뿐 아니라 지구의 미래에 해를 미칠 것이라는 자각이 확산되면서 동물원들은 과학자들과 합동으로 멸종위기 동물 보호캠페인을 벌였다. 그러나 보존 노력에도 불구하고 타마린의 미래는 어둡기만 했다. 삼림 채벌과 개간으로 브라질에 있는 타마린 서식지의 90% 이상이 파괴되었다. 이대로 가다가는 21세기 말쯤에는 지구상에 마지막 하나 남은 타마린을 동물원에 가야만 볼 수 있을 것이다.

로우리 파크는 더 많은 타마린들을 야생으로 방사하기 위해 노력했다. 지난 수년에 걸쳐 로우리 파크는 타마린을 오크 나무에서 살게 했다. 브라질에 있는 숲으로 되돌려 보내려면 나무 위에서 사는 것에 익숙해져야 했기 때문이었다. 하지만 실제로 방사 대상으로 뽑힌 타마린은 없었다. 그럼에도 로우리 파크는 그 이후로도 부상당해 들어온 매너티를 치료해 다시 야생으로 방사하는 등 종 보존사업을 계속 추진해왔다. 리 앤은 동물원 측의 이런 노력을 자랑스럽게 생각했고 동물원이 더 많은 일을 하기를 바랐다. 많은 사육사들과 마찬가지로, 그녀도 로우리 파크에 있는 동물들이 계속 갇혀 있기보다는 야생으로 되돌아가기를 바랐을 것이다.

"세상이 완벽하다면 우리는 동물을 동물원에 가두지 않았겠죠." 리 앤이 말했다.

로우리 파크에 있는 대부분의 동물들에게 자유는 불가능한 일이었다. 랑고를 예로 들어보자. 만약 누군가 이 수컷 오랑우탄을 로우리 파크에서 탈옥시켜 얼마 남지 않은 그의 동족들이 무화과나무 열매와 망고, 리치를 먹으며 나무 꼭대기에 살고 있는 보르네오 숲 속에 데려다 줄 수 있다면 정말 좋을 것이라고 리 앤은 말했다. 그러나 동물원에서 평생을 보낸 랑고는 혼자서 살아가는 방법을 모를 것이다.

동물원에서 나고 자라도 스스로 살아가는 기술을 터득하는 동물이 있기는 하지만, 이는 언제나 엄청나게 복잡한 과정을 거쳐야만 가능했다. 지난 수십 년간 수백 마리의 오랑우탄이 애완동물 불법 거래에서 구출되어 숲 캐노피로 돌아갔다. 그러나 동물원에서 태어난 동물 중 대다수는 스스로 먹이를 찾고 포식자에게서 살아남는 법을 훈련 받지 못한 상태에서 야생으로 돌아갔고, 연구자들은 이들이 거의 다 죽었을 것이라고 보고 있다.

야생으로 되돌려 보낸 오랑우탄 중 일부는 나무에 올라갈 생각조차 하지 않았다. 게다가 랑고나 다른 오랑우탄들이 돌아갈 야생은 거의 남아 있지 않았다. 금광 채굴과 벌채, 대규모 야자유 농장 건설로 오랑우탄이 살아갈 터전이 대부분 없어졌기 때문이다. 보르네오 오랑우탄은 멸종위기가 너무 심각해 앞으로 몇 년 이내에 지구상에서 사라질 것이라고 예측하는 전문가들도 있다.

똑같은 딜레마가 계속 반복되고 있었다. 로우리 파크에 있는 동물들은 야생성이 대부분 사라졌다. 그리고 동물원 바깥에는 동물들이 갈 곳이 없었다.

리 앤은 동물원에 있는 동물들에게 선택권을 준다 해도 동물원보다 야생에서 지내는 것이 동물들에게 더 행복할 것이라는 확신이 없었다. 아프리카 삼림지대에서 침팬지를 연구하고 돌아온 후, 그녀는 자연이 디즈니 영화처럼 낭만적이지 않다는 사실을 확실히 깨달았다. 아프리카에 있는 동안 그녀는 굶주림과 가뭄으로 죽어가고, 포식자에게 잡아먹히고, 야생동물의 고기를 얻으려는 사냥꾼들의 총에 목숨을 잃는 동물들을 보았던 것이다.

"대자연이 마냥 좋기만 한 건 아니에요." 그녀는 말했다.

로우리 파크의 동물들에게 동물원은 최선의 선택일지도 몰랐다.

05

왕과 왕비

로우리 파크의 왕과 왕비는 각기 다른 왕국을 하나씩 통치했다. 왕과 왕비가 바깥세상에 발을 내딛거나 외부인이 왕국에 발을 들이지 못하도록 왕국에는 높은 담을 쌓고 전류가 흐르는 철조망을 쳤으며, 주위에는 해자를 깊게 파서 둘렀다.

왕과 왕비의 영지는 90m도 채 떨어져 있지 않았지만, 둘은 한 번도 만나거나 마주친 적이 없었다. 사실 왕과 왕비는 서로 지구 반대편에 위치한 열대림 출신이어서 마주치려야 마주칠 수도 없었다. 그래도 여왕은 왕이 야유하거나 고함치는 소리를 들으며 자랐고, 동물원의 거의 모든 이들과 마찬가지로 왕 역시 여왕이 으르렁거리는 소리와 끙끙거리는 소리를 몇 년째 듣고 있었다.

왕과 왕비가 살아온 길은 완전히 달랐다. 왕은 아프리카 숲 속에서 태어났지만 그에게서 야생의 흔적을 찾아볼 수 없게 된 지 이미 오래였다. 여왕은 인간의 보살핌 아래 태어나고 자랐지만 전혀 길들여지지 않았다. 왕은 자기가 어디에서 왔는지 잊어버렸고 언젠가는 망각에 대한 대가를 치르게 될 것이었다. 여왕은 자신이 어디에서 왔는지 언제나 기억했지만, 그녀 역시 기억의 대가를 치를 것이었다.

둘 다 자신들의 삶이 영원히 서로 얽히리라고는 생각조차 못했다.

⁂ ⁂ ⁂

1966년 12월 라이베리아. 서아프리카 항구 뷰캐넌에 위치한 철광석 채굴회사에 근무하던 미국인 에드 슐츠는 누군가가 직원식당에서 아기 침팬지를 팔고 있다는 소식을 들었다.

슐츠는 야생동물 고기 거래에 대해서라면 모르는 것이 없었다. 사냥꾼들은 나무 위에 있던 어른 침팬지를 쏘아 맞혀 고기는 식용으로 팔고 어린 새끼는 애완용으로 팔았다. 어미 침팬지는 새끼를 안고 있어 나무 사이로 재빨리 도망칠 수 없었기 때문에 사냥하기가 더 쉬웠다. 이런 사냥은 수십 년째 계속되고 있었고 앞으로도 수십 년 이상 계속될 것이다. 피해는 막대했다. 애완 침팬지 한 마리를 얻기 위해 다른 많은 침팬지들—어떤 때는 열 마리 이상—이 학살됐다.

슐츠가 직원식당에서 일하는 침팬지 판매책에 대해 들었을 때, 그는 아기 침팬지 하나를 얻을 좋은 기회라고 생각했다. 40년이 지났지만 그는 이날을 여전히 기억하고 있었다. 슐츠는 직원식당으로 가서 오렌지색 우리를 들고 있는 사내를 찾았다. 천장이 뚫린 우리에는 태어난 지 몇 주밖에 안 된 침팬지 두 마리가 있었다. 침팬지 한 마리가 슐츠를 올려다보더니 두 팔을 치켜들어 안아 달라는 시늉을 했다.

슐츠는 "네가 우리 허먼이구나"라고 하면서 안아 올렸다. 그는 왜 허먼이라는 이름이 생각났는지 자신도 알지 못했다. 왠지 그 이름이 어울릴 것 같았다.

슐츠는 25달러를 현금으로 지불하고 서명 대신 엄지손가락 지문이 찍힌 영수증을 받은 후—사내는 글을 쓸 줄 몰랐다—허먼을 집으로 데려가 아내 엘리자베스 그리고 그의 어린 자녀 로저와 샌디에게 보여주었다. 처음에 가족들은 허먼에게 기저귀를 채우고 샌디가 인형에게 물리던 젖병에 우유를 담아 먹였다. 몇 달 후, 슐츠 가족은 '지타' 라는 어린 암컷 침팬지를 하나 더 데려왔다. 지타는 슐츠 가족에게 입양되기 전 작은 우리에 혼자 갇혀 지냈고 수줍음을 몹시 많이 탔으며 주위에 사람이 있으면 불안해했다. 지타는 허먼을 보자 허먼에게 착 달라붙어서는 신경질적으로 허먼을 앞뒤로 흔들었다. 허먼은 지타를 너그럽게 참아주었다. 허먼은 그때 이미 다른 침팬지들보다 참을성이 많았다.

허먼과 지타를 현관 앞 우리에서 재웠지만 슐츠 가족은 이 둘을 애완동물이라기보다 가족의 일원으로 대할 때가 많았다. 천성적으로 정이 많고 개성 넘치는 허먼을 빼놓고는 가족의 일상을 얘기할 수 없을 정도였다. 슐츠 가족은 허먼에게 식탁에 앉는 법과 컵을 사용하는 법, 그리고 얌전히 과일을 먹는 법을 가르쳤다. 허먼에게 아이들이 입던 옷을 입히고, 발바닥을 간질였으며, 목말을 태우고 수영장에도 같이 데려갔다. 또한 허먼이 들판에서 놀고 나무 꼭대기에 올라가도록 해주었다. 로저와 샌디는 해가 다르게 커갔고, 슐츠 부부는 로저와 샌디가 얼마나 키가 컸나 연필로 벽에 금을 그었다. 허먼과 지타의 키도 표시했다.

"허먼만큼 사람 같은 침팬지도 없었을 거예요. 허먼은 자기가 정말 침팬지가 아니라고 생각했던 것 같아요." 당시를 회상하며 에드 슐츠의 아들인 로저 슐츠가 말했다.

에드가 라이베리아에 있을 때 근무했던 다국적 기업 LAMCO는 다수의 스웨덴 출신을 비롯해 다양한 국적의 사람들을 고용했다. 어리고 감수성 예민한 수컷이었던 허먼은 회사 파티나 야유회 때면 늘 스웨덴 여성들의 품에 안겨 있었다. 이때부터 허먼은 금발 미녀를 좋아하기 시작했다. 회사 행사에 참석한 스웨덴 여성 대부분은 금발이었다. 슐츠 부인도 금발이었고 집에 왔던 스웨덴 아가씨들도 금발이었다. 만약 허먼이 숲에서 야생 상태로 살았다면, 허먼은 유년기의 대부분을 엄마 품에서 보냈을 것이다. 하지만 허먼은 엄마 품 대신 아낌없는 관심을 보이는 금발 여성들에게 둘러싸여 유년기를 보냈다.

슐츠 가족은 허먼이 지타와 짝을 맺기를 바랐지만, 허먼은 시간이 지나도 지타에게 이성으로 관심을 보이지 않았다. 허먼은 지타나 다른 암컷 침팬지들과도 사이좋게 지냈지만, 허먼의 리비도는 이미 같은 침팬지를 향해 있지 않았다. 슐츠 가족은 이런 일이 일어나리라고는 꿈에도 생각하지 못했다. 그들은 자신들이 허먼을 구했다고 믿으면서 어떤 결과를 가져올지 깨닫지 못한 채 자신들의 삶 속에 허먼을 끌어안았다.

일 년 후 슐츠는 미국에 새 일자리를 얻어 가족과 함께 오하이오주로 이사했다. 허먼과 지타도 데려갔다. 미국으로 돌아온 바로 그 해 크리스마스에 슐츠 가족은 허먼에게 겨울 아동복을 잔뜩 입혀 눈 내리는 집 앞 뜰에서 놀게 했다. 허먼은 걸음을 내딛으려다 눈밭에 넘어졌고 자기를 일으켜 세워주고 눈을 털어 달라고 소리쳐 도움을 요청했다. 그날 찍은 사진에는 에드 슐츠가 허먼을 무릎 위에 올려 균형을 잡을 수 있도록 붙잡아주고 있었다. 둘 앞에는 사자 모양으로 만든 눈사람이 서 있었고, 방울 달린 니트보닛을 터질 듯 쓰고 있는 허먼은 어쩔 줄 모르는 표정으로 얼어붙은 겨울 풍경을 말똥말똥 쳐다보고 있었다.

얼마 안 있어 슐츠는 탬파에 있는 비료회사에서 매니저로 일하게 되어 가족과 함께 탬파로 이사했다. 다섯 살이 다된 허먼과 지타는 사춘기에 막 접어들고 있어서 슐츠 가족이 집 뒤뜰에 지어준 커다란 우리에서 시간을 보내는 일이 많아졌다. 허먼과 지타는 점점 힘이 세졌고 갈수록 통제하기가 힘들어져서, 엘리자베스 슐츠와 그녀의 딸은 혼자서는 더 이상 둘을 집안으로 데려올 수 없었다. 이제 허먼과 지타는 더 이상 슐츠 가족과 같이 지낼 수 있는 나이가 아니었다.

TV 시트콤에서 이를 드러내며 히죽거리는 조숙한 어린 침팬지들과는 달리, 다 자란 침팬지는 대단히 위험한 존재일 수 있다. 다 자란 침팬지는 사람들이 보통 생각하는 것보다 몸집이 더 크고 사람보다 훨씬 힘이 세다. 침팬지는 자기와 친한 사람들과 함께 있어도 언제 사납게 돌변할지 알 수 없다. 침팬지는 마음이 상하거나 화가 나면 곧바로 반응한다. 다 자란 침팬지가 놀라울 만큼 잔인하게 사람을 때리거나 사람 손가락을 물어 끊고 눈을 잡아 뜯는 일이 예전부터 종종 있어 왔다.

2009년 코네티컷 스탬퍼드에서는 사람처럼 길러진—와인잔을 사용할 줄 알고, 스스로 옷을 입거나 목욕을 하며, 컴퓨터까지 사용할 줄 알았다—애완 침팬지가 식탁 서랍에서 주인의 열쇠를 꺼내 밖으로 빠져나간 사건이 일어났다. 주인이 친구에게 집나간 침팬지 찾는 것을 도와 달라고 부탁하고 있을 때, 몸무게가 90kg나 되는 애완 침팬지가 집 앞에 있던 친구를 공격했고, 주인이 식칼로 침팬지의 등을 찔렀는데도 친구를 놓아주지 않았다.

"침팬지가 내 친구를 갈기갈기 찢어놓고 있어요!" 주인은 911에 전화를 걸어 신고했다. 경찰이 도착해 침팬지를 사살했지만, 친구는 이미 실명했고, 손에 심한 상처를 입었으며, 코가 떨어져 나갔고 얼굴의 대부분이 찢긴 상태였다. 친구는 목숨을 건졌지만 몇 달 동안 병원 신세를 져야만 했다.

에드 슐츠는 사랑스러운 허먼과 지타가 자기 가족을 공격할 리 없다고 생각했지만, 구태여 위험을 무릅쓰고 싶지는 않았다. 1971년, 슐츠는 허먼과 지타를 로우리 파크에 기증하기로 했다. 슐츠 가족은 허먼과 지타를 기증하는 대가로 두 가지를 요구했다. 첫째는 허먼과 지타를 다른 시설에 팔거나 연구실에 보내지 않고 죽을 때까지 로우리 파크에 있게 해 달라는 것이었다.

"우리는 누군가가 허먼의 머리에 전극을 꽂게 하고 싶지 않았어요." 슐츠의 아들 로저가 당시를 회상하며 말했다.

둘째는 요행히 허먼과 지타가 짝짓는다면, 단 몇 년만이라도 둘 사이에서 낳은 새끼에 대한 양육권을 달라는 것이었다. 만약 허먼과 지타가 아기를 낳으면 새끼가 좋은 환경에서 보살핌을 잘 받아야 한다고 생각했는데, 이들은 로우리 파크가 새끼를 잘 돌볼 수 있는 환경이 못 된다고 봤던 것이다. 당시는 로우리 파크를 리모델링하기 10년도 전이었다.

허먼과 지타는 비좁고 답답하고, 새끼 침팬지를 키울 시설을 갖추지 못한 낡아빠진 로우리 파크로 향했다. 에드 슐츠는 로우리 파크가 형편없는 동물원이라고 생각했다. 그럼에도 그는 로우리 파크 이외에는 딱히 다른 대안이 없었다. 더욱이 동물원 측은 다른 사나운 침팬지로부터 허먼과 지타를 안전히 지켜줄 넉넉한 크기의 전용 우리를 제공하기로 약속했다. 동물원 측은 슐츠가 원할 때면 언제든 허먼과 지타를 보러 올 수 있게, 심지어 가까이 다가가는 게 안전하다고 판단되면 침팬지들을 안아볼 수 있게 허가했다.

동물원으로 보내는 날 아침, 슐츠 가족은 시청을 공식방문하기 위해 침팬지들을 차에 태워 탬파 시내로 갔다. 〈탬파 트리뷴〉의 사진기자는 딕 그레코 시장이 과장된 몸짓으로 허먼과 지타를 맞이하는 사진을 찍었다. 기자가 찍은 사진 중에는 허먼과 지타가 그레코 시장 옆에서 시 예산을 놓고 골똘히 생각하는 장면도 있었다. 이렇게 경박하게 연출된 장면을 지켜 본다고 침팬지들을 떠나보내는 착잡한 마음이 누그러지지는 않았지만, 슐츠 가족은 허먼이 스포트라이트를 받는 것을 매우 즐기는 것 같아 기뻤다. 슐츠 가족과 함께 살기 시작하면서부터 허먼은 사람들의 관심을 받는 것을 좋아하게 되었고, 사람들을 기쁘게 하는 법을 재빨리 익혔다. 그날, 허먼이 사진기자들 앞에서 포즈를 취할 때 그는 더 많은 관객을 즐겁게 하려면 어떻게 해야 하는지를 배웠다. 행운인지 불행인지 모르겠지만, 새로운 스타 탄생이 예고되는 순간이었다.

시장과의 스케줄이 끝나고, 슐츠 가족은 침팬지들을 로우리 파크에 바래다주었다. 동물원 안으로 들어가자 허먼은 기둥 위로 기어올랐다. 숲에서 생활했던 어린 시절 이후 그렇게 높은 곳까지 올라갈 기회는 여태껏 없었다. 동물원 직원이 허먼과 지타가 지낼 우리로 가족들을 안내했고, 가족들은 침팬지들과 함께 우리 안으로 들어갔다. 로저와 여동생 샌디는 왜 침팬지들과 이별해야 하는지 머리로는 이해하고 있었지만, 막상 침팬지들과 작별인사를 해야 하는 순간이 돌아오자, 끝내 울음을 터뜨리고 말았다.

슐츠 가족과의 이별이 허먼에게 얼마나 충격적이었는지는 아무도 상상할 수 없을 것이다. 너무나 많은 일들이 한꺼번에 벌어져 가뜩이나 혼란스러운 상태에서, 허먼은 왜 자기와 지타가 버림을 받는지 이해할 수 없었을 것이다. 우리 문이 닫히고 자물쇠가 채워지고 슐츠 가족이 떠나가자, 허먼은 예전에 집에서 가족들이 그를 우리에 남겨놓았을 때처럼 그들의 등에 대고 큰 소리로 불렀다. 며칠이 지나도록 슐츠 가족이 자신을 데리러 오지 않는데도, 허먼은 언젠가는 가족들이 자기를 꼭 데리러 올 거라는 희망을 버리지 않고 있었을까? 영영 집으로 돌아갈 수 없다는 사실을 완전히 받아들이는 데 얼마나 오랜 시간이 걸렸을까?

이제 허먼의 세 번째 삶이 시작되었다. 첫 번째는 숲 속에서 어미 품에 있다가 어미와 그가 익숙했던 모든 것과 헤어져야만 했다. 이후 허먼은 인간 가족에게 입양되어 가족의 일원처럼 행동하는 법을 배웠다. 이제 인간 가족은 떠나버렸고, 새로운 가능성으로 가득 찬 세상이 허먼 앞에 펼쳐졌다. 더 이상 소풍이나 물가로 놀러갈 수 없었고, 저녁 식탁에 한데 둘러앉는 일도 없었다. 남은 것이라곤 지타와 철창 앞을 지나다니는 이방인들의 끊임없는 행렬뿐이었다.

허먼은 이후 16년 동안을 리모델링 전의 로우리 파크에서 보냈다. 당시 로우리 파크는 동물들에 대한 처우가 형편없었을 뿐 아니라 사람도 피부색에 따라 차별했다. 허먼이 들어오기 몇 년 전, 대부분의 미 남부지역에서 아직도 인종차별이 횡행하던 시절 헨리 빌러와 그의 부인 그리고 세 아이들은 흑인이라는 이유로 로우리 파크 입장을 거절당했다. 전투기 조종사로 나라를 위해 복무했던 터스키기 에어맨Tuskegee Airmen(2차 세계대전에서 활약했던 흑인 파일럿들을 지칭하는 말_옮긴이) 빌러는 쉽게 겁먹을 사람이 아니었다. 동물원에서 입장을 거절당한 뒤, 그는 차별을 당했다고 시를 상대로 고소했다. 결국 그는 승소했고, 연방판사는 탬파 시에 있는 공원 및 오락시설에서 인종차별을 금지하는 명령을 내렸다.

빌러의 승소는 로우리 파크의 어두운 역사에서 보기 드물게 밝은 사건이었다. 지난 수십 년간 로우리 파크 관련 언론 보도는 비참한 사연으로 가득했다. 로우리 파크의 동물들은 녹슬고 낡아빠진 우리 안에서 초조히 왔다 갔다 했다. 우리가 관람객들과 너무 가까이 있어 동물들의 안전이 위협받고 있었다. 우리 안으로 면도칼이 날아들었고, 화살이 날아와 사료에 박혔다. 물개들은 관람객이 수조에 던진 동전을 먹고 구리 중독으로 쓰러졌다. 벵골호랑이 두 마리는 누군가가 암페타민(각성제, 식욕감퇴제_옮긴이)과 바르비투르산염(진정 · 최면제

_옮긴이)을 먹여 목숨을 잃기도 했다. 한 호랑이는 로우리 파크에 온 지 이틀 만에 아이들이 던진 타이레놀 알약을 삼켜 쓰러지고 말았다. 당시 탬파 시장이었던 딕 그레코는 동물원 측에서 시장 집무실에 걸어 놓을 호랑이 가죽이 필요하냐고 물어와 깜짝 놀랐다고 한다.

"하도 어이가 없어서 대꾸도 안 했어요." 그레코 시장이 당시를 회상하며 말했다.

오늘날 같으면 불가능한 일이지만, 동물원 사자를 훔쳐 암시장에 300달러를 받고 팔아넘기려던 사람도 있었다. 다행히 부보안관이 도둑을 추적해 도버 인근에 있는 이동식 주택촌에 있는 것을 알아냈고 사자를 구출할 수 있었다. 도둑은 감옥에 보내졌고, 사자는 동물원으로 돌아왔다.

주변에 있던 동물들이 죽어갈 때, 허먼은 엔터테이너 기질로 용케 살아남았다. 시시덕거리기, 손으로 키스 보내기, 손뼉 치기, 춤추기, 공중제비 넘기 등 사람들을 즐겁게 할 수 있는 재주를 익혀나갔다. 사람들이 피던 담배를 허먼에게 던져주면 허먼은 담배를 받아 피웠다. 때로 연기를 선보이기도 했다. 다른 침팬지들은 지루하거나 기분이 상하면 자신의 배설물을 던지곤 했지만, 허먼은 기저귀를 차고 자란 터라 자기 용변에 결벽증이 있었기 때문에 자기가 눈 배설물을 절대 만지려 들지 않았다. 대신 흙을 집어 던졌다.

허먼은 그레코 시장에게 흙을 던진 적도 있었다. 허먼이 로우리 파크에 들어오고 나서 1년 후인 1972년의 일이었다. 로우리 파크의 열악한 환경은 미국 동물보호협회의 이목을 끌었고, 협회에서 대표를 파견해 시장을 대동하고 시설을 감사했다. 감사단이 허먼의 우리 근처로 갔을 때 허먼은 바닥에서 흙을 한 줌 퍼내고 있었다.

"저 흙을 던질지 궁금하군요." 그레코 시장이 우리 쪽으로 다가서며 말했다.

언제나 즐거움을 주는 우리의 허먼은 손에 있던 흙을 세게 던졌다. 허먼은 시청에서 시장을 잠깐 만났던 것을 기억하고 있었을까? 어쩌면 그럴지도 몰랐다. 허먼은 얼굴을 기막히게 잘 기억했다. 동물원에서 일하다가 그만둔 사육사들이 한참 만에 동물원에 놀러 와도 허먼은 용케 알아보고 팔을 들어 인사를 했다. 어쩌면 그레코 시장의 얼굴뿐 아니라 그의 지위도 기억하고 있는지도 몰랐다.

허먼을 오랫동안 돌봐온 사육사들은 허먼이 고위 권력층이나 명성이 높은 인간 수컷을 보면 공격성을 드러낸다는 사실을 알고 있었다. 직원들은 허먼이 무엇을 보고 그 사람의 지위가 높다는 사실을 알아내는지 확실히 알지는 못했다. 아마도 걸음걸이가 당당하고 옆에 서 있는 다른 사람들이 굽실거리는 모습에서 힌트를 얻는 것이 아닐까 하고 짐작할 뿐이었다. 어쨌든 허먼은 언어 외적인 신호를 언제나 정확히 읽어내 언제 동료 수컷 침팬지들 앞에서 권력을 행사해야 할지를 알고 있었다.

광대짓을 잘하는 허먼은 동물원의 명물로 거듭났다. 수만 명의 사람들이 허먼의 우리 앞에 발길을 멈추고는 허먼의 반응을 끌어내려고 손을 흔들고 소리를 질렀다. 어떤 사람들은 그를 보러 동물원을 다시 찾기도 했다. 허먼은—'빅 허먼' 이라고 부르는 사람도 생겨났다—사람들을 실망시키는 법이 거의 없었다.

사람들 앞에서 겅중거리며 익살을 부리는 허먼을 뒤에서 지켜보던 사육사들은 허먼의 이런 들뜬 과시 아래 절망이 도사리고 있음을 알고 있었다. 허먼은 그저 단순히 자랑하고 있는 것이 아니었다. 그는 자기가 진정으로 관심을 가지고 있는 하나뿐인 생물종과 가까워지기 위해 매일매일 몇 년을 한결같이 최선을 다하고 있었다. 허먼이 처음 로우리 파크에 들어왔을 때 남아 있던 야생성은 점점 흔적도 없이 사라지고 있었다. 그는 인간이 되기를 갈망하는 침팬지가 되어 있었던 것이다.

에드 슐츠는 허먼을 잊지 않고 찾아와 잘 지내는지 확인했다. 예전에 허먼을 동물원에 맡기면서 했던 약속대로 직원은 슐츠에게 우리 열쇠를 내줬고, 슐츠는 원할 때면 언제든 우리 안으로 들어갈 수 있었다. 슐츠는 시멘트 바닥에 앉아 허먼과 얘기를 나눴고, 허먼은 슐츠의 주머니를 뒤져 사과와 바나나를 꺼냈다. 슐츠는 허먼이나 지타가 무섭지 않았다. 슐츠는 침팬지들과 있는 것이 하도 편해서 우리 안에서 잠이 든 적도 있을 정도였다. 슐츠가 깨어보니 허먼과 지타가 옆에서 낮잠을 자고 있었다.

"이런, 몇 시지?" 슐츠가 손목시계를 쳐다보며 말했다. "얘들아, 나 그만 가야겠다."

그러나 이런 대담한 시도는 오래 가지 못했다. 한 사육사가 슐츠에게 침팬지들이 점점 자라고 있기 때문에 침팬지들과 직접 만나는 일은 너무 많은 위험이 따른다고 반대한 것이다. 슐츠는 마지못해 이 말에 따랐지만 그래도 계속 허먼을 찾아갔다. 얼마 후 슐츠는 침팬지들과 더 많은 시간을 보내기 위해 로우리 파크에서 자원봉사를 하겠다고 지원했다.

해가 지나면서 허먼의 매력을 사랑하는 팬들이 생겨났다. 1987년, 제인 구달이 로우리 파크를 방문했을 때 이 저명한 침팬지 연구가는 한눈에 허먼에게 빠져 윤기가 자르르 흐르는 털과 유쾌한 성격, 그리고 '허먼의 사랑스럽고 솔직한 얼굴 표정'을 칭송했다. 제인 구달은 허먼을 보더니 "멋지군요, 근사해요"라며 찬탄을 아끼지 않았다. 그러면서 그녀는 또한 허먼이 우두머리 인간 수컷 앞에서 과시하는 행동을 하는 이유에 대해 명쾌한 설명도 제시했다.

"허먼은 보스가 되고 싶은 거예요. 당신이 보스가 되기를 원치 않는 겁니다." 구달 박사가 설명했다.

그때쯤, 탬파 시는 예전의 로우리 파크를 폐쇄하고 '로우리 파크 동물학협회'라는 비영리단체를 새로 설립해 로우리 파크의 시설운영을 맡겼다. 구달은 로우리 파크가 새롭게 변신한 것과 멸종위기에 처한 영장류 및 다른 동물들까지 관심 영역을 넓힌 것에 대해 열렬한 지지를 보냈다. 그녀는 리모델링 현장을 둘러보러 로우리 파크에 여러 번 다시 왔고, 강연회를 열어 탄자니아 곰베 국립공원에서 침팬지를 연구할 때 있었던 가슴 아픈 이야기들로 대중의 마음을 사로잡았다. 어느 날은 걸스카우트에서 오찬 강연을 하면서 청중들에게 야생 침팬지 울음소리로 인사하기도 했다.

전 세계적으로 명성이 높은 구달은 이제 막 리모델링을 마친 로우리 파크를 칭찬하며 힘을 실어 주었다. 아직 공식 개장도 하지 않았을 때, 구달은 허먼을 비롯한 동물원 침팬지들이 곧 옮겨가게 될 환경이 자연상태에 더욱 가까워졌다며 칭찬을 아끼지 않았다. 예전에 허먼이 있던 우리보다 훨씬 규모가 큰 개방형 전시관 한쪽에는 협곡으로 된 벽이 있었고, 거기에는 흰개미집을 설치해 곰베 국립공원에 있는 침팬지들처럼 이곳의 침팬지들도 개미집에 막대기를 찔러가며 흰개미를 찾는 시늉을 할 수 있었다. 구달은 허먼이 코끼리풀 위를 걸으며 내리쬐는 태양을 직접 느낄 수 있게 되었다는 사실에 기뻐했다.

사실, 새 전시관의 '자연주의'는 연출된 것에 불과했다. 바위나 폭포와 마찬가지로 흰개미집도 진짜가 아니었다. 흰개미집에는 흰개미조차 없었다. 대신 흰개미집 속에 꿀과 젤리를 숨겨놓아 침팬지들을 유혹했다. 전 세계의 다른 전시관과 마찬가지로, 이런 가짜 모형은 전시관을 들여다보는 인간들이나 동물들 모두에게 즐거움을 선사하기 위해 정교하게 설치된 소도구였다.

예전부터 사람들은 동물들이 철창으로 둘러싸인 우리나 폐쇄 공간에 갇혀 있는 모습을 싫어했다. 감금의 상징을 혐오했던 것이다. 때문에 인공폭포나 에어브러시로 처리한 광천수 자국과 가짜 새똥을 그려 넣어 오랜 세월 동안 풍화된 것처럼 보이도록 한 가짜 암석 등의 특수효과는 동물원 관람객이 마치 자기가 야생에서 살고 있는 야생 동물들을 보고 있고, 이 동물들이 정말 행복해 하며 마음대로 돌아다니고 있다고 생각하게 해준다. 이렇게 야생과 비슷하게 꾸미는 것을 '모조된 자유' imitation freedom라고 한다. 하지만 지능이 조금이라도 있는 동물이라면 자연과 인공의 차이를 금방 알아본다. 동물들은 가짜 새똥 따위에 속지 않는다.

어떤 동물원은 나무와 풀 주변에 설치한 전기 철조망을 동물들이 건드리지 못하도록 안 보이는 곳에 숨겨놓아 전시관이 '자연 그대로'인 것처럼 보이게 만든다. 하지만 로우리 파크의 침팬지 전시관은 그 정도로 자연주의적인 디자인을 적용하지는 않았다. 전시관 경계선을 따라 전기 철조망을 설치해 침팬지가 밖으로 나갈 마음을 먹지 못하도록 해놓았지만, 전시관을 둘러싼 해자 주위의 기다랗게 자란 풀밭에까지 전기 철조망을 두르지는 않았다.

물론 새 전시관이 허먼이 태어난 아프리카 숲의 다양한 초목을 대신할 수는 없겠지만, 허먼이 지난 15년 동안 갇혀 있던, 밀실공포증에 걸릴 것 같은 우리와는 비교할 수 없이 나은 환경이었다. 새로 지은 전시관은 너무나 엄청나게 달라져서 허먼에게 또 다른 삶을 가져다줄 정도였다. 하지만 지타는 허먼과 함께 새로운 보금자리에 살 수 있는 기회를 갖지 못했다. 슐츠 가족과 함께 살 때부터 오랜 시간을 허먼과 함께 지냈던 지타는 이사를 얼마 남겨놓지 않고 바이러스 감염으로 죽고 말았다.

허먼이 혼자 지내는 기간은 길지 않았다. 동물원은 다른 침팬지들을 새로 들여왔다. 야생에 살았던 새끼 때 이후 처음으로, 허먼은 침팬지 사회의 일원이 되어 동료들의 습성과 생체 리듬을 배웠고 집단의 우두머리로서 자신의 방식을 관철하는 법을 터득했다. 새 전시관에서의 첫날, 허먼은 바깥으로 나가 참으로 오랜만에 풀과 땅을 밟고 걸으면서 실감이 안 난다는 표정을 지었다. 그러나 이윽고 그는 전시관에 있는 나무를 탔고 폭포 옆 암석 높은 곳에 자기만 앉는 자리를 확보했으며, 그 자리에서 다른 침팬지들뿐 아니라 동물원에 온 인간들을 내려다보았다.

리모델링 후 재개장 초기에는 동물원에 있는 침팬지라고는 허먼과 암컷 루키야, 자매인 제이미와 트위기, 청년 체스터가 전부였다. 가장 나이가 많은 수컷이었던 허먼은 처음부터 우두머리 수컷으로서 침팬지 그룹을 이끌었다. 그러나 체스터가 성장해갈수록 허먼에게 도전했고 한번은 쿠데타를 일으켜 허먼을 우두머리 자리에서 내쫓았다. 체스터는 손쉽게 왕좌를 빼앗는 데 성공했다. 허먼은 보통 우두머리 침팬지와는 달랐기 때문이었다. 체스터가 주먹으로 치고 물어뜯으며 단 한 차례 공격했는데도 허먼은 바로 항복해버리고 말았다.

허먼은 잃어버린 권좌를 되찾으려 들지 않았다. 사람 손에 자라난 허먼은 지나치게 점잖고 예의가 발랐다. 한 번도 싸워본 경험이 없어서 침팬지 사회의 폭력으로 점철된 권력 투쟁의 소용돌이에서 어떻게 자신을 지켜야 하는지 알지 못했던 것이다. 야생에 있건 갇혀 있건, 권력을 잡으려는 수컷 침팬지들은 공격적으로 싸운다. 권력 투쟁이 심각한 부상으로까지 이어지지는 않지만, 때로 잔인하게 싸울 때도 있다. 네덜란드에 있는 아른헴 동물원에서는 두 마리의 수컷 침팬지가 사육사가 자리를 비운 밤을 틈타 우두머리 수컷을 살해하려 공모하기도 했다. 다음 날 아침, 우두머리 수컷은 발가락과 고환이 물어 뜯겨 잘려나간 채 과다출혈로 숨져 있었다. 어느 영장류 동물학자는 이 사건을 가리켜 '암살'이라고 표현했다.

한때 제인 구달이 머물며 연구했던 곰베 국립공원에서는 어느 침팬지 집단의 수컷들이 힘이 더 약한 다른 집단 침팬지들을 한군데로 몰아넣고 죽이는 전쟁을 되풀이했다. 수컷들은 다른 집단의 암컷과 새끼들을 죽이고 그 고기를 먹었다. 전쟁이 벌어지는 와중에 어떤 침팬지들은 동료에게 적을 움직이지 못하게 붙잡고 있도록 한 뒤 적의 사지를 절단하기도 했다.

"기본적으로 침팬지 문화는 상당히 난폭하죠. 너무나 아무렇지도 않게 잔인한 짓을 해서 사람들을 항상 놀라게 한답니다." 로우리 파크에 근무하는 영장류 사육사 안드레아 슈호가 말했다.

권력을 잡고 나서도 체스터는 허먼과 다른 침팬지들을 계속 쫓아다니며 괴롭혔고 매일 손찌검을 해댔다. 지배자로서의 위치를 공고히 하기 위해서였다. 영장류 사육사들은 개입하려 들지 않았다. 침팬지들이 다치지 않는 한도 내에서 자기들 방식으로 권력 싸움을 하도록 내버려두는 것이 최상이라고 생각했기 때문이었다. 때로 허먼과 체스터 간의 긴장이 고조될 때면 사육사들이 나서서 둘을 진정시키기 위해 떼어놓았지만 무력 통치는 여전히 계속되었다.

아직 신참 사육사였던 리 앤 로트먼은 당시 허먼이 얼마나 충격을 받았는지 기억한다. 단순히 지배자의 자리를 빼앗겨서가 아니었다. 허먼은 자기 자신과 다른 침팬지들을 지키지 못했다는 사실 때문에 괴로워했다. 젊은 수컷 체스터가 암컷을 유혹하지 못하도록 저지할 힘이 없어진 허먼은 혼란스러워 했다. 허먼은 이를 드러내고 히죽거리며 초조히 전시관을 왔다 갔다 했다. 침팬지들이 두려울 때 하는 행동이었다.

"허먼은 어쩔 줄 몰라 했어요. 상당히 두려워하는 것 같았죠." 리 앤이 말했다.

때로 체스터가 허먼이나 다른 침팬지를 추격하면 허먼은 근처에 있던 사육사를 향해 도와 달라고 손을 내밀었다. 침팬지보다 사람에게 훨씬 더 동질감을 느끼는 허먼에게 이 애처로운 몸짓은 당연한 일이었을 것이다. 허먼은 사육사들이 왜 개입하기를 꺼리는지 이해할 수 없었다. 십 년 넘게 동물원에서 지낸 허먼이 아는 것이라고는 사람이 자기의 친구라는 것뿐이었다. 때문에 허먼은 사람들이 당연히 자기를 구해줄 것이라고 믿었다. 자신이 다른 침팬지들을 보호할 수 있게 사람들이 도와줄 것이라고 굳게 믿었던 것이다.

체스터의 행동은 우두머리 수컷이 보이는 전형적인 행동이었다. 체스터가 권력을 잡으면서 여러 가지가 달라졌다. 체스터는 힘과 활력이 넘쳤고, 허먼과는 달리 암컷들과 교미하는 일에 열심이었다. 하지만 체스터는 사육사들에게 골칫거리였다. 체스터는 대변을 본 뒤 관람객들에게 던지는 버릇이 있었다. 게다가 체스터는 폭포 옆에 있는 암벽 위로 올라가 전기 철조망을 빠져나가는 데 탁월한 재주가 있었다. 그래도 멀리까지 도망가지는 않았다. 체스터는 침팬지들의 야간 숙소 지붕 위에 의기양양하게 서 있다가 사육사가 자기를 잡으러 올라오면 다시 전시관으로 내려왔다. 그렇다고 해도 걱정스러운 일이었다. 만약 체스터가 정말 전시관 밖으로 나가 사람을 해친다면 어찌할 것인가? 일 년 후, 체스터는 다른 동물원으로 보내졌고, 허먼은 다시 서열 1위를 회복했다.

로우리 파크에서는 동물이 탈출하지나 않을까 늘 노심초사했다. 사육사들은 휴대용 무전기로 하루 종일 교신했고, 비상사태를 세분화해 각각 다른 코드를 부여했다. 코드 원Code One은 동물이 우리 밖으로 빠져나간 상황이다. 코드 투Code Two는 관람객이 전시관 안으로 떨어졌거나 들어간 경우다. 코드 쓰리Code Three는 독사가 사육사를 물었을 때이다. 사육사들은 긴급 상황 중에서도 특히 코드 원이 일어난 경우에 대비했다. 탈출한 동물이 어떤 동물인가에 따라(늑대일 경우나 대만 표범인 경우에 어떻게 해야 할지 등) 대처지침이 달랐고 모의 훈련도 실시했다. 로우리 파크에는 다른 방법이 실패했을 경우를 대비해 행정기관에서 총기 사용 훈련을 받은 사육사들로 이루어진 무장팀도 있었다.

리 앤은 지직거리는 전파소리 다음에 '코드 원, 침팬지'라는 소리를 들으면 어떻게 대처해야 할지 머릿속으로 시나리오를 생각해 보았다. 허먼이 우리를 탈출한다면 어떻게 해야 할까? 루키야나 트위기가 탈출하면? 리 앤은 자식을 잘 아는 부모보다도 침팬지들의 성격을 더 잘 파악하고 있었다. 그녀는 루키야가 도망쳤을 경우 루키야에게 가까이 다가가는 것은 위험하지 않을 거라고 생각했다. 사육사들 사이에는 허먼이 탈출하면 금발 여성 관람객을 찾아내 옷을 벗길 것이라는 농담이 있었다. 그래도 사육사들은 자기들이 조심해야 하고, 비상사태가 아니면 침팬지들을 데리고 전시관에 나란히 들어가지 않았다. 리 앤은 허먼을 두려워하지는 않았지만, 다른 침팬지들이 탈출하면 어떤 일이 벌어질지 알 수가 없었다.

영장류 담당 부서 직원들은 좋아하는 동물이 서로 달랐다. 어떤 직원은 오랑우탄을 좋아하는가 하면 어떤 직원은 여우원숭이를 좋아했다. 리 앤의 마음은 언제나 허먼과 침팬지들에게 향해 있었다. 신입직원에게 침팬지를 보여줄 때, 리 앤은 허먼이 얼마나 잘생겼고 똑똑하고 사려 깊으며 다른 침팬지들을 생각하는지, 그리고 얼마나 강인하면서도 온화한 성품을 지녔는지 칭찬을 늘어놓았다.

"허먼 같은 남자를 만날 수 있다면 당장 결혼할래요!" 리 앤이 말했다.

허먼도 머리색이 밝은 갈색과 금발의 중간인 리 앤에게 깊은 애착을 느꼈다. 허먼은 리 앤을 비롯한 여성 영장류 관리직원들을 자기 소유라고 생각했다. 언젠가 리 앤의 아버지가 동물원을 방문했을 때 딸의 어깨에 손을 올렸더니 허먼은 소리를 지르고 전시관 벽에 자기 몸을 부딪히며 분노를 표출했다. 리 앤은 불쾌해 하지 않았다. 침팬지는 감수성이 상당히 예민하고 느끼는 그대로를 직설적으로 표출하는 동물이라는 사실을 잘 알고 있었기 때문이다. 그녀는 자기 자신도 감정을 못 이길 때가 있었기 때문에 이런 침팬지의 특성을 이해했다.

체스터가 떠난 후, 허먼은 다른 침팬지에게 도전받는 일 없이 로우리 파크 침팬지들을 부드럽게 다스렸다. 보통의 우두머리 수컷에게서는 찾아볼 수 없는 통치 스타일이었다. 다른 침팬지가 규칙을 어기면 허먼은 날카롭게 소리 지르거나 쫓아버렸다. 그러고 나서 허먼은 언제나 화해했다. 그는 침팬지들의 보호자이자 지도자였다. 1998년, 알렉스라는 아기 침팬지가 로우리 파크에 들어왔을 때, 루키야가 어미 노릇을 대신했다. 그러나 알렉스가 수줍어하고 곤란한 상황에 처할 때마다 알렉스의 곁을 지킨 것은 허먼이었다.

알렉스가 들어온 지 얼마 되지 않았을 때 다른 동물원에서 허먼보다 몇 살 위인 수컷 침팬지가 또 하나 들어왔다. '뱀부' 라는 이름의 이 수컷은 몰골이 초라했다. 남아 있는 이빨이 거의 없었고 허약했으며 불안정하고 자신감 없는 모습이었다. 다른 수컷 같았으면 뱀부를 무시하고 때려서 꼼짝 못하게 만들었겠지만, 허먼은 뱀부를 따뜻이 맞아주었고 다른 침팬지들보다 가장 먼저 그를 받아들였다.

언제나 허먼은 다른 침팬지들과는 달랐다. 새로운 사육사가 들어오면, 허먼은 철조망 구멍 사이로 손가락을 내밀어 환영했다. 이 행동은 침팬지 언어로 신입 사육사가 자기 손가락을 물어뜯지 않을 것을 믿는다는 신뢰의 표현이었다. 허먼은 자신이 신입 사육사들을 믿는다는 사실을 신입 사육사들이 알아주고 믿어주기를 바랐다.

허먼은 가끔 이해하기 어려울 만큼 사람 같을 때가 있었다. 다른 침팬지는 이해하지 못하는 것들을 혼자서만 이해했던 것이다. 머피 박사와의 관계가 좋은 예다. 로우리 파크에 있는 많은 동물과 마찬가지로 대부분의 침팬지들은 수의사 머피를 싫어했다. 수의사를 보면 진정제 맞을 때의 따끔거림과 의료행위를 할 때 일어나는 모욕적인 일들이 떠올랐기 때문이다. 어느 날, 머피는 허먼을 진찰하기 위해 진정제 주사를 놓으러 숙소에 방문했다. 머피는 조준을 잘해서 실수하는 법이 없었지만 그날은 주사가 빗나가고 말았다. 다른 침팬지 같았으면 도망가서 숨었을 것이다. 하지만 허먼은 진정제 화살을 집어들더니 철조망 쪽으로 걸어와 머피에게 다시 쏘라고 갖다 주었다.

☘ ☘ ☘

엔샬라의 삶은 훨씬 더 우아했다. 그녀의 모든 것은 깨끗하고 깔

끔했으며 완전한 순수로 가득했다. 허먼과는 달리 그녀는 자신의 정체성에 대해 전혀 혼란스러워 하지 않았다. 엔샬라는 재주를 부리지 않았고, 순응하거나 타협하는 일도 없었다. 그녀는 철저히 호랑이였고 두터운 말갈비살 한 조각을 주려고 다가오지 않는 이상 인간에게 거의 관심이 없었다. 담당 사육사들이 자신의 숙소에서 일하고 있으면 엔샬라는 사육사들이 뒤돌아설 때까지 기다렸다가 철조망 쪽으로 뛰어오르며 으르렁대면서 쉭쉭거렸다.

야생에서 살건 동물원에서 살건 호랑이는 자신만의 고유한 성격이 있다. 어떤 호랑이는 대담하고 성질이 급한가 하면, 어떤 호랑이는 비교적 온순하다. 엔샬라는 동물원에서 나고 자랐지만, 놀라울 만큼 길들여지지 않는 야생 그 자체였다. 그녀는 정말 무시무시해서, 다른 전시관의 사육사들은 불과 1미터도 안 떨어진 거리에서 에메랄드 빛 눈으로 뚫어져라 응시하고 있는 엔샬라의 우리 앞을 지나가야 하는 좁고 어두운 복도로는 다니지 않으려 했다. 위험하지 않을 것이라는 사실을 알고 있었지만, 엔샬라가 어스름 속에서 빛나는 송곳니가 보일 정도로 가까이 덤벼들 때마다 등골이 오싹했다.

매일 엔샬라와 함께 생활하는 사육사들에게, 그녀의 길들여지지 않는 사나움은 그녀를 더 아름답게 보이게 할 뿐이었다.

"엔샬라가 못됐다는 게 제일 마음에 들어요. 진짜 호랑이답잖아요." 엔샬라를 4년째 돌봐온 팜 노엘이 말했다.

사람들은 엔샬라에게 매혹되었다. 엔샬라가 내려다보이는 관람로를 지나가던 사람들은 울타리 쪽에 모여들어 엔샬라를 뚫어져라 쳐다보고 손가락으로 가리키며 감탄했다. 사람들은 엔샬라가 철조망 주변을 원을 그리며 돌아다니고 발바닥을 핥거나 높은 곳으로 뛰어오르는 모습을 보는 것을 좋아했다. 특히 사육사가 엔샬라에게 고깃덩어리를 던져주는 모습에 매료되었다. 한번은 어떤 남자가 사육사에게 동물원 호랑이들에게는 왜 고기만 주느냐고 물었다. 채식을 시키는 게 더 좋지 않겠느냐는 것이었다. 사육사는 호랑이에게는 먹이를 사냥하는 육식동물의 본능이 몸 속 깊이 각인되어 있기 때문이라고 대답했다. 남자는 대답에 만족하지 못하고 다음과 같이 물었다.

"먹이 모양으로 만든 두부를 먹이면 안 되나요?"

엔샬라는 구경꾼들이 화를 돋워도 무시해버렸다. 관람로에서 엔샬라를 내려다보며 큰소리로 부르는 철부지 관람객이 있어도 으르렁거리지 않았고, 전시창 바깥에서 손가락질을 하며 가리켜도 관람객 쪽으로 달려들지 않았다. 엔샬라의 반응을 보려고 전시창을 주먹으로 두드리는 사람들도 있었다. 엔샬라는 반대편으로 고개를 돌려 외면하며 인간의 무례함에 한쪽 귀를 쫑긋 하는 것으로 품위 있는 여왕답게 무시해버리곤 했다.

엔샬라는 강인한 어미에게서 태어난 강인한 암컷이었다. 그녀의 부모는 '더치'와 '투카'라는 이름의 수마트라호랑이로, 각각 로테르담과 샌디에이고에 있는 동물원에서 로우리 파크로 옮겨졌다. 더치의 때 이른 구애는 후에 엔샬라와 에릭 사이에서 펼쳐지는 역학관계와 유사한 점이 많았다. 딸 엔샬라처럼 투카는 사람들이 데려다놓은 수컷 구혼자보다 더 자신감이 넘쳤다. 엔샬라와 마찬가지로 투카도 더치보다 로우리 파크에 먼저 살기 시작했고 호랑이 전시관은 그녀가 통치하는 왕국이었다. 더치가 몸집이 더 컸지만, 투카는 더치를 처음 보자 이빨을 드러내고 으르렁거리며 제압했고 더치는 투카의 진노에 풀이 죽어 숨어버렸다.

마침내 투카는 누그러졌고 짝짓기를 할 정도로 더치와 가까워졌다. 그렇다고 모든 위험이 사라진 것은 아니었다. 호랑이들 간에는 치명적인 폭력이 비일비재했다. 야생에서는 자신의 영역을 철저히 지키는 고독한 동물이지만, 수컷 두 마리가 서로 지나치다 싸움이 붙으면 최소한 한쪽이 죽어야 끝이 난다. 그리고 암컷이 발정기가 아니면 암컷과 수컷이 만나는 일은 흔치 않다. 하지만 교미를 위해 만난 수컷이 암컷을 죽이는 경우도 있었다. 또 실수로 그렇든 아니면 다른 위협으로부터 새끼를 보호하기 위해서든 암컷이 자기가 낳은 새끼를 죽이는 일도 심심치 않게 일어난다. 더치와 투카도 첫 번째 새끼 셔 칸을 1990년 봄에 사고로 잃었다.

목격자에 따르면, 셔 칸은 전시관 앞쪽에 있는 웅덩이 근처에 앉아 있다가 투정부리듯 낮게 그르렁거리며 어미를 불렀다고 한다. 투카는 새끼에게 가서 뒷덜미 대신 목을 물어 집어 들었다. 어미는 새끼가 숨이 막히는 것을 아는지 모르는지 셔 칸을 물고 갔고 셔 칸은 발버둥 치다 끝내 질식사하고 말았다. 새끼가 잠잠해지자 투카는 전시관 앞쪽 물가에 사체를 내려 놓았다. 사람들이 흐느끼며 쳐다보자 투카는 새끼를 살려보려는 듯 축 처진 새끼를 물에 담갔다 꺼냈다. 사육사들이 숙소 안에 있는 우리로 들어가라고 투카를 달래자, 투카는 셔 칸의 사체를 전시관에 두고 들어갔다. 수의사가 전시관 안으로 뛰어 들어와 새끼를 데려갔고 직원들이 심폐소생술과 구강인공호흡을 한 시간이나 실시했지만 소용이 없었다.

6개월 후, 더치와 투카는 케실이라는 암컷 새끼를 또 한 마리 낳았다. 그러고 나서 1991년 8월 24일, 투카는 세 마리의 새끼—라쟈, 사샤, 엔샬라—를 더 낳았다. 태어나서 처음 몇 달 동안 새끼들은 투카의 우리 안에 머물며 젖을 먹고 뒤뚱거리며 걸었다. 새끼들을 보호하기 위해 더치는 격리시켰다. 새끼들이 태어난 지 8주가 되자, 투카를 담당하는 사육사들은 엔샬라를 잠시 어미로부터 떼어놓기로 결정했다. 엔샬라는 귀 뒤에 상처가 났는데 투카가 상처를 끊임없이 핥으며 과잉보호를 했기 때문이었다. 엔샬라의 상처를 낫게 하려고 몇 주 동안 낮에는 사육사들이 직접 보살피고 밤에는 어미가 있는 우리로 데려다 놓기로 한 것이다.

당시 부총괄 큐레이터였던 제드 캐딕은 남부 탬파에 있는 자기 집 나무 바닥을 터벅터벅 걸어 다니던 어린 엔샬라를 기억했다. 엔샬라는 부엌에 있는 애완동물 캐리어 안에서 잠을 잤고, 캐딕이 주사기로 입에 넣어주는 이유식과 고기 분말을 섞은 묽은 죽을 받아먹었다. 캐딕은 엔샬라의 털에 자기 냄새를 배지 않게 하려고 먹을 것을 줄 때 장갑을 끼고 먹였다. 그는 어미 호랑이처럼 엔샬라의 뒷목덜미를 잡아 올렸다. 그러나 엔샬라는 이렇게 몸이 축 처진 상태에서도 유순하지 않았다. 그녀는 누구의 품에 안기거나 응석을 부리고 싶어 하지 않았다.

"엔샬라는 사납지는 않았지만, 사람과 친구가 되고 싶어 하지도 않았어요. 그래도 정말 귀여웠죠. 그때가 제일 귀여웠던 때였어요." 캐딕이 말했다.

새끼를 집으로 데려가는 일은 사육사에게는 드문 호사였다. 엔샬라가 자라면 그녀와 한 방에 같이 있는 것은 너무나 위험한 일이 되기 때문이었다. 큰고양이과 동물들은 인간이 너무 가까이 다가가면 무자비하게 해치기로 악명이 높았다. 마이애미 메트로 동물원에 근무하던 한 베테랑 사육사는 어느 날 호랑이 하나가 아직도 풀밭에 있는 줄 모르고 벵갈호랑이 전시관에 들어갔다가 목숨을 잃었다. 풀밭에 있던 호랑이는 사육사가 숙소를 지나 걸어오는 소리를 들으며 그가 전시관으로 통하는 문을 열 때까지 기다렸다고 한다. 한편, 부시 가든Busch Gardens의 어느 사육사는 부모님과 남자친구에게 동물원 구경을 시켜주다가 사자 우리 철창에 잠시 기대고 있었다. 사자가 그녀의 손을 물어뜯었고 팔꿈치까지 잘려나갔다. 목숨은 건졌지만, 잘려나간 팔을 다시 봉합하지는 못했다.

늦은 밤, 어린 엔샬라를 품에 안고 주사기로 죽을 먹일 때 무릎에서 바동거리는 엔샬라의 움직임을 느끼며 캐딕과 다른 사육사들은 다시 맛볼 수 없을 친밀함을 생생히 느낄 수 있었다. 장갑을 끼긴 했지만, 손으로 엔샬라의 발바닥을 때려볼 수도 있었다. 엔샬라의 발바닥은 몸 전체에 비해 터무니없이 커서 그녀가 얼마큼 몸집이 커질지 알 수 있었다. 갈색빛의 부드러운 발바닥 살도 만져볼 수 있었고, 가슴에 손을 대면 숨을 쉴 때마다 가슴이 규칙적인 리듬으로 부풀었다 가라앉았다. 배가 불러 무릎에서 그만 내리겠다고 칭얼대면, 사육사들은 엔샬라의 목울대가 떨리는 것을 느낄 수 있었다.

아기 호랑이를 안는 것은 집고양이를 안는 것과는 전혀 다르다. 다 자란 고양이는 새끼 호랑이처럼 몸통이 두껍거나 근육질이 아니라서 품에 가볍게 안을 수 있다. 새끼 호랑이를 안았을 때 느낄 수 있는 묵직함과는 전혀 다른 느낌이다. 아기 호랑이는 장난칠 때도 자기가 얼마나 무거운지, 그래서 어떤 해를 입힐 수 있는지 안중에도 없다. 만약 당신이 아기 호랑이를 안고 있으면, 당신 품에 코를 비벼대고 있는 이렇게 귀여운 녀석이 나중에 커서 당신을 잡아먹으러 뒤쫓아 올지도 모른다는 사실을 한시도 잊을 수 없을 것이다. 사랑스러운 털북숭이와 먹이사슬의 정점에 있는 미래의 무시무시한 포식자를 왔다 갔다 하는 경험은 스릴이 넘친다.

엔샬라는 곧 투카의 품으로 돌려보내야 했다. 그해 11월, 엔샬라와 투카는 전시관에 정식으로 공개될 예정이었다. 직원들은 어린 엔샬라를 위해 전시관을 손봤다. 해자의 수심을 45cm로 낮췄고, 동물원 개장 전인 어느 이른 아침, 투카가 생후 3개월 된 엔샬라를 데리고 시험 삼아 전시관 이곳저곳을 돌아다녀보도록 했다. 직원들은 땅을 1.5m 돋우고 평평하게 만들어 투카가 새끼들을 돌보다 지치면 그 위에서 혼자 잠시 쉴 수 있도록 해주었다.

다음 날, 아기 호랑이들이 일반인들에게 첫 선을 보였다. 새끼들은 일단 안에서 기다리게 하고 투카가 먼저 전시관으로 나와 괜찮은지 살폈다. 전시관 위에 있는 관람객로에서 지켜보는 구경꾼들을 살피더니 투카는 새끼들이 기다리고 있는 출입구 쪽으로 가서 재채기 소리 비슷한 소리를 냈다. 이는 호랑이가 인사를 하거나 상대방에게 용기를 내라는 소리로, 관람객들에게는 호랑이가 '푸푸' 라고 하는 것처럼 들렸다. 곧이어 새끼들이 밝은 곳으로 뛰어나왔다. 새끼들은 어미 뒤를 졸졸 따라다니면서, 어미 등에 펄쩍 뛰어오르기도 하고, 연못에 들어가 물장난을 하거나, 전시관에 있는 식물들을 잘근잘근 씹어댔으며, 발바닥으로 서로를 퍽퍽 치며 장난을 쳤다.

새끼들은 금세 동물원의 명물로 떠올랐지만, 이들은 곧 따로 떨어져 살게 될 운명이었다. 한 살이 되면 모두 다른 동물원으로 보내질 터였다. 누이 켄실도 다른 곳으로 보내졌다. 로우리 파크의 호랑이 전시관과 숙소는 다 자란 새끼들을 한꺼번에 수용할 수 있을 만큼 공간이 넉넉하지 못했다. 엔샬라와 라자는 플로리다 팬핸들 지역의 주 월드Zoo World로 임대되었다. 엔샬라가 파나마시티 동물원Panama City Zoo에 보내질 무렵, 엔샬라는 더 이상 어린 새끼가 아니었다. 아직 덜 성숙하긴 했지만 벌써부터 불같은 성미를 내보이며 사춘기를 맞고 있었다.

플로리다 클리어워터Clear water 동물원에서 수의사로 근무하고 있는 돈 우드맨은 당시 주 월드에서 엔샬라를 담당했던 사육사였다. 그는 엔샬라가 비록 호랑이지만 비범한 아름다움을 지녔고 상당히 사나웠다고 기억한다.

엔샬라는 기분이 수시로 변했다. 그녀는 애정을 갈구하는 마음과 자기를 예뻐해주는 사람을 공격하려는 마음 사이에서 심하게 갈등하는 것 같았다. 우드맨이 엔샬라의 우리에 다가가면 그녀는 반가워하며 하얀 털이 나 있는 양 볼을 우리 철창에 비벼댔다. 그러다 우드맨이 방향을 바꿔 다른 데로 가면 엔샬라는 철창을 향해 몸을 날렸다. 우드맨은 엔샬라가 어떻게 나올지 언제나 알고 있었지만, 엔샬라가 이렇게 분노를 터뜨릴 때마다 깜짝 놀라곤 했다.

"엔샬라는 성질 고약한 작은 악녀였죠. 엔샬라 옆에 있다 다른 곳으로 가면, 당장이라도 갈기갈기 찢어버릴 듯이 으르렁댔어요." 우드맨이 말했다.

엔샬라의 남동생 라야는 주 월드에 하루도 채 있지 못했다. 엔샬라와 라야가 주 월드에 도착했을 때, 둘은 탬파에서 맞은 진정제 기운이 아직 가시지 않은 상태였다. 사육사들이 우리에 데려다 놓았을 때에야 비로소 약기운이 완전히 가셨다. 다음 날 아침, 직원이 이들을 살펴보러 들렀는데 라야가 목 뒤에 상처를 입고 죽어 있었다.

처음에는 라야가 왜 죽었는지 알지 못했다. 우리에는 라야 혼자만 있었기 때문이었다. 그러나 부검 결과 옆 우리에 있던 어른 수컷 사자가 치명상을 입힌 장본인이라는 사실이 밝혀졌다. 사건이 일어났던 밤, 사자는 우리 사이에 닫혀 있던 드롭게이트—'단두대 문' 이라고 불렸다—를 밀어올리고는 아직 반쯤 깨어 있던 라야를 공격했다. 다른 우리에 있던 엔샬라는 무사했다. 불과 몇 미터도 채 떨어져 있지 않은 거리였지만, 남동생 라야가 사자에게 물린 채 질질 끌려가는 광경을 엔샬라가 목격하거나 소리를 들었을 정도로 의식이 있었는지는 알 수 없었다. 이제 엔샬라는 혼자였다.

갑작스런 죽음은 엔샬라 주위에서 계속해서 일어났다. 처음에는 셔 칸이, 이번에는 라야가 목숨을 잃었다. 그리고 1994년 어느 봄날, 엔샬라의 아비 더치는 엔샬라의 어미를 죽였다. 더치와 투카는 새끼들이 다른 동물원으로 뿔뿔이 흩어지고 나서 단둘이 로우리 파크에 있었다. 처음 구애하던 시절에는 서로 다툼이 많았지만, 둘이 같이 지낸 지 5년이 되었고 사육사들이 정기적으로 둘을 짝지어 줄 정도로 더치와 투카는 사이가 좋아 보였다. 그러던 어느 날 정오 무렵, 전시관에 있던 둘 사이에 싸움이 시작됐다. 싸움은 오래가지 못했다. 더치가 투카의 숨통을 끊어놓았던 것이다. 부검을 실시했던 머피 박사는 왜 둘 사이에 다툼이 벌어졌는지는 알 수 없었다고 나중에 털어놓았다.

"무슨 일로 싸우기 시작했는지는 모르겠지만, 수컷은 이성을 잃고 본능대로 행동했던 거예요." 머피가 말했다.

며칠 후, 더치는 야간 숙소에서 슬금슬금 눈치를 보며 우리를 돌아다녔다. 투카를 찾으러 다니는 것이 분명했다.

"더치는 투카가 없어졌다는 걸 확실히 알고 있었어요." 머피가 말했다.

결국, 더치는 루이스빌 동물원으로 보내졌다. 투카가 죽고 더치가 떠나자 로우리 파크의 호랑이 전시관은 빈자리를 채우기 위해 그해 말 엔샬라를 파나마시티 동물원에서 다시 데려왔다. 당시 막 세 살이 되어 다 자란 처녀였던 엔샬라는 로우리 파크를 떠날 때보다 힘도 더 세지고 고집도 더 세졌다. 자신이 태어났던 곳으로 돌아오자, 그녀는 자신의 영토를 다스릴 준비가 되어 있었다.

이후 9년 동안, 수컷 수마트라호랑이들이 엔샬라의 윤허를 받으러 전시관을 교대로 들락거렸다. 그때마다 누가 주도권을 잡고 있는지 분명히 드러났다. 사육사들은 호랑이든 인간이든 그 누구에게도 굴복하지 않으려는 엔샬라에게 감탄했다. 사육사들이 식사시간에 우리에 고기를 넣어주면 엔샬라는 으르렁거리며 사육사를 내보낸

후 혼자서 편안히 식사를 즐겼다. 사육사들은 엔샬라의 야간 숙소에 있는 모든 자물쇠가 잘 잠겼는지 확인하고 또 확인하도록 교육받았고 엔샬라와 안전거리를 유지하도록 훈련받았다. 사육사들은 엔샬라나 다른 호랑이들과 절대로 우리에 나란히 들어가지 않았다.

엔샬라는 이렇듯 위험한 존재였지만, 사육사들은 엔샬라를 볼 때마다 경외감으로 가슴이 뛰었다. 이른 아침, 엔샬라가 전시관에 나오기 전이라 아직 야간 숙소 안에 있을 때, 전시관을 청소하던 사육사들은 바닥에 흩어져 있는 말 갈비뼈를 보았고 자기 영역을 표시하기 위해 엔샬라가 뿌려 놓은 톡 쏘는 소변냄새를 맡았다. 사육사들은 전시관에서는 인간이 더 이상 먹이 사슬의 정점에 있지 않다는 사실을 깨닫곤 했다.

사육사들은 엔샬라가 자신들의 사랑을 느낄 수 있도록 최선을 다했다. 할로윈이 되면 직원들은 엔샬라에게 호박을 주어 부수게 했다. 씬코 데 마요Cinco de Mayo(스페인어로 5월 5일이라는 뜻으로 1862년 5월 5일 멕시코 민병대가 푸에블라 전투에서 프랑스 나폴레옹 군대를 맞아 거둔 승리를 기념하는 멕시코의 명절_옮긴이)에는 말고기로 속을 채운 피냐타를 주었다. 심지어 엔샬라가 내는 소리를 연습해 흉내 내기도 했다. 직원들이 '푸푸' 소리를 내면 엔샬라가 똑같이 '푸푸' 하며 화답했다.

엔샬라 담당사육사 중 한 명인 캐리 피터슨은 엔샬라에게 달콤한 말을 아끼지 않았다.

"안녕, 꼬마 아가씨." 어느 날 아침 캐리가 엔샬라를 불렀다. "공주님 잘 잤어요?"

엔샬라는 반은 으르렁거리며, 반은 콧방귀를 뀌며 대답했다.

"엔샬라는 나한테 화가 난 거예요." 캐리가 웃으며 말했다.

캐리는 엔샬라가 화를 내도 개의치 않았다. 그녀는 엔샬라를 가장 좋아했고, 이를 숨기려 하지 않았다. 그녀는 엔샬라가 자기만의 것이라고 주장했다.

"엔샬라는 내 고양이에요. 그녀가 떠난다면 나도 같이 나갈 거예요." 캐리는 이렇게 말하곤 했다.

다른 직원들과 마찬가지로 캐리 역시 엔샬라와 에릭의 구애 과정을 주의 깊게 관찰했다. 캐리는 엔샬라가 에릭에게 다정하게 대해주고 마침내 새끼를 임신해 전 세계적으로 줄어만 가는 수마트라호랑이 번식에 기여하기를 간절히 바랐다. 그러면서도 캐리는 수컷의 명령에 무조건 굴복하지 않고 거절하는 엔샬라의 태도에 같은 여자로서 상당한 대리 만족을 느꼈다. 캐리는 자기가 돌보는 암컷 동물들의 대다수가 전시관에서 수컷을 지배하는 모습을 보면 기뻤다.

"여기 있는 제 딸내미들은 모두 멋진 여자랍니다." 캐리가 환하게 미소 지으며 말했다.

하지만 엔샬라의 굽힐 줄 모르는 태도는 그녀의 종족이 맞이할 미래에 위협이 되고 있었다. 페미니즘은 도덕이나 윤리, 그리고 앞서 호랑이에게 두부를 먹이고 싶어 했던 남자가 지지하던 채식주의와 마찬가지로 인간이 만들어낸 개념이다. 자연은 이런 관념들에 관심이 없다. 자연은 진보, 정의, 옳고 그름에 대한 인간의 개념과는 무관하게 흘러갔다. 엔샬라가 새끼를 가지게 하려면 빠른 시일 안에 임신을 시켜야 했다. 엔샬라는 이제 열세 살이었고 가임 연령이 막바지에 다다랐다. 그녀가 에릭을 거부한다면 앞으로 구혼자를 얼마나 더 만날 수 있을까? 현실적으로 기회가 얼마나 있을까? 그녀의 종족처럼, 그녀에게도 남은 시간이 얼마 없었다.

여왕은 조용히 자기 영토를 돌아보았다. 여왕 엔샬라는 자기가 종종 앉아 있곤 하던 바위벽을 소리 없이 지나 해자 주변에 나 있는 좁은 길을 따라 걸었다. 물속에 비친 그녀의 모습은 그녀를 따라 오렌지 빛과 검정색으로 된 희미한 형체가 되어 사라졌다.

☘ ☘ ☘

건너편에서는 왕이 사육사들의 뒤를 쫓고 있었다. 허먼이 몇 년째 계속해오고 있는 가장 좋아하는 놀이였다. 사육사들이 침팬지 전시관 뒤편에 있는 높은 철조망벽 바깥에서 벽을 따라 힘껏 달리면, 벽 안쪽에 있는 허먼은 숨넘어갈 듯 웃으면서도 고개를 끄덕이며 맹렬히 그들을 따라 질주했다.

사육사들도 이 놀이를 좋아했다. 이렇게 하면 허먼이 평평한 바위에서 낮잠을 자지 않게 하고, 허먼이 힘껏 달릴 때 젊음의 에너지를 발산하며 무언가에 몰두하고 즐거워하는 모습을 볼 수 있어 사육사들 역시 기분이 좋았기 때문이었다. 너무나 많은 직원들에게 허먼은 곧 로우리 파크 그 자체였다. 수없이 많은 영장류 사육사들이 허먼을 거쳐 갔고, 이들이 동물원을 그만두고 나가는 와중에도 허먼은 언제나 동물원을 지켰다. 동물원 사육사라는 직업은 젊은 사람들이 하는 일이어서, 현재 일하고 있는 사육사들은 허먼이 로우리 파크에 처음 왔을 때 아직 세상에 태어나지도 않았다. 사육사들은 허먼이 없는 로우리 파크는 상상할 수도 없었다. 그들은 허먼이 얼마나 더 오래 버틸 수 있을지 알 수 없었다. 조만간 허먼의 기력이 쇠할 것이 분명했고, 그렇게 되면 다른 침팬지에게 왕위를 빼앗길 게 분명했다.

당시 허먼에게는 라이벌이 없었다. 허먼을 빼면 수컷 침팬지는 두 마리밖에 없었다. 뱀부는 허먼보다도 더 나이가 많고 행동이 느렸으며, 암컷들도 마음 놓고 못살게 굴 정도로 서열이 밑바닥이었다. 사춘기 수컷 알렉스는 허먼을 너무 존경해서 허먼의 흉내를 자주 냈다. 몸을 크게 부풀리고 거들먹거리며 돌아다니면서 마치 자기가 대장인 양 행동했다.

그러나 어느 침팬지 집단이든 간에 또 아무리 허먼이 지배하는 무리처럼 작고 안정된 집단일지라도 권력은 한곳에만 머물지 않는다. 동맹관계는 수시로 변했고, 비밀거래가 이루어졌다. 지난 번 체스터가 그랬던 것처럼, 다른 동물원에서 온 더 힘세고 야망에 불타는 수컷이 우두머리를 차지할 수도 있었다. 하루가 다르게 쑥쑥 커가는 알렉스는 어느 날 허먼의 행동이 굼떠졌다는 생각이 들면 자신이 나서야 될 때가 왔다고 마음을 먹을지도 모른다.

그렇게 되면 허먼이 무엇을 할 수 있고 무엇을 할 수 없을지 상상하기도 힘들었다. 허먼이 더 이상 왕이 아니라면 무엇이 될 수 있단 말인가?

지금 당장 걱정할 문제는 아니었다. 아직 위협의 조짐이 보이거나 도전하는 수컷은 없었다. 허먼은 우두머리로서의 특권을 마음껏 누리며 남아 있는 날들을 마음 편히 지낼 수 있을 것이다. 남아 있는 날이 얼마나 될지는 몰라도, 우선은 예쁜 여자들과 시시덕거리고, 뱀부와 함께 흙바닥을 구르며, 우리 철조망 사이로 길고 검은 거친 발을 내밀고 사육사들에게 발 관리를 받으면서 보낼 수 있었다. 해 질 무렵 사육사들이 허먼을 숙소로 되돌아가게 할 때, 사육사들은—허먼은 아시아관의 한 여자 직원에게 특히 반해 있었다—허먼이 좋아하는 금발 여자 직원에게 부탁해 숙소 출입구 옆에 서서 허먼의 이름을 부르게 했다. 그러면 허먼은 희망에 부풀어 그녀를 향해 네 발로 뛰어왔다.

너무나 오랜 세월을 로우리 파크에서 보낸 허먼은 이제 나이 든 왕이었다. 가까스로 권좌를 지키고 있는 황혼기의 노인이었다.

06

냉혈동물

태양이 이글거리는 한낮은 언제나 조용했다. 몇 시간째 아무 일도 일어나지 않았다. 정적이 대지를 뒤덮고 있었고 햇볕에 까맣게 그을린 아기들은 유모차 안에서 잠들어 있었다. 동물원에 있는 다른 동물들도 모두 그늘로 피신해 낮잠을 자며 꿈을 꾸고 있었다. 그러다 불현듯 마법이 풀리면 동물원은 다시 활기로 넘쳐났다. 눈 깜짝할 새에 동물들은 갓 낳은 새끼를 깨끗이 핥아주거나, 라이벌을 파멸시키기 위한 계략을 꾸몄고, 이성을 유혹하기 위해 구애를 벌였다. 욕정, 탐욕, 분노, 허영, 야망, 사랑 같은 감정들이 동물들 사이에 다시금 휘몰아쳤다. 희로애락의 소용돌이 속에서 동물원이라는 세상은 어렴풋이 그 속살을 드러냈다.

그해(2003년) 10월, 버지니아 에드먼즈를 비롯한 매너티 사육사들은 카루사해치 강가에서 버려진 채 발견된 새끼 매너티 '루'를 살리기 위해 밤낮없이 일하고 있었다. 루는 이유식에 적응하지 못하고 있었다. 어느 금요일 저녁, 버지니아가 의료 수조 안에서 젖병으로 루에게 먹이를 먹이고 있는데 루가 몸을 떨기 시작했다. 발작을 일으킨 것 같았다. 소식을 듣고 달려온 머피가 조그마한 산소마스크를 루의 작은 회색 얼굴에 씌웠지만 소용이 없었다. 몇 분 후, 루는 버지니아의 품 안에서 숨을 거두고 말았다.

불과 몇 달 전에 새끼 매너티 버튼우드를 잃었던 사육사들은 루의 죽음에 의연히 대처했다. 새끼 매너티를 또 하나 떠나보내는 일은 가슴 아픈 일이었다. 그러나 로우리 파크에서 11년 동안 근무하면서 사육사들은 아무리 정성을 다해도 죽는 동물은 생기게 마련이라는 사실을 받아들이게 되었다.

"우리가 아무리 노력해도 죽는 동물이 많습니다."

부검 결과, 루는 밤에는 음식을 먹이지 말고 차가운 물속에 놔두는 편이 좋았을 것이라는 사실이 밝혀졌다. 이런 경험을 바탕으로 다음에 치료소에 들어오게 될 어린 매너티는 살아남을 확률이 조금이라도 더 높아질 것이다.

⁂ ⁂ ⁂

죽음은 일상을 이루는 요소였다. 쥐는 독수리의 소화기관 속으로 사라졌다. 곰은 나이가 들어 세상을 떠났다. 다람쥐는 하필이면 침팬지 루키야와 트위기가 사냥을 하고 있을 때 침팬지 전시관에 들어가는 치명적인 실수를 저질렀다.

너무나 많은 동물들이 영화에나 나올 법한 일을 겪는 것을 매일

목도하면서, 직원들은 생과 사가 끝없이 되풀이되는 자연의 섭리에 익숙해졌다. 생과 사의 바퀴가 현기증이 날 정도로 빨리 돌아가는 날도 있었다.

파충류 및 수생동물관 사육사들은 웃음을 감추기 힘들었다. 수컷 해마 하나가 방금 전에 새끼를 낳았기 때문이었다.

해마는 수컷이 출산을 한다. 암컷이 수컷의 위에 붙어 있는 육아낭育兒囊에 난자를 넣으면 수컷이 알을 수정시켜 2주 동안 육아낭 속에 넣고 다닌다. 새끼가 헤엄칠 수 있을 만큼 자라면, 임신한 수컷은 물속으로 알을 방출한다.

"해마는 새끼를 낳는 재주가 남다르죠." 파충류 사육사 댄 코스텔이 수조 속에서 헤엄치는 해마들을 가리키며 말했다.

부모 해마 옆에 떠다니는 새끼들은 마치 먼지 조각처럼 보였다. 그러나 확대경으로 들여다보면 새끼 해마들은 눈을 깜박이고 등지느러미를 떨었으며, 머리 장식에서 굴곡진 꼬리까지 작고 둥근 톱니 모양으로 되어 있는 갑옷을 입고 S라인 몸매를 뽐내는 작은 용을 닮아 있었다.

해마는 한 번에 새끼를 백 마리 이상 낳는 경우도 있었다. 특유의 위엄을 가진 새끼 해마는 이 세상에 사는 동물 같지 않은 놀라운 생명체였다. 그러나 대부분은 태어난 지 얼마 되지 않아 죽고 말았다. 새끼 해마의 사망률은 90퍼센트에 이를 정도로 높다.

이번에 태어난 새끼들 대부분이 죽고 말겠지만, 그렇다고 댄을 비롯한 파충류 담당 사육사들의 마음이 무겁지는 않았다. 새끼 해마는 원래 사망률이 높고, 얼마 안 있으면 또 다른 수컷이 임신해 엄청난 수의 새끼를 부화할 것이라는 사실을 잘 알고 있기 때문이었다.

생물학자들은 동물의 왕국에 존재하는 번식전략을 생물종에 따라 두 가지 하위 범주로 분류한다. K도태 생물종은 대개 매너티나 호랑이, 인간같이 덩치가 큰 포유류를 말하는데, K도태 생물종은 한 번에 자손을 하나 혹은 소수만 낳고, 자손을 양육하고 보호하는 데 온 힘을 쏟는다. 새끼 하나만 죽어도 정서적으로나 유전적으로 손해가 막심하기 때문이다.

파충류관에서는 삶과 죽음을 계산하는 법이 달랐다. 파충류관 직원들은 r도태 생물종을 돌본다. r도태 생물종으로는 어류, 거북이, 개구리, 거미 등이 있는데, K도태 종보다 훨씬 많은 수의 새끼를 낳고 사망률이 훨씬 높으며 새끼를 키우는 데 거의 신경 쓰지 않는다. 양육 과정에서 정을 찾아보기란 쉽지 않다. K도태 종인 인간의 시각에서 보면 r도태 생물들은 무정한 부모인 것이다.

댄은 여러 배의 새끼를 낳는 개구리들에 관한 얘기를 들려주었다. 암컷이 첫 번째 배를 낳으면 수컷이 수정시켜 등에 지고 부화하기에 알맞은 장소로 옮겨 놓는다. 견과류 껍질이나 빗물이 고인 브롬엘리아드 잎사귀처럼 습하고 따뜻하며 어두운 장소를 택한다. 첫 번째 배가 올챙이로 부화하면 암컷은 또 다른 배를 낳고 수정시키지 않은 채 부화한 올챙이들에게 먹이로 갖다 준다. 두 번째 배에 태어난 개구리 알은 첫 번째 배의 먹이가 되는 것이다. 두 번째 배로 태어난 알들은 물속에서 꼬물거리며 헤엄쳐 보기도 전에 한 배에서 태어난 형제들에게 게걸스럽게 먹혀버리고 만다.

"첫 번째 배로 태어난 애들이 무조건 이기는 게임이죠." 댄이 말했다.

냉혈동물이 살고 있고 냉혈동물을 좋아하는 사육사들이 있는 파충류관에서는 감상 따위는 존재하지 않는다. 파충류 사육사들이 애정이 없어서가 아니다. 파충류관 사육사들은 리 앤 로트먼이 침팬지에게 쏟는 애정이나 캐리 피터슨이 호랑이에게 들이는 정성과 똑같은 애정과 정성을 도마뱀과 바다두꺼비에게 쏟는다. 하지만 파충류관 사육사들은 인간과는 완전히 다른 생명체에게 인간의 가치를 일방적으로 적용하는 것은 말이 되지 않는다고 생각했다.

담당하는 동물에 따라 사육사들의 성격을 대충 짐작할 수 있어서, 사육사들 사이에는 이와 관련된 농담이 오고 갔다. 직원들은 조류 사육사들을 사람들과 어울릴 줄 모르는 사회 부적응자에다 '새만 아는 샌님' 이라고 놀렸다. 영장류 사육사들은 침팬지처럼 쉴 새 없이 수다를 떨고 살짝 정신이 나갔으며 타인의 관심에 목말라 하고 툭하면 질질 짜는 '사회성 과잉' 으로 통했다. 영장류 사육사들도 이를 굳이 부인하지는 않았다. 사실 그들 중에는 자신의 풍부한 감정 표현과 뛰어난 유머 감각을 자랑스러워 하는 이들도 있었다.

가장 짓궂은 농담은 파충류 사육사에 대한 농담이었다. 파충류 사육사는 인간이 경멸하는 생물종에 유독 집착하고 테스토스테론을 주체하지 못하는 인간형으로 묘사되었다. 하지만 모든 파충류 사육사가 그렇지는 않았다. 파충류 사육사 중에는 여성 사육사들도 두세 명 있었는데, 이들은 정서적으로 안정되어 보였고 전혀 괴짜 같지 않았다. 그러나 댄과 파충류관 책임자인 더스틴 스미스는 세간의 농담과 딱 맞아떨어지는 전형적인 괴짜였다. 더스틴과 댄—동물원 사람들은 항상 둘을 이 순서대로 붙여서 불렀다—은 파충류와 수생동물뿐 아니라 커다란 거미와 전시할 곳이 마땅치 않아 안쪽 방에 놓아둔 털 없는 두더지쥐에 이르기까지 파충류관에 소속된 동물들의 기이한 습성에 즐거워했다.

더스틴은 거북이의 성별을 구분하기 위해 항문 부근의 성기를 살펴보는 법과 코모도왕도마뱀의 침이 얼마나 유독하고 박테리아가 많은지에 대해 장황한 설교를 늘어놓았다. 그는 음경 끝이 둘로 갈라진 수컷 뱀의 반음경hemipenes과 암컷 뱀의 배설강에 대해 설명했고, 암컷 뱀과 수컷 뱀이 나란히 붙어 짝을 짓는 과정도 자세히 묘사했다. 파충류관의 알려지지 않은 이곳저곳을 보여주는 '뒷이야기 투어'를 인솔할 때면, 그는 털 없는 두더지쥐들이 있는 커다란 욕조 가장자리로 관람객들을 데려가 두더지쥐는 포유류지만 지하에 벌이 짓는 것과 비슷한 요새를 짓고 여왕 두더지쥐가 통치한다고 설명했다.

"제일 신기한 게 뭔지 아세요? 두더지쥐 집단에서 새끼가 하나 태어나면 집단에 있는 어른 수컷과 암컷 모두 젖이 나와요." 더스틴이 말했다.

그는 거북이와 남생이에게 특히 열광했다. 거북이가 등껍질을 이고 느릿느릿 기어가는 모습에 흐뭇해 했고 어떻게 하면 전시관에 거북이들을 더 들여올까를 궁리했다. 당시 그는 아프리카 동쪽 해안에 위치한 세이셸Seychells 공화국에서 알다브라코끼리거북을 더 공수해 올 계획을 추진 중이었다. 알다브라코끼리거북은 지구상에서 가장 수명이 긴 놀라운 생명체로, 100년 이상 산다고 알려져 있다. 더스틴은 곧 단장을 마칠 '사파리 아프리카' 전시동에 알다브라거북을 꼭 전시해야 한다고 주장했다. 그는 알다브라거북을 담당해 본 경험이 여러 번 있었다. 더스틴은 알다브라거북이 사람처럼 하나하나 개성을 가지고 있다고 강조했다. 알다브라거북들이 바나나를 얻어먹으려고 언제나 자신의 뒤를 졸졸 따라다녔다고도 했다.

"강아지처럼 말이죠!"

더스틴은 말솜씨가 너무나 빼어나서 그의 말을 듣고 있노라면 지구상에서 거북이가 가장 재미있는 동물이라는 생각이 들 정도였다.

한편, 댄은 더스틴보다는 말수가 적었고 더스틴처럼 집요하게 설득하는 타입은 아니었다. 댄은 어떻게 다리도 없는 뱀이 사막을 건너고 산을 넘고 바다를 건너는 엄청난 능력을 지녔는지 신기해 하며 감탄했다. 그는 수컷 타란툴라거미가 다른 수컷을 보는 족족 죽여나감으로써 장래의 라이벌을 효율적으로 제거하는 잔인한 습성에 경탄을 금치 못했다. 파충류관의 안쪽 방에는 세계에서 가장 몸집이 큰 거미인 골리앗거미를 비롯해 타란툴라거미가 있었다. 인터뷰 당시 댄은 거미들에게 아침 식사로 귀뚜라미를 주고 있었다.

"거미들은 살아있는 먹이가 아니면 입도 안 대죠." 댄이 설명했다.

댄은 열대우림을 옮겨다 놓은 것처럼 꾸민 조그마한 온실에 가만히 앉아 있는 독화살개구리들을 가장 좋아했다. 댄은 이 미니어처 생태계의 공기와 땅을 마음대로 할 수 있는 작은 신이었다. 개구리들이 야생에서 살고 있다고 느낄 정도로 실제 열대우림 환경과 흡사하게 습도와 온도를 조절하고, 조명을 설치했다. 또한 개구리들이 병에 걸리지 않도록 수질을 깨끗하게 유지하고 방 안의 온도를

24℃~29℃로 유지하는 데 각별히 신경을 썼다.

댄은 염색독개구리를 비롯해 여러 종류의 독화살개구리를 돌보고 있었다. 이제 고향 수리남에서는 이 개구리들을 거의 찾아볼 수 없었지만, 동물원에서는 꽤 많은 수를 보유하고 있었다. 독화살개구리의 개체수가 더 늘어나야 한다고 생각하는 댄은 염색독개구리가 더 많이 번식할 수 있도록 노력했다. 밝은 빛에 민감한 개구리들을 위해 코코넛 껍질로 차양을 친 아늑한 신방을 만들어준 뒤, 수컷끼리 서로 경쟁하도록 암컷 한 마리에 수컷 두 마리를 집어넣었다.

"수컷 두 마리가 암컷을 얻기 위해 대결할 수밖에 없는 분위기를 만드는 거죠." 댄이 말했다.

마침내 개구리가 알을 낳으면 댄은 투명 플라스틱 컵에 조심스럽게 담았다. 자신이 자리를 비운 사이 올챙이가 죽을까 봐 댄은 휴가 내는 것도 벌벌 떨었다.

이런 댄의 꼼꼼함은 직속 상사 더스틴의 에너지 넘치는 스타일과 완벽한 조화를 이루었다. 댄과 더스틴은 땅 위를 미끄러지며 나아가거나 짧은 다리로 뒤뚱거리는 세상의 모든 파충류에게 매혹된 한 팀이었다. 한번은 댄이 버마비단구렁이에게 먹이를 주고 있는데 구렁이가 댄의 손을 입 안 깊숙이 문 채 놓아주지 않았다. 이 광경을 본 더스틴은 자신의 로우리 파크 출입증을 구렁이 입 속에 세로로 밀어 넣어 구렁이 입을 억지로 벌렸고 댄은 가까스로 손을 빼낼 수 있었다.

더스틴과 댄이 잊으려야 잊을 수 없는 팀이 된 데에는 둘의 생김새가 서로 반대라는 점도 컸다. 댄은 울퉁불퉁한 근육질의 거대한 몸집에 모호크 인디언처럼 닭 볏 머리를 하고 할리 데이비슨 오토바이를 타고 다녔다. 오른쪽 팔에는 독화살개구리 문신이 아로새겨져 있었고, 왼쪽 팔은 혀를 날름거리는 코모도왕도마뱀 문신이 휘감고 있었다. 문신 기술자가 마취도 하지 않고 세 시간 넘게 바늘로 문신을 새기는 동안 댄은 미동도 없었다고 한다. 댄은 예전에 비행 청소년을 상담하는 상담가로 활동하기도 했고, 얼마 전에는 '터프맨 복싱대회'에 출전하기도 한 아마추어 권투선수이기도 했다.

더스틴은 키가 작고 왜소해서 마치 중학생 같았다. 결혼도 했고 집도 장만한 어엿한 25세의 직장인이었지만, 더스틴은 사춘기 소년 같은 행동을 곧잘 했다. 다른 사육사들에게 하루 종일 짓궂게 장난을 쳤고, 엄지와 검지로 'L' 자를 만들어 보이는 것이 그의 평상시 인사법이었다.

"루저!" 더스틴은 이기죽거리며 인사를 건네곤 했다.

더스틴의 이런 인사에 동료들은 "더스틴" 하며 째려보았고, 더스틴은 "뭐 어때?" 하며 얼버무리는 것이 일과였다.

남자 아이들이 여자 아이들 앞에 대고 뱀이나 거미를 짓궂게 흔들어대며 여자 아이들이 소리 지르는 모습을 즐기는 것처럼, 더스틴은 동료들의 팔에 지네를 올려놓곤 했다. 여자 동료들은 하나같이 더스틴에게 어떻게 하면 복수할 수 있을까 궁리했다. 이런 더스틴에게 유일한 강적이 하나 있었으니, 그것은 바로 암컷 오랑우탄 '디디'였다.

디디는 동물원 내에서도 남자, 그 중에서도 유독 더스틴을 싫어하기로 유명했다. 더스틴은 아무리 생각해도 디디가 자기를 왜 그토록 혐오하는지 알 수가 없었다. 디디는 더스틴이 한 번도 무시해본 적 없는 몇 안 되는 여성 중 하나였는데도 말이다. 아마 디디에게도 허먼처럼 사람을 꿰뚫어보는 재주가 있었던 것 같다. 더스틴이 근무하다가 오랑우탄 전시관 앞을 지나가기만 하면 디디는 기다렸다는 듯 자기 똥을 던졌다. 디디는 어깨가 좋았다. 어느 날, 더스틴이 골프 카트를 타고 지나가자 디디는 골프 카트의 속력과 움직임을 감안해 배설물을 던졌고, 보기 좋게 표적에 명중되었다.

"여자들이란." 이때를 회상하던 더스틴은 절레절레 고개를 내저었다.

동물원 식구들에게 좋은 평판을 듣지는 못했지만 더스틴에게는 다듬어지지 않은 매력이 있었다. 거북이 등에 있는 무늬가 몇 개인지 세고 있는 그의 모습을 바라보고 있노라면, 마치 물뱀을 잡을 수 있을까 하고 썩은 나뭇가지마다 들춰보며 들판을 헤매고, 집 잃은 동물들을 집으로 데려와 기르게 해 달라고 엄마에게 떼를 쓰는 철부지 소년을 보고 있는 느낌이었다. 동물원의 여자 동료들은 더스틴 부인이 정말 대단한 인내심의 소유자라며 동정했다.

그러던 어느 날 더스틴의 부인이 첫 번째 아이를 임신했다는 소문이 퍼졌다. 이 소식에 더스틴의 친구들조차 자기 귀를 의심했다.

더스틴이 자기 후손을 만들어낸 것이다.

비록 그 사람됨은 좋은 평판을 받지 못했지만, 더스틴은 직원들로부터 많은 존경을 받았다. 더스틴은 총명했고 파충류에 대해 그 누구보다도 해박한 지식을 가지고 있었다. 또한 다른 사람들은 손끝도 대기 싫어 하는 파충류에게 엄청난 열정을 보였다. 이런 그의 모습에 동료들은 이유를 설명할 수 없는 매력을 느꼈다. 그는 사람들이 파충류관 동물들에 대해 얼마나 뿌리 깊은 편견을 가지고 있는지 알고 있었다. 인류는 에덴동산 시절부터 파충류에게 원한을 품어왔다. 로우리 파크 동물원 이사장인 파실 가브리메리엄조차 뱀을 몹시 싫어했다. 언젠가 가브리메리엄 이사장이 엘리베이터에 탔는데 그 안에 어떤 사육사 하나가 조그마한 상자에 볼비단구렁이를 들고 있었다. 이사장은 벌벌 떨더니 엘리베이터 구석으로 부리나케 자리를 옮겼다.

더스틴은 관람객들이 유독 파충류 전시관은 제대로 보지도 않고 빨리 지나쳐버린다는 사실을 잘 알고 있었다. 같은 멸종위기에 처해 있는데도 사람들은 두꺼비보다 포유류에게 훨씬 더 많은 관심과 재정적 지원을 쏟아 붓는다는 사실도 알고 있었다. 그러나 현실이 이렇다고 해서 핍박 받는 양서류와 중상모략을 받는 거미류의 수호자를 자처하는 그의 열정이 수그러들지는 않았다. 더스틴은 냉혈동물들이 그동안 얼마나 차별에 시달려왔는지 속사포같이 성토했다.

"사람들이 왜 파충류를 냉혈동물이라고 부르는지 정말 모르겠어요. 대부분 파충류의 체온은 31℃ 정도예요. 이 온도가 차가운 건가요? 나는 차갑다고 생각하지 않아요." 파충류관 쪽으로 향하며 더스틴이 자주 했던 말이다.

앞의 말은 더스틴이 한 말을 대략적으로만 옮겨놓은 것이다. 더스틴은 말이 빠르고 걸음은 말보다 훨씬 더 빨라서, 그가 하는 말을 정확히 알아듣기란 불가능한 일이었다. 잠깐, 더스틴의 말이 아직 안 끝났다.

"저는 파충류를 냉혈동물 대신 변온동물이라고 불러야 된다고 생각해요."

더스틴은 변온이라는 용어는 주위 온도에 따라 체온을 변화시킬 수 있는 동물이면 어떤 동물에게든 쓸 수 있는 말이라고 설명했다.

더스틴은 파충류가 변온동물로 불릴 수 있는 세상이 오기를 바랐다. 그런 의미에서 변온동물이라는 말을 사용하는 것은 일종의 개혁 운동이었다. 그는 온혈동물들의 세상이 변온동물을 포용하기를 바랐다. 사람들의 마음이 쉽게 달라지지는 않을 것이라는 사실을 더스틴은 잘 알고 있었기 때문에 더스틴은 서두르지 않았다. 더스틴과 댄을 비롯해 나머지 직원들도 때를 기다리며 파충류를 위해 뛰었다. 비단뱀에게 토끼를 먹이로 갖다 주고 개구리와 거미들이 더 많이 번식할 수 있는 환경을 조성해주었으며 거북이를 관람객의 눈에 잘 띄는 곳에 슬쩍 놓아두기도 했다.

⁂ ⁂ ⁂

아침 해가 밝아올 무렵, 사육사들은 하루일과를 시작하기 위해 야간 축사 안으로 몸을 굽혀 들어갔다.

영장류관에서는 밖으로 나가고 싶어 안달이 난 고함원숭이들이 내지르는 리드미컬한 고함이 축사 시멘트벽에 부딪혀 더 큰 메아리로 되돌아왔다. 근처 우리에 있던 콜로부스원숭이들은 고함원숭이들의 목청을 당해낼 재간이 없다고 생각했는지 침묵을 지키고 있었다. 그러나 우두머리 원숭이 그리말디는 기세 좋게 힘찬 오줌을 내갈기며 자신의 존재를 알렸다.

"멋지구나, 그리말디." 사육사 케빈 맥케이가 으깬 바나나와 비타민 분말을 섞으며 말했다.

아시아관에서는 캐리 피터슨이 언제나처럼 엔샬라와 에릭에게 부드럽게 말을 걸었고, 인도코뿔소 나부에게 인사를 건넸으며, 구름무늬표범 매디슨이 수줍음을 탄다고 놀렸다.

캐리가 전시관을 청소하러 들어가자 인도기러기 한 쌍이 끼룩끼룩 울어대며 불만을 표시했다. 이 기러기 부부의 이름은 켄과 바비였다. 캐리는 켄과 바비가 동물원에서 가장 심술궂다고 말해주었다. 야생에서 사는 인도기러기는 에베레스트 산 위로 솟구치듯 날아오른다. 하지만 로우리 파크에서는 멀리 날아가지 못하게 날개 끝을 잘라주었기 때문에 켄과 바비는 그저 사육사의 발목만 물어댔다.

"이 녀석들, 그만두지 못해?" 청소하던 갈퀴로 이 둘을 밀어내며 캐리가 말했다.

독사 전시실에서는 아메리카 살무사와 방울뱀이 살고 있는 축사 위에 '레드 재플린'이라고 불리는 어린 악어가 구슬피 울부짖고 있었다. 우레 같은 록음악과 악어는 완벽하게 어울릴 뿐 아니라 초자연적인 분위기까지도 닮았다. 독사 사육실에서는 언제나 레드 재플린의 노래를 큰 소리로 틀어 놓았다.

그 옆에 있는 독화살개구리 방에는 댄 코스텔이 칸막이로 된 유리온실을 분주히 돌아다니며 염색독개구리의 상태를 살폈다. 그는 코코넛 껍데기로 지붕을 만들어준 번식장 아래를 들여다보다가 동작을 멈추고 미소 지었다.

"알이다!" 그가 반갑게 말했다. 그는 알 무더기를 투명 플라스틱 컵에 조심스레 옮겨 담았다. 유리온실 속에 댄이 손을 집어넣자 옆에 있던 개구리들이 얼마나 몸집이 작은지 더욱 실감이 났다. 댄은 개구리에게 자기 몸이 닿을까 봐 걱정할 필요가 없었다. 야생 독화살개구리의 피부에는 마비를 일으키는 알칼로이드 물질이 들어 있어 만지기만 해도 생명에 위험을 줄 수 있다. 황금독화살개구리는 독성이 너무 강해 한 마리가 가진 독만으로도 사람 50명을 죽일 수 있다. 하지만 댄의 설명에 따르면, 동물원에 사는 독화살개구리는 열대우림에서 독소가 합성되는 식물을 먹고 사는 개미를 먹이로 하지 않기 때문에 독소를 분비하지 않는다.

댄은 개구리들을 정식 학명으로 불렀다. 밝은 노란색과 검정색 무늬가 인상적인 할리퀸개구리를 가리켜 덴드로베이츠 레우코멜라스Dendrobates leucomelas라고 했고, 염색독개구리를 가리켜 덴드로베이츠 아주레우스Dendrobates azureus라고 정식 명칭을 사용했다. 댄은 개구리들을 몸 크기와 무늬로 구별했다. 필요한 경우 동물원에 등록된 번호를 참고했다. 개구리들에게 이름을 지어주는 법은 결코 없었다.

"개구리한테 무슨 이름을 지어줘요? 내가 무슨 동물애호가 타입도 아니고."

로우리 파크에서 근무하는 사육사들은 소속 부서와는 상관없이 비공식적으로 자신들을 동물애호가 타입과 비동물애호가 타입, 이렇게 두 개의 집단으로 나눴다. 동물애호가 타입에 속하는 사육사들은 동물들에게 엄마가 아기에게 쓰는 말을 사용하고 생일을 챙겨주며 케이크를 만들어주거나 크리스마스 때 예쁘게 포장한 선물을 주었다. 무엇보다도 동물애호가 타입의 가장 큰 특징은 손수 재미있는 이름을 지어주기를 좋아한다는 점이었다. 사탕 이름이나 유명한 갱단원, 유명 시트콤 〈셰인필드〉나 〈윌 앤 그레이스〉에 나오는 등장인물의 이름을 따서 이름을 지어주곤 했다. 영화 〈스타워즈〉의 골수팬이자 후배 사육사들에게 존경 받는 한 베테랑 사육사는 '코뿔소 나부', '고함원숭이 아나킨' 하는 식으로 스타워즈에 등장하는 인물 이름을 동물들에게 붙여주기로 유명했다.

때때로 동물애호파 사육사들은 이름 짓기에 지나치게 집착하기도 했다. 아시아관에서 근무하는 캐리는 눈에 띄는 동물들마다 모두 이름을 지어 불렀다. 플로리다 지역에서 흔히 볼 수 있는 작은 갈색 애놀도마뱀 하나가 최근 호랑이 우리 안에 있는 나뭇가지에 자리를 잡고 살기 시작했는데, 캐리는 이 도마뱀에게까지 티미라는 이름을 붙여주었다.

"전 누구에게나 이름을 지어줘요. 바닥에 자라는 풀이건 에뮤건 일일이 이름을 붙여주죠." 캐리가 말했다.

파충류관에 근무하는 사육사들은 대부분 개구리나 뱀에게 이름을 붙인다는 생각 자체에 코웃음을 쳤다.

"도대체 왜 이름 같은 걸 붙여주는지 알 수가 없어요." 댄이 말했다.

동물에게 이름을 붙여주는 게 좋은가 그렇지 않은가 하는 논쟁이 보잘것없어 보일 수 있겠지만, 이면에는 중요한 문제가 도사리고 있었다. 다시 말해, 동물에게 이름을 붙여주는 문제에는 우리가 어떻게 자연과 관계 맺어야 하는가라는 물음이 내포되어 있다. 동물애호파 사육사들은 동물들의 행동에서 인간의 모습을 찾아내려 애썼다.

그들은 엔샬라가 수컷 호랑이를 지배하고 군림하는 모습을 보면서 자신들과 엔샬라를 동일시했다. 또 샤망원숭이가 사람처럼 평생 긴밀한 유대관계를 유지하는 모습을 보았다. 심지어 샤망원숭이들은 다쳐서 치료를 받으러 가면서도 손을 꼭 잡고 있었다. 이런 모습을 본 사육사들은 동물도 사람처럼 영원히 변하지 않는 사랑을 할 수 있다고 확신했다. 비동물애호파 사육사들은 동물은 엄연히 인간과 다르다는 입장이었다. 이들은 다른 사람들은 무서워하고 혐오하는 동물들의 모습조차 있는 그대로 사랑했다.

동물애호파와 비동물애호파는 직원 휴게실에 둘러앉아 인간과 자연에 대해 철학적인 토론을 벌이는 대신 게릴라전을 벌였다. 파충류 담당 사육사들은 충격과 공포를 주는 전술을 사용했다. 방심하고 있는 동물애호파 사육사들의 어깨에 거미를 올려 놓거나 작업 부츠 속에 황제전갈이 탈피한 허물을 넣어 놓았다. 동물애호파는 파충류 사육사 사무실에 잠입해 더스틴과 댄의 사물함을 꽃무늬로 장식한 평화 사인(☮)과 바비인형 스티커로 온통 도배를 했다. 또 파충류 사육사들이 뱀 먹이로 사육하는 쥐가 들어 있는 썰렁한 상자 안에 쳇바퀴와 터널, 작은 집을 넣어 주어 짧은 시간이나마 더 행복하게 살다 가도록 배려해주었다.

이렇게 양 진영 사이에서는 격렬한 전투가 오고 갔다. 어느 날, 댄은 캐리의 도마뱀 티미를 납치했다.

"캐리가 너무 소리를 질러대서 혼 좀 내주는 겁니다." 댄이 말했다. 캐리는 자기 부츠에 황제전갈의 허물이 들어갔을 때에도 크게 소리 지르지 않았다고 주장했다.

복수할 기회를 호시탐탐 노리던 캐리는 댄이 사실은 동물애호파라는 소문을 퍼뜨렸다. 그 증거로 독화살개구리를 대하는 댄의 다정하고 부드러운 태도를 들었다.

"댄은 코코넛으로 개구리 집을 만들어줘요. 자기 아이한테 하듯 다정하게 개구리들에게 얘기하고요."

⁂ ⁂ ⁂

댄은 캐리의 말이 맞다고 하는 사람은 누구든 다리몽둥이를 꺾어버리겠다고 으름장을 놓았다. 그렇지만 댄도 자신이 이름과 개성을 가진 온혈동물들의 매력에 전혀 무감각한 것은 아니라고 인정했다. 댄은 동물원 침팬지 중 가장 나이가 많은 뱀부에게 특히 호감을 가지고 있었다. 허먼이 뱀부에게 신경을 많이 써주고는 있었지만, 뱀부는 새끼들을 제외하고 침팬지 무리에서 아직도 가장 서열이 낮았다. 암컷 침팬지 세 마리는 여전히 뱀부를 못살게 굴었고 뱀부에게 온갖 화풀이를 해댔다.

파충류관에서의 일이 바쁘지 않을 때면 댄은 침팬지 전시관 뒤로 뱀부를 보러 갔다. 뱀부는 댄을 보면 반가움의 표시로 고개를 끄덕이며 울타리까지 한걸음에 달려왔다. 뱀부의 외로운 처지를 아는 댄은 뱀부에게 힘을 내라고 말해주곤 했다.

"아무 일 없을 거야. 여자들한테 휘둘리지 말고 사내답게 당당해야 해."

07

인간과 동물 사이

또 코드 원 훈련이었다. 이번에는 흑곰 때문이었다.

플로리다 서식 포유류관에는 '레이디버그'라는 이름의 암컷 흑곰이 하나 있었지만, 며칠 내로 수컷 흑곰 하나가 새로 들어올 예정이었다. 버니지아 에드먼즈는 곰이 우리를 탈출해 동물원을 휘젓고 다닐 경우 어떻게 대처해야 하는지 알 리가 없는 신참 사육사들도 교육할 겸, 예행연습을 한 번 해보는 게 좋겠다고 생각했다. 버지니아가 걱정하는 것은 레이디버그가 아니었다. 레이디버그는 커다란 고목 옆에서 땅벌레를 찾고 낮잠을 즐기기를 좋아하는 조용한 성격에다 나무가 우거지고 풀이 무성한 전시관을 떠나고 싶어 하는 기색을 전혀 보인 적이 없었다.

레이디버그가 탈출할 경우는 누군가가 실수로 전시관 문을 열어놓았을 때다. 전시관 밖으로 나갔다가도 레이디버그는 사육사가 천천히 다가가 코앞에 오렌지를 흔들면 순순히 바로 전시관으로 되돌아갈 것이다.

"레이디버그는 오렌지와 땅콩버터를 좋아해요. 성격이 정말 느긋하죠." 버지니아는 흑곰 전시관 옆에 둥그렇게 모여 있는 신입 사육사들에게 설명했다.

사육사라면 동물마다 어떤 뇌물이 효과가 있는지 빨리 알아차리게 된다. 허먼처럼 사람의 관심에 마음이 움직이는 동물이 있는가 하면, 레이디버그처럼 사육사들이 '음식으로 유인할 수 있는 동물'이라고 부르는, 먹을 것에 끌리는 동물이 있다. 아직 수컷 흑곰이 동물원에 도착하지 않았기 때문에 버지니아는 새로 올 수컷이 어떤 성격을 가졌는지 전혀 아는 바가 없었다. 새로 올 수컷 '샘'에 대해 아는 것이라고는 샘이 새끼 때 고아로 살다가 포획되었다는 사실뿐이었다. 버지니아는 사육사들에게 만약 샘이 탈출할 경우 일단 음식으로 유인해보고, 안 되면 최루가스를 살포하거나 나팔을 불어 겁을 준 다음 전시관으로 되돌아가게 해야 할 것이라고 말했다.

"호스로 물을 뿌리는 건 어떨까요?" 한 사육사가 질문했다.

버지니아는 고개를 끄덕였다. 전시관 안에서 동물들끼리 싸움이 벌어지면 직원은 호스로 강한 수압의 물을 뿌려 둘을 떼어놓곤 했다.

"호스로 물을 뿌리는 방법은 대개의 경우 아주 효과가 좋아요. 부부싸움 중인 수달은 빼고요. 수달은 부부싸움을 할 땐 주변에 무슨 일이 일어나든 신경도 안 써요." 버지니아가 말했다.

만약 샘이나 레이디버그 둘 중 하나가 도망치면 동물원 바깥으로 나가기 전에 무슨 수를 써서라도 한시 빨리 전시관으로 데려오는 것이 관건이었다. 사람보다도 곰의 안전을 위해서였다. 흑곰은 혼자 있기를 좋아하고 수줍음을 잘 타는 편이다. 그러나 몸집이 큰 동물들이 어쩌다 도시에 들어가게 되면 차에 치이거나, 사납게 굴지 않았는데도 경찰이 퍼붓는 총탄에 목숨을 잃을 가능성이 높다. 로우리 파크의 코드 원 지침을 보면 버지니아뿐 아니라 리 앤 로트먼과 댄 코스텔까지 소속된 동물원 자체 무장팀은 우리를 나온 동물이 동물원 밖으로 나가 인근지역을 침범하기 전에 사살하라고 규정되어 있다.

동물원이 보유하고 있는 동물을 사살하는 일은 버지니아를 비롯해 무장팀원들 모두가 생각만 해도 너무나 끔찍한 일이었다. 로우리 파크에서는 무력을 사용하지 않고 탈출한 동물을 전시관으로 안전하게 되돌려 보내는 방법을 숙지할 수 있도록 동물마다 돌아가며 정기적으로 코드 원 훈련을 실시했다. 전 세계의 다른 동물원들도 보유 동물의 종류와 동물원 구조, 위치 등 내부 사정에 따라 세부 사항은 차이가 있지만 큰 틀에서 비슷한 지침을 시행하고 있다.

도쿄에 있는 우에노 동물원에서는 보유 동물 중 인간과 마주쳤을 때 인간을 죽일 가능성이 가장 높은 북극곰의 탈출에 대비하고 있다. 북극곰이 지진으로 파괴된 전시관을 빠져 나온 가상 상황을 설정해 1년에 두 번씩 모의훈련을 실시한다.

인간이 통제할 수 없는 가장 대표적인 경우인 자연재해가 일어나면 동물원의 경비가 뚫리고 만다. 1969년 7월 17일 이른 새벽, 시카고 외곽에 위치한 브루클린 동물원에서는 억수같이 쏟아진 호우로 북극곰 전시관의 해자가 범람해 전시관에 있는 북극곰 일곱 마리가 땅에서도 헤엄을 칠 수 있을 정도였다. 너무 이른 시간이라 동물원에는 아직 출근한 직원이 없는 상황이었고, 다른 전시관은 곰들이 손쉽게 먹어 치울 수 있는 살아 있는 먹잇감으로 넘쳐났다. 비키 크로크는 이 북극곰들의 탈출을 기록한 저서 『현대의 방주』The Modern Ark에서 다음과 같이 기술하고 있다.

> 당시는 동물원 관람객들이 동물에게 먹을 것을 줄 수 있던 때였다. 전시관을 나온 곰들은 곧장 간이 음식 판매대로 향했다. 곰들은 아이스크림 박스와 금전 출납기를 주먹으로 때려 부쉈다. 과자와 마시멜로, 아이스크림을 게걸스레 먹어치우던 곰들은 엽총 발사 소리에 겁을 먹고 픽업트럭에 실려 우리로 다시 돌아갔다.

1992년, 허리케인 앤드류가 플로리다 남부 전역을 강타했을 때, 마이애미 메트로 동물원은 원래 최대 시속 200km의 강풍에 견딜 수 있도록 설계되었으나 많은 시설이 허리케인으로 폐허가 되고 말았다. 자유비행 조류 전시장과 코뿔새와 동화에 나오는 파랑새 등 희귀조류 수백 마리가 말 그대로 날아가버렸다. 5급 대형 허리케인 앤드류가 상륙하기 전 우리 안에 갇혀 있던 동물들은 대부분 무사했지만, 악어가 사는 웅덩이는 여기저기에서 날아온 각종 부유물로 가득 차 사육사들은 악어들이 아직 물속에 있는지 알 수가 없었다. 나중에 직원 복도에서 어슬렁거리는 악어 한 마리가 발견되기도 했다. 다른 동물들도 폐허가 된 동물원을 헤맸다. 어떤 영양 하나는 엉망으로 부서진 행정동을 걸어 다니다가 직원의 눈에 띄었다. 204kg이나 나가는 갈라파고스 거북은 근처 길가에서 발견되었다. 플로리다 주의 한 경찰은 고속도로에서 아르고스 꿩 한 마리를 발견하고는 순찰차 뒷자리에 태워 동물원으로 데려왔다. 한 무리의 원숭이들이 코랄 리프 드라이브Coral Reef Drive를 뛰어가다 붙잡혔지만, 이 원숭이들은 동물원이 아니라 인근 영장류 연구센터에서 도망쳤던 것으로 밝혀졌다.

온난한 멕시코 만에 가까이 위치한 로우리 파크는 예전에 열대 폭풍우를 맞은 적은 있지만 앤드류 같은 대형 허리케인에 직격탄을 맞은 적은 없었다. 로우리 파크의 허리케인 대처 지침을 보면, 조류를 포함해 대부분의 동물을 야간숙소와 매너티 관람센터에 있는 지하실로 대피시키게 되어 있다. 그렇다 해도, 매너티가 사는 풀에 무엇이 날아 들어와 매너티의 목숨을 앗아갈지, 5급 허리케인의 계속되는 공격에 건물들이 버텨낼 수 있을지 아무도 장담할 수 없었다. 이런 대재앙이 일어날지도 모른다는 불안감에 동물원 측은 긴장을 늦추지 않았다.

그러나 만약 어떤 동물 하나가 로우리 파크 전시관에서 도망쳤다면 이는 천재지변 때문이 아니라 인간의 실수 때문일 확률이 높았다. 전 세계를 통틀어 동물원 탈출 사고의 대부분은 사육사나 경계벽을 설계한 건축가들의 실수 때문이다. 최근 수십 년 동안 기존의 철창으로 만들었던 동물 우리가 해자와 벽으로 둘러싸인 개방형 전시관으로 대체되면서, 동물이 탈출하지 않도록 관리하는 일이 더 복잡해졌다. 동물원을 설계하는 사람들 중에는 정말 높이 뛰어오르거나 헤엄을 잘 치는 동물들이 있다는 사실을 과소평가하는 이도 있었다. 그러나 인간이 아무리 꼼꼼히 설계도를 작성해도 모든 변인을 예측해 동물들이 전시관 해자 밖으로 나가는 예기치 않은 사고를 막을 수는 없다.

최근에 있었던 끔찍한 탈출 사건은 샌프란시스코에서 일어났다. 샌프란시스코 동물원은 크리스마스를 맞아 휴관 중이었는데, '타티아나'라는 이름의 시베리아 호랑이가 인공석굴 벽을 기어올라 청년 셋을 공격해 한 명은 죽고 한 명은 심한 부상을 입었다. 셋 중 하나가 핸드폰으로 911에 전화를 걸어 동생이 물어뜯겨 피를 흘리고 있으니 응급 구조대원을 보내 달라고 미친 듯이 애원했다. 그와 동생은 동물원 간이매점 앞에 있었지만, 간이매점 주인은 두 청년이 술에 취해 싸웠다고 생각해 안으로 들어오지 못하게 했다. 911 교환원은 경찰이 먼저 동물원에 들어가 호랑이를 찾아내기 전까지는 구급대원들이 동물원 안으로 들어갈 수 없다고 설명했다.

"무슨 말씀이죠? 내 동생이 지금 죽어가고 있다고요!" 전화를 건 청년이 소리쳤다.

"알았어요. 진정 좀 하세요……말씀 듣고 있어요. 구급대원이 다치면 당신 동생을 구해줄 수 없잖아요. 그러니 진정하세요. 그리고……."

"그럼 구급대원을 더 보내주면 되잖아요. …… 지금 당장 헬기를 출동시켜 주세요. 구급차가 보이질 않아요."

현장에 도착한 경찰은 타티아나의 전시관 밖에서 목 부분에 깊은 상처를 입은 채 죽어 있는 청년을 발견했다. 부상당한 청년과 그의 형이 도움을 청하러 도망간 간이매점에까지 핏자국이 길게 이어져 있었다. 그때까지 호랑이는 두 청년을 간이매점 앞까지 몰래 따라와 부상 입은 청년을 가까이서 지켜보고 있었다. 경찰이 다가가자, 호랑이는 다친 청년에게 다시 덤벼들어 청년을 물어뜯기 시작했다. 경찰은 호랑이에게 총을 쏘아 사살했다.

샌프란시스코 동물원과 경찰 조사단은 몇 년이나 갇혀 있던 타티아나가 어떻게 벽을 기어올라 나올 수 있었는지 서둘러 정황을 종합해 분석했다. 그리고 곧 세 젊은이가 타티아나를 자극했기 때문이라는 조사 결과를 발표했다. 호랑이의 공격을 받기 직전 젊은이 둘이 근처 전시관에 있던 사자를 놀리는 모습을 목격한 사람도 있었다. 청년들 측 변호사는 청년들이 아무 잘못도 없다고 부인했지만, 나중에 한 청년은 자기들이 호랑이 전시관 벽 앞에서 타티아나에게 고함을 치고 손을 흔들었다고 자기 아버지에게 시인했다.

뒤이어 봇물처럼 쏟아진 보도 기사에 따르면, 동물원 관계자들은 청년들이 전시관 벽 위에 올라가 나뭇가지를 아래로 드리워서 타티아나가 이 가지나 청년들의 다리를 잡고 벽을 기어오른 것이 아닐까 하는 가정을 했다. 타티아나의 뒷발 발톱에 두꺼운 콘크리트 조각이 발견된 것으로 보아 호랑이가 벽을 기어오르려고 얼마나 안간힘을 썼는지 알 수 있었다. 그러나 조사 결과 전시관에 설치된 경계벽의 높이가 고작 3.8m밖에 되지 않아 동물원 측에도 책임이 있다는 것이 밝혀지게 되었다. 이 높이는 동물원 측에서 발표했던 높이의 절반밖에 안 되었고, AZA가 호랑이 울타리 높이로 권장하는 수치보다 몇 인치 더 낮은 것이었다.

그해 3월, AZA 감사팀이 동물원의 인력이 턱없이 부족하고 코드원 상황이 일어났을 때 제대로 대처할 만한 준비를 갖추지 못했다는 보고서를 발표하면서, 샌프란시스코 동물원은 더 많은 비난을 받았다. AZA 감사팀은 호랑이가 전시관 밖으로 탈출한 것을 확인한 다음 동물원 측이 취했던 대처에 대해서는 칭찬했지만, 보고서에서는 다섯 가지 요인이 겹쳐 이런 악몽 같은 사건이 일어났다고 비난했다.

첫째, 간이매점 주인이 부상을 입은 두 청년을 매점 안으로 들어오지 못하게 한 점. 둘째, 탈출한 호랑이의 수가 정확히 몇 마리인지, 탈출한 동물이 호랑인지 사자인지 신속히 파악하지 못하고 갈팡질팡했던 동물원의 미숙한 초동 대처. 셋째, 그해 초 흰표범 한 마리가 거의 도망칠 뻔한 사고의 원인이었던 녹슬고 부서진 야간 숙소 우리. 넷째, 코드 원이 뭔지도 모르거나 알았더라도 이행하지 않았던 직원들. 다섯째, 사무실에 휴대용 무전통신기를 두고 나와 경고를 듣지 못한 직원들.

그날은 크리스마스 연휴 전날이어서 거의 모든 직원들이 일찍 퇴근했다. 동물원에 남아 있던 사람은 직원 두 명과 수의사 한 명뿐이었는데, 무장팀의 일원이었던 사육사도 엽총보관실 열쇠를 가지고 있지 않았다. 결국 어찌어찌 엽총을 꺼내오기는 했지만 동물원 차량 열쇠를 찾지 못해 사건 현장에 갈 수 없었다. 조사단은 다음과 같은 결정적인 비판으로 보고서를 끝맺고 있다.

> 조사 결과, 샌프란시스코 동물원은 현행 정책과 절차를 효과적으로 훈련시키고 감독, 시행할 수 있는 감독 인력이 부족한 상태다. 샌프란시스코 동물원은 이미 알려진 문제점을 사전에 예방하기보다는 문제가 터지고 나서야 사후 해결에 급급했던 경우가 지나치게 많았다. 사전예방시스템을 정착시키려면 근무 분위기와 관리임원, 그리고 시설 정비에 있

어 변화가 필요하다.

보고서가 전하는 메시지는 분명했다. 일손이 부족한데다 직원 교육에 소홀한 동물원이 맹수들을 관리하면 비극이 일어나게 마련이라는 뜻이었다. 그날 더 많은 직원들이 늦게까지 근무했더라면 청년들이 사자를 놀리는 모습을 봤을지도 모르고, 이들이 호랑이 전시관으로 향하기 전에 동물원에서 쫓아냈을지도 모른다. 그랬다면 아무도 죽지 않았을 것이다. 타티아나도 숙소로 돌아가 크리스마스 휴가에 단잠을 즐겼을 것이다.

⁂ ⁂ ⁂

호랑이가 탈출한 날 밤, AZA의 수석 대변인은 샌프란시스코 동물원 대변인의 긴급전화를 받았다. 위기관리 전문가인 AZA 대변인은 그때 처가에서 크리스마스 만찬을 즐기고 막 떠나려던 참이었지만, 전화를 받고는 빗발칠 기자들의 전화에 어떻게 대응해야 할지 동물원 대변인과 논의하기 시작했다. AZA와 모든 동물원에게 있어 가장 대처하기 곤란한 경우는 탈출한 동물이 사람을 죽여 언론의 주목을 받을 때였다. 수년 동안 AZA는 PETA를 비롯한 동물권리보호단체들의 비난에 맞서왔다. 동물원을 비참한 감옥으로 매도하고 동물이 탈출해 사람을 공격할 때마다 언론에 공개하는 동물보호단체들에 대항해야 하는 AZA 입장에서는 우리에서 도망친 시베리아호랑이가 사람을 난도질하고 매점 앞에 있던 다른 사람 뒤를 몰래 밟은 사고보다 더 끔찍한 일도 없었을 것이다.

동물이 탈출했다는 소식이 언론에 노출되면 동물원이 입는 피해는 막심했다. 이런 사건은 동물원 설립의 근간이 되는 관람객과 동물원 사이의 약속 그리고 관람객이 동물원에 입장할 때 받아들이는 가정을 뿌리부터 흔들었다. 어떤 동물이 잠긴 문을 열거나 담장을 뛰어넘을 때마다 그 동물은 구경꾼과 전시 동물 사이에 존재하는 구분을 뛰어넘는 셈이었다. 이는 더 이상 동물이 인간의 통제 아래 놓이지 않는다는 것과 동물에게도 인간이 꺾을 수 없는 의지 그리고 주체적으로 결정하는 힘이 남아 있다는 사실을 입증하는 사건이었다. 아무리 순한 동물이라 해도 동물의 탈출은 그 자체로 인간이 동물을 지배하고 있다는 주장에 대한 격렬한 저항이었다.

사실, 동물 탈출 사고는 동물원에서 인정한 것보다 훨씬 자주 일어났다. 고릴라는 야간 숙소문을 부수고 도망쳤고, 새끼 코끼리는 갖은 힘을 다해 우리 철창을 뚫고 나갔다. 대부분 도망갔던 동물들은 자신이나 다른 사람에게 아무 상처도 입히지 않고 무사히 돌아왔다. 샌프란시스코 동물원의 호랑이 사건은 1974년 AZA가 설립된 이래 관람객 사망으로 이어진 첫 사고였다. 당시 사건에서 가장 우려스러운 점은 청년들이 인간과 호랑이를 가로지르는 장벽의 경계선을 밟고 서서 대담하게도 호랑이에게 경계를 넘어오라고 했다는 사실이었다. 공격당하지 않을 거라는 어리석은 확신에 차 자기들이 죽임을 당할 위기에 있다는 사실을 깨닫지 못했던 것이다.

세계 전역의 동물원에서 인간은 매일 위험에 노출되어 있었다. 샌프란시스코 동물원의 청년들처럼, 많은 이들은 마음 놓고 전시관 울타리에 기대 동물에게 소리를 지른다. 동물들이 어떻게 나오나 보려고 물건을 집어던지기도 한다. 다른 관람객들은 자신들이 생과 사, 과거와 미래, 자신의 내부에서 들려오는 독백 소리, 동물들의 내면에 존재하는 미지의 세계 사이에 존재하는 경계선 너머를 바라보고 있다는 사실에 매혹되어 할 말을 잃은 채 서 있다.

경계선에서는 원시의 에너지가 솟구친다. 어떤 이들은 지나치게 들뜬 나머지 울타리를 기어올라 전시관 안으로 들어가 자연을 포용할 것인지 아니면 정복할 것인지 망설이기도 한다. 자신의 저서 『문명전쟁』The Looming Tower에서 로렌스 라이트는 탈레반 전사들이 카불을 함락한 후 카불동물원에 있는 곰 우리 안으로 들어가 곰의 코를 베며 어떻게 전지전능한 신이 된 것 같은 기분에 사로잡힐 수 있었는지를 다루고 있다.

> 일설에 따르면 곰의 턱수염이 길지 않아 코를 베었다고 한다.(이슬람 남성들은 수염을 남성미의 표상이라고 여긴다_옮긴이) 한 탈레반 전사는 승리의 기쁨과 자신이 차지한 권력에 도취된 나머지 사자 우리로 뛰어들어 '나는 이제 사자다!' 라고 외치다 사자에게 죽임을 당했다. 또 다른 탈레반 병사는 사자 우리에 수류탄을 던져 사자의 눈을 멀게 했다. 코를 베인 곰과 눈 먼 사자는 이 동물들을 그렇게 만든 잔인한 두 명의 인간과 함께 탈레반 지배에서 살아남은 유일한 동물들이었다.

베를린 동물원에서는 '크누트' 라는 이름의 새끼 북극곰이 사람들의 마음을 빼앗았다. 2008년, 한 남성이 북극곰 전시관의 얕은 물웅덩이로 들어가 당시 몸무게가 200kg이던 크누트에게 가까이 다가가려 했다. 사육사들은 크누트가 그 남성에게 다가가기 전에 소의 다리 고기를 이용해 크누트를 다른 쪽으로 유인해냈다. 사내는 온몸이 흠뻑 젖은 채 덜덜 떨며 끌려 나가면서 자기는 외로웠고 크누트 역시 외로울 거라 생각해 크누트에게 다가갔다고 말했다.

몇 개월 후, 어느 실직 여교사는 자신의 처지를 비관해 벽을 기어올라 같은 전시관 안에 들어가 근처에서 일광욕을 하던 북극곰들 쪽으로 첨벙거리며 헤엄쳤다. 북극곰 한 마리가 뒤따라 헤엄쳐 들어가 그녀의 팔과 다리를 물어뜯었다. 직원들이 막대기로 곰을 쫓아내고 밧줄과 장비를 던져 그녀를 물에서 끌어내 간신히 목숨만은 부지할 수 있었다. 나중에 동물원 대변인은 여성의 행동은 자기 자신뿐 아니라 직원들과 곰들까지 위험에 빠뜨리는 행위였다고 말했다. 또 곰을 사살하는 방법 외에 그 여성을 살릴 방법이 없다고 판단되면, 동물원의 무장팀이 출동해 곰을 사살할 준비를 하고 있었다고 밝혔다.

자살을 하기 위해 동물원 우리에 들어간 사람도 부지기수다. 리스본 동물원에서는 아들의 죽음을 애통해 하던 한 남자가 겁 없이 사자 열 마리가 사는 굴에 들어갔다가 갑자기 튀어나온 암사자의 공격에 목뼈가 부러져 목숨을 잃기도 했다. 1995년 워싱턴 D.C.의 국립동물원에서는 자녀를 놓고 벌이던 양육권 다툼으로 이성을 잃은 한 여성 부랑자가 2.7m 높이의 벽을 내려와 사자 전시관 해자를 헤엄쳐 전시관에 들어갔다가 사자 두 마리에게 물려 죽고 말았다.

이 여자는 폭력을 휘두른 전력이 있는 편집증적 정신분열증 환자로, 자기가 예수님의 누이고 어렸을 때 자기는 예수님과 클린턴 전

대통령과 함께 자랐다고 떠들고 다녔다. 경찰관에게 자기에게 총을 쏴 달라고 부탁한 적도 있었다. 그녀가 사자 전시관에 들어간 다음 날 아침, 한 사육사가 얼굴이 알아볼 수 없게 망가진 그녀의 시체를 발견했다. 팔과 손도 물어뜯겨 있었다. 유혈이 낭자한 땅바닥에서 수사관들은 그녀의 망가진 머리핀과 크리스천 가수 에이미 그랜트의 '하우스 오브 러브' 카세트가 꽂혀 있는 소니 워크맨을 발견했다.

⁂ ⁂ ⁂

로우리 파크에서는 코드 투Code Two가 발령된 적이 없었다. 직원들이 기억하는 한, 동물원 방문객이 맹수 전시관 안에 떨어지거나 기어 올라간 적이 없었다. 코드 원이 발령된 경우는 많았지만 동물이나 사람이 다치지는 않았다. 영장류 담당 부서는 동물 탈출 사고가 일어날 때마다 기록해 놓고 있었다. 체스터는 툭하면 숙소 지붕으로 올라가기로 악명이 높았다. 일단 지붕에 올라가면 동물원의 다른 어디로든 도망갈 수 있는 기회가 있었지만, 체스터는 탈출하는 데는 관심이 없었다. 높은 곳에서 동료 침팬지들을 내려다보는 영광을 누리고 싶은 모양이었다.

한번은 콜로부스원숭이 한 마리가 해자 너머 원숭이 전시관 바깥까지 뻗어 있는 가지 위로 올라갔고 그 가지를 다리 삼아 관람객이 다니는 보도에 침입한 적이 있었다. 검고 긴 털에 가장자리는 흰 털이 술처럼 달려 있어 멀리서도 눈에 띄는 외모를 가진 콜로부스원숭이가 당황하고 괴로운 표정으로 땅바닥을 헤집는 모습을 본 관람객들은 깜짝 놀랐다. 직원들이 바로 출동해 원숭이를 우리 안으로 들여보냈고 다리 역할을 했던 나뭇가지를 잘라냈다.

로우리 파크에서 가장 위험했던 코드 원 사태는 1991년 오랑우탄이 탈출했을 때였다. 당시 동물원 큐레이터였던 렉스 샐리스버리는 도망친 오랑우탄이 장성한 수컷 랑고일지도 모른다는 생각에 걱정이 이만저만이 아니었다. 그러나 도망친 오랑우탄은 어린 수컷 루디였다. 루디는 암벽 위로 조금씩 올라가 오랑우탄 전시관 지붕으로 기어 올라갔고, 루디의 탈출 모습을 본 관람객의 신고로 직원이 출동해 주위 사람들을 대피시켰다.

렉스는 여느 때와 마찬가지로 상황을 지휘했다. 그는 루디가 아무도 공격하지 않을 것이라고 확신했다. 동물원에 들어온 지 얼마 되지 않아 다른 오랑우탄들과 잘 어울리지 못하던 루디가 다른 오랑우탄과 또 싸움이 날 것 같자 전시관 밖으로 피신한 것일 뿐이라고 본 것이다. 렉스가 손을 뻗으며 루디를 부르자 루디는 고분고분 내려왔다. 두려운 기색이 역력한 표정으로 루디는 렉스의 품을 파고들었다. 렉스가 숙소건물에 있는 우리 안에 루디를 안전히 데려다줄 때까지 루디는 렉스를 꼭 잡은 채 품에서 떨어지지 않으려고 했다.

"랑고가 도망친 게 아니라는 사실을 알자마자 큰 문제는 없을 거라고 생각했죠. 암컷들에게는 가까이 다가갈 수 있을 테니까요." 렉스가 말했다.

동물원 종사자들 사이에서 오랑우탄은 탈출의 명수로 알려져 있다. 오랑우탄은 대개 침팬지보다 훨씬 더 차분하고 조용하지만, 호기심이 많고 몇 시간이고 무언가를 조립하거나 분해하기를 좋아한다. 오랑우탄은 이런 재주를 인도네시아 정글 캐노피 꼭대기에서도 유감없이 내보인다. 나뭇가지와 덩굴을 한데 묶어 나무를 마음껏 타고 다닐 수 있도록 튼튼하게 만드는 것이다. 동물원에서 오랑우탄은 전시관에서 도망치는 방법을 정교하게 고안해내는 타고난 재주꾼으로 악명이 높다. 유진 린덴의 저서 『문어와 오랑우탄』The Octopus and the Orangutan에 따르면, 오랑우탄은 우리를 탈출하는 데 쓸 도구를 직접 만들기도 한다. 철사로 자물쇠를 따는가 하면, 우리를 잠가 놓는 장치를 마분지로 여는 오랑우탄도 있었다. 나사를 빼내는 경우도 있었다. 린덴의 책에는 "오랑우탄은 전기 철조망을 넘기 위해 밀짚으로 절연 장갑을 만들었다"는 구절도 나온다.

루디가 오랑우탄 전시관 지붕에 올라갔던 사건 이후 12년 동안 이렇다 할 탈출사건은 일어나지 않았다. 하루는 칠면조 한 마리가 전시관 밖으로 나온 적이 있었고, 뿔닭이 우리에서 몰래 빠져나와 동물원 구내를 활보해 직원들이 휴대용 무전기로 경보를 발령한 경우가 있기는 했다.

"코드 원, 수탉" 직원들이 나오는 웃음을 참으며 말했을 것이다.

스와질란드에서 코끼리 네 마리가 오고 난 후부터는 아무도 감히 우스갯소리로라도 코끼리 때문에 코드 원이 발령될 것이라는 말을 입 밖에 내지 않았다. 코끼리는 원체 몸집도 크고 힘도 세서 제지하거나 사살하는 것도 쉽지 않고, 특히 갇혀 있는 환경에 익숙하지 않은 코끼리는 어떤 행동을 할지 예측이 거의 불가능했다. 코끼리가 서커스 공연이나 퍼레이드 도중 도망쳐 건물 담장을 부수고 건물 안으로 밀고 들어가거나 도로 한복판에서 행패를 부리는 경우도 있었다. 그 코끼리는 출동한 경찰에게 몇 번이나 총을 맞고도 사람을 죽였다. 코끼리가 탈출할 경우에 대비해 브라이언 프렌치는 코드 원 발령 시 따라야 할 권고사항을 적어 직원게시판에 게재했다.

- 탈출한 코끼리에게 접근하지 말고, 나무나 차량, 건물 뒤에 숨을 것.
- 도망칠 때는 엎드리지 말 것. 코끼리가 공격하기 좋은 자세임.
- 코끼리가 말을 듣게 하기 위해 겁을 주지 말 것. 코끼리는 겁을 주면 도전이나 명령으로 받아들임. (사육사가 코끼리에게 어느 지점까지 오라고 하면 암컷은 대개 명령대로 따르는 경우가 많고 수컷은 목표지점에서 3m 정도 못 미치는 곳에서 멈춘다. 그러나 코끼리는 10분 동안 시속 51km로 뛸 수 있으므로 되도록 멀리 떨어져 있을 것.)
- 코끼리가 전시관에서 없어지면 총기 진압이 불가피해질 가능성이 높으므로, 총기 훈련을 받은 직원(보조 큐레이터, 큐레이터, 수의사)들은 관련 무기를 소지할 것. (동물원에는 코끼리용 진정제가 구비되어 있으나 특정 상황에서만 사용할 수 있음.)

코끼리가 도망칠 가능성은 상당히 높았다. 코끼리 전시관에서 불과 몇 미터 떨어진 곳에 둘러져 있는 경계 울타리는 코끼리가 넘기 어려운 장애물이 아니었다. 코끼리는 마음만 먹으면 30초도 채 안 되어 전시관 울타리를 뚫고 인근 뒤뜰로 돌진할 수 있었다. 직원 무장팀이 소집될 때쯤이면, 코끼리는 이미 뒤뜰 깊숙이 들어가 있을 것이다.

코끼리가 얼마나 위험할 수 있는지 상기시키기 위해 로우리 파크의 사육사 휴게실 벽에는 차리 토레의 기념비가 놓여 있었다. 차리 토레는 로우리 파크가 리모델링을 마치고 재개장한 지 얼마 안 됐던 1990년대 초 코끼리에게 목숨을 잃은 조련사였다. 다른 사육사들이 대개 그렇듯, 그녀도 어렸을 때 동물들과 함께 자랐고, 끊임없이 가마우지, 거북, 이구아나를 데려다 길렀다. 기르던 동물이 죽으면 집 뒷마당에서 장례식을 치러주기도 했다. 차리 토레가 로우리 파크에 채용되었을 때, 그녀는 사우스 플로리다 대학교에서 교육학사 학위를 받고 막 졸업한 상태였다. 그녀는 동물들과 대화하기를 좋아했다.

"딸이 죽기 전날 밤, 딸은 대학에서 동물학을 공부할 계획에 대해 저와 얘기를 했어요." 그녀의 어머니인 셰릴 페잭이 회상했다.

차리는 동물원 큐레이터가 되고 싶어 했다. 24살이었던 그녀는 자신이 그 일에 맞는지 알아보고 싶었다. 로우리 파크에 채용된 후 얼마 되지 않아 그녀는 코끼리 조련사가 되어 틸리를 보살피는 임무를 맡았다. 태어나서 대부분의 시간을 동물원에 갇혀 살아온 아시아 코끼리 틸리는 탬파 일대에서는 유명 인사였다. 매일 동물원 쇼에서 공연하는 것 말고도 틸리는 TV 광고를 찍어 전파를 탔다. 카펫 선전 광고에서 틸리는 카펫을 이리저리 밟고 다니며 카펫 천이 잘 찢어지지 않는다는 것을 보여주었다. 당시, 로우리 파크의 코끼리 조련사는 코끼리 바로 옆에 나란히 서서 코끼리를 돌봤다. 코끼리가 가는 곳마다 데려다주고 데려왔고, 매일 있는 서커스 공연 때에는 코끼리가 코를 들어 올리고 뒷다리로 서서 빙글빙글 돌라는 신호를 보냈다. 그러나 틸리는 평소에 얌전히 말을 잘 듣다가도 차리를 건드리거나 밀치는 일이 잦았다.

이런 행동은 아시아코끼리에게 흔히 볼 수 있는 행동패턴으로 코끼리가 사육사에게 언젠가 치명적인 공격을 가할 생각을 가지고 있음을 나타낸다. 전 세계 코끼리 사육사들을 대상으로 조사한 바에 따르면, 아프리카코끼리는 갑자기 발길질을 하는 경향이 있는 반면 아시아코끼리는 일격을 가할 기회를 기다리면서 평소에는 더 유순하게 행동한다. 아시아코끼리는 사육사를 벽으로 밀어붙이거나 꼬리로 사육사를 찰싹 때리는 식으로 경고를 하는 경우가 많다. 때로는 사육사가 얼마나 힘이 약한지 알아보기 위해 사육사를 시험한다. 어떤 코끼리는 자기를 돌봐주는 사육사를 이유 없이 싫어하기도 한다. 코끼리의 기분과 성격을 파악하는 데 아직 서툰 신참 수습 사육사는 특히 공격을 당하기 쉬운 대상이다.

이런 점으로 볼 때 틸리가 새로 온 담당 사육사를 공격할 계획을 세우고 있었다는 것은 사실 놀랄 일도 아니었다. 차리는 코끼리 사육사들 중 가장 경험이 적었고 나이도 제일 어렸을 뿐 아니라 체구도 가장 작았다. 그녀는 최대한 권위 있게 보이려 노력했지만, 부드러운 원래 성격을 완전히 숨길 수는 없었을 것이므로 서른세 살이나 먹은 틸리를 휘어잡기가 어려웠을 것이다. 차리가 새로 틸리를 맡았을 때 틸리는 동물원에서 지낸 지 30년째였고 인간과의 역학관계를 파악하는 데 이력이 나 있었다. 틸리는 5년 이상 로우리 파크에 있으면서 많은 사육사들을 거쳤다. 차리가 유치원에 있을 때부터 틸리는 평생을 동물원을 전전하며 다양한 사육사를 겪었고 사육사마다 장단점이 무엇인지 평가해왔다. 틸리가 애송이 신참을 파악하는 데 얼마나 걸렸을까? 일주일? 하루?

차리가 틸리를 길들이는 데 애를 먹고 있던 그해 봄, 미국의 코끼리 사육 책임자들 사이에는 자유접촉 방식으로 근무하는 사육사들의 사망률이 우려할 만한 수준이라는 소문이 퍼졌다. 당시, 자유접촉을 금지하고 보호접촉 방식으로 대체해야 한다는 움직임이 이미 일어나고 있었던 것이다. 샌디에이고 야생동물공원의 동물행동 전문가들이 처음 고안해낸 보호접촉 방식은 수천 년 동안 인간이 코끼리를 훈련시켜온 방식과는 정반대였다.

샌디에이고 야생동물공원은 코끼리 사육사 하나가 사망하고 동물원에서 코끼리를 학대한다는 추문이 퍼지자 신규 안전지침을 실시하기로 결정했다. 1988년, 샌디에이고 동물원의 일부 사육사들이 말을 잘 듣지 않는 코끼리를 묶어 놓고 도끼 자루로 며칠 동안 구타해 코끼리가 비명을 질러댔다는 비난이 시 정부에 빗발쳤다. 상사들의 비호 아래 사육사들은 사나운 코끼리의 버릇을 고치기 위해서는 때릴 수밖에 없었다고 항변하면서 체벌을 가하지 않으면 코끼리에게 목숨을 잃는 사육사가 더 늘어날 것이라고 주장했다.

범고래를 훈련시키는 방식을 본떠 만든 보호접촉 방식은 자유접촉과는 달랐다. 사육사는 코끼리와 나란히 우리 안으로 들어가서는 안 된다. 그리고 사육사와 코끼리 사이에 방책이 쳐져 있어 코끼리가 난폭해질 경우 안전한 곳으로 손쉽게 피할 수 있다. 긍정적 행동 강화와 조작적 조건화operant conditioning(행동주의 심리학 이론으로, 어떤 반응에 대해 선택적으로 보상함으로써 그 반응이 일어날 확률을 증가시키거나 감소시키는 방법_옮긴이) 원리를 이용해 코끼리를 원하는 방향으로 행동하게 하는 것이다. 만약 코끼리가 명령에 따르면 사과를 줘 보상한다. 더 이상 구타를 할 필요도, 비명을 들을 필요도 없다. 비협조적인 코끼리에게 일어날 수 있는 최악의 상황은 사육사가 해당 코끼리에게 관심을 주지 않는 것이다. 체벌은 타임아웃으로 대체된다. 코끼리에게는 언제나 선택권이 있고, 사육사는 더 이상 일방적으로 명령하지 않아도 된다. 보호접촉 시스템은 코끼리에게는 더 인도적이고 인간에게는 더 안전한 방법이다.

회의론자들은 코끼리는 비스킷으로 길들일 수 있는 코커스패니얼이 아니라며 비웃었다. 그러나 샌디에이고 동물원에서 가장 다루기 힘든 코끼리들에게 수개월에 걸쳐 보호접촉 방식을 시험해본 결과 효과가 있는 것으로 드러났다. 몸무게가 5.44톤에 달하고, 동물원에서 제일 사나운 수컷 아프리카코끼리였던 치코도 실험 대상이었다. 치코는 너무 사나워서 담당 사육사들이 치코 옆에 갈 때마다 목숨을 걸어야 될 정도였다. 치코는 오랜 세월 동안 묶여 지냈다.

동물원에서는 코끼리의 발을 관리해주는 일이 사육사의 주요 업무 중 하나다. 동물원에 있는 코끼리들은 야생에서보다 이동거리가 훨씬 짧아서 발바닥이 닳아 없어지기는커녕 빠른 속도로 자란다. 따라서 발톱과 두꺼운 발바닥 피부를 정기적으로 관리해줘야 한다. 발바닥을 제때 손질해주지 않으면 발바닥 피부가 갈라져 세균에 감염되고 온 몸으로 퍼져 사망할 수도 있다. 세균 감염은 동물원 코끼리의 주요 사망 원인이었다. 샌디에이고 동물원 사육사들은 치코를 너무나 두려워한 나머지 몇 년째 발관리를 해주지 못하고 있었다.

샌디에이고 동물원의 동물행동 전문가팀은 치코에게 보호접촉 방식을 적용하기로 했다. 아프리카 수컷 코끼리 우리로 통하는 높다란 대문에 구멍을 낸 뒤 구멍마다 자물쇠가 달린 문을 해달았다. 치코가 코로 열지 못하도록 대문 꼭대기에는 빗장을 설치했다. 치코에게 사과와 당근을 주고 칭찬을 해주면서, 사육사들은 치코가 한 번에 한 발씩 대문에 낸 구멍 옆에 만들어 놓은 요람 비슷한 곳으로 들어가도록 훈련시켰다. 그런 다음 치코의 발톱과 발바닥을 손질하면 되었다.

때로 치코가 다시 예전처럼 난폭해지거나 직원에게 달려들기도 했다. 치코는 화가 단단히 날 때면 벽에 몸을 세게 부딪치고 고질라처럼 큰 소리로 포효하며 앞발을 번쩍 치켜들었다. 그러나 이런 상황이 닥쳐도 겁먹을 게 없었다. 사육사들은 뒤로 물러서서 치코가 신경질을 부리도록 내버려두면 그만이었다. 분풀이를 끝낸 치코가 잠잠해지면, 사육사들은 먹을 것으로 치코를 유인해 다시 발관리를 계속했다. 치코는 네 발 모두 관리를 받았을 수 있었다.

샌디에이고는 기존의 자유접촉에서 보호접촉으로 영구적으로 전환할 준비를 마쳤다. 동물행동 전문가팀은 보호접촉을 실행하는 법과 그 결과를 자세히 설명하는 보고서를 펴냈고, 이 논문은 혁명으로 받아들여지면서 빠르게 퍼져나갔다.

그러나 저항은 거셌다. 경력이 오래된 베테랑 사육사들은 보호접촉 방식으로는 코끼리를 훈련시킬 수 없고 사육사와 코끼리 사이에 장벽을 설치한다는 것은 용납할 수 없다고 주장했다. 베테랑 사육사들도 자유접촉 방식이 위험하다는 것을 잘 알고 있었지만, 사육사가 위험을 감수해가며 직접 선택한 방식이라는 입장이었다. 코끼리 관리부서는 남자 사육사가 여자 사육사보다 많은 몇 안 되는 부서였다. 남자 사육사들은 문제 상황에 직면했을 때 수컷 영장류가 그렇듯 호전적으로 대처했다.

샌디에이고 동물원의 코끼리들은 보호접촉 시스템에 빨리 적응했지만, 인간은 그렇지 않았다. 나이 많은 베테랑 사육사들은 보호접촉 시스템 도입을 추진하려는 동물행동 전문가를 처음에는 무시했다. 양측은 설전을 벌였다. 베테랑 사육사들은 행동 전문가의 승용차를 파손했다. 그러나 결국 사육사들은 새로운 시스템의 도입을 막을 수 없었다. 자유접촉 방식으로 일해 왔던 사육사들은 모두 그만두거나 직장을 옮겼다. 이어 다른 동물원에서도 혁명의 불씨가 번져나갔고, 보호접촉은 낡은 시스템을 서서히 대체하기 시작했다.

이런 대변혁의 와중에 차리는 매일 틸리 곁에 서서 틸리가 자기를 죽일 계획을 세우고 있는 줄도 모르고 틸리의 두 눈을 들여다보았다. 차리와 틸리 둘 다 자유접촉이라는 이미 구식이 되어버린 지배 시스템의 덫에 갇혀 있었던 것이다. 틸리는 자유접촉 시스템 하에서 고통을 받아왔다. 수많은 다른 코끼리들처럼 틸리 역시 오랜 세월 동안 잘못할 때마다 처벌을 받았고 매일 밤 코끼리 숙소에 꼼짝없이 묶여 있었다. 틸리가 이렇게 살아온 것은 틸리의 잘못도, 차리의 잘못도 아니었다. 로우리 파크 경영진들도 다른 동물원에서 코끼리 사육 방식에 일대 변혁을 꾀하고 있다는 사실을 알고 있었다. 그러나 당시 로우리 파크는 오래된 시스템을 고수하고 있었다.

1993년, 로우리 파크는 리모델링 5주년을 맞아 축하행사를 준비하느라 분주했다. 재개장 초기, 로우리 파크의 주요 관심사는 매너티처럼 멸종위기에 놓인 플로리다 서식 동물을 보존하는 일이었다. 멸종위기에 처한 플로리다 서식 동물 보존사업은 사회적으로 중대한 의미를 지니는 사업이었다. 이 사업으로 로우리 파크는 이미 최고의 칭송을 듣고 있었다.

"저는 비슷한 규모를 가진 미국 내 동물원 중에서 로우리 파크가 동물생태 연구 분야에서 가장 뛰어나다고 생각합니다." AZA의 수석 행정관이 말했다.

당시 가뜩이나 넉넉지 못한 예산에도 로우리 파크는 매너티를 돌보는 데 엄청난 비용을 쏟아 부었다. 때문에 보호접촉 시스템에 필요한 시설을 짓는 데 소요될 수백만 달러를 마련할 방법이 없었다. 게다가, CEO 렉스 샐리스버리를 비롯한 로우리 파크 경영진은 당시 동물원에 수컷 코끼리는 없고 암컷만 두 마리 있었기 때문에 큰 사고는 일어나지 않을 것이라고 생각했다. 틸리와 또 다른 암컷 미냐크는 그동안 사육사들과 별다른 말썽 없이 지내왔던 것이다.

아마 차리는 왜 로우리 파크에 아직까지 보호접촉이 도입되지 않는지 의아했을 것이다. 아니면 그런 생각은 하지도 않았을지 모른다. 그러나 그녀는 무언가 잘못되어가고 있다는 느낌을 받았다. 틸리의 경고 행동은 차리가 틸리를 맡은 직후부터 시작되었다. 4월의 어느 날, 틸리는 차리를 무대 가장자리로 몰았다. 그해 6월, 관람객을 위해 매일 열리는 공연 도중 틸리는 차리의 명령을 무시했고 차리를 밀쳐 엉덩이까지 오는 해자에 떨어지게 했다.

"안 돼!" 떨어지지 않으려 버둥대며 틸리가 외쳤다.

차리는 틸리의 이런 공격행동에 걱정이 되어 관리자들과 상의했다. 관리자들도 여간 걱정이 아니었다. 시카고 동물원에 있는 유명 사육사를 초빙해 그간 차리에게 일어난 일을 설명하고 차리를 비롯한 로우리 파크 동물원 코끼리 사육사들과 이야기를 나누도록 했다. 차리는 집에서는 아무 일도 없는 것처럼 행동했다. 그러나 그녀의 어머니는 차리가 겁에 질려 있고 뭔가 숨기는 것이 있다는 느낌을 받았다. 차리는 어머니를 걱정시키고 싶지 않았고 동료 사육사들에게도 자신 없는 모습을 보이고 싶지 않았다. 차리의 어머니 셰릴 페잭은 왜 차리 같은 신참에게 차리를 무시하는 코끼리를 계속 맡기는지 도무지 이해할 수 없었다. 차리의 몸무게는 48kg였다. 틸리는 몸무게가 4톤에 가까웠다. 7월 하순의 어느 날 밤, 차리의 어머니는 딸에게 코끼리가 공격하면 어떻게 할 거냐고 물었다.

"총은 있니? 네가 숨을 수 있는 곳은 있고?"

차리는 어머니에게 사고가 일어나도 잘 대처할 수 있다고 대답했다. 남동생이 누나 차리에게 안전한지 묻자, 그녀는 허리 벨트에 벅 나이프를 차고 다닌다며 동생을 안심시켰다. 차리의 어머니는 자신의 귀를 의심했다. 겨우 나이프를 갖고 다닌다고?

"그걸로 뭘 할 수 있겠니?" 셰릴이 말했다.

차리는 자기는 괜찮을 거라고, 그렇게 멋진 피조물과 같이 일할 수 있어 행복하다고 말했다.

다음 날 아침인 7월 30일, 틸리는 차리를 처치할 때가 왔다고 생각했다. 차리가 틸리를 묶고 있던 사슬을 풀고 우리 밖으로 틸리를 데리고 나가려 할 때 틸리는 차리를 땅바닥에 때려눕히고 발길질을 하기 시작했다. 차리는 안전한 곳으로 기어가려고 필사적으로 노력했지만 틸리는 도망가려는 차리를 코로 감아 재차 끌어당겼다. 근처에 있던 사육사가 틸리를 차리에게서 가까스로 떼어놓았지만, 이미 차리의 몸통과 폐는 심한 부상을 입었고 차리의 머리카락과 두피는 상당 부분 떨어져나간 상태였다. 구급 헬기로 인근 성 조셉병원에 호송될 때만 해도 차리는 아직 의식이 있었다. 그녀는 호흡곤란을 호소했다. 그러면서도 틸리는 어떠냐고 물었다.

"틸리를 해치지 말아주세요." 차리가 말했다.

그녀의 가족들이 병원에 도착했을 때 차리는 숨을 거둔 상태였다. 그날, 그녀는 남동생에게 말했던 벅나이프를 차고 있었다. 가족들은 그녀의 지갑 속에서 차리가 손수 베낀 시구가 적혀 있는 종이쪽지를 발견했다. 쪽지는 누렇게 색이 바랜 채 접혀 있었다. 한참을 지니고 다닌 모양이었다.

우리를 위해 슬퍼하지 말아요. 우리는 이미 빛을 보았으니……
다만 홀로 어리석게 살아가다 어둠 속에서 죽음을 맞는 이들에게 애도를……

틸리가 죽은 지 10년이 지났지만, 차리의 사진은 아직도 로우리 파크의 직원 휴게실에 걸려 있다. 그 중에는 틸리와 미냐크와 함께 찍은 사진도 있었다. 사진 속의 차리는 환하게 미소 짓고 있다. 틸리는 차리 옆에 탑처럼 우뚝 서 있다.

08

베를린 보이즈

어느 날 바깥에서 코끼리들이 여느 때처럼 햇살 아래 모래 목욕을 하는 모습을 지켜보던 브라이언 프렌치는 순간 심장이 멎는 것 같았다.

스와질란드에서 온 수코끼리 두 마리 중 덩치가 더 큰 놈인 음숄로가 코끼리 구역 주변의 전기 울타리 역할을 하는 열선을 건드려 보고 있었다. 열선은 눈에 잘 보이지 않을 정도로 가늘었다. 하지만 코끼리들은 열선의 존재를 감지하고 있었고, 가까이 다가가 몇 차례 건드려 보는 바람에 움찔 놀라기도 했다. 주의 깊게 지켜보던 브라이언은 음숄로가 열선 사이의 틈새로 자신의 코를 밀어 넣어, 모두가 안전한 거리라고 생각해 심어 놓은 야생 참나무를 향해 뻗고 있는 것을 보았다.

브라이언은 곧바로 원예부서로 연락을 취해 그 나무를 제거하게 했다. 만일 음숄로가 참나무를 뿌리째 뽑았다면, 열선 사이로 끌어당겼을 수도 있고, 그랬다면 합선이 일어나 울타리가 뚫렸을지도 모르는 일이었다. 이 구멍으로 수코끼리는 동물원 설계자들 사이에서 '하하'—경관을 해치지 않게 깊게 해자를 판 뒤 그 바닥에 만든 울타리—라 불리는 다른 두꺼운 케이블 울타리로 향할 수밖에 없었을 것이다.

하하는 다른 동물원에서처럼 로우리 파크에서도 코끼리들을 가두어 놓는 것 말고도 다른 기능이 있었다. 이 울타리는 주변 땅보다 낮게 설치되어 있기 때문에, 사람들의 눈에 띄지 않도록 덤불이나 여타 식물을 이용해 감추어 놓음으로써 마치 사람들과 동물들 사이에 아무것도 없는 것처럼 확실히 눈가림할 수 있었다.

열선과 하하를 이용해 막아 놓았음에도 불구하고, 나무 가까이 코를 대 보려는 음숄로의 행동을 본 브라이언은 동물원 직원들이 얼마나 주의 깊게 코끼리들을 살펴보아야 하는지를 다시금 깨달았다. 그가 느끼는 두려움은 결코 괜한 것이 아니었다. 코끼리는 풀이나 나뭇가지를 집어 들어 등을 긁고, 귀를 청소하고, 베인 상처를 닦아내거나 죽은 코끼리의 사체를 덮어주기도 하는 등 능숙하게 도구를 이용할 줄 아는 동물이었다. 간혹, 무리 가운데 넘어진 코끼리가 있으면 살리기 위해 애쓰는 듯 입 속에 풀이나 잎을 우겨 넣어줄 때도 있었다.

코끼리는 코로 돌멩이나 막대기를 집어 들고 흙 위에 그림을 그릴 수도 있다고 한다. 동물원에서는 코끼리들에게 붓과 종이를 주어 그림을 그리게 하기도 하고, 이들이 그린 추상화 몇 점은 크리스티에서 경매에 부쳐지거나 박물관이나 미술관에서 전시되기도 했다.

예술적 재능과는 별도로, 코끼리들은 막대기로 사람을 때리거나 자동차를 향해 물건을 집어 던지는 등 사람을 상대로 도구를 무기처럼 활용하기도 하는 것으로 알려져 있다. 아프리카 지역의 공원 경비원들이 신설 도로를 개통하여 도태 작업에 사용했을 당시, 코끼리들은 인근 나무의 가지를 꺾어다 쌓아올려 도태 작업반이 돌아오지 못하게 막는 임시 바리케이드를 만들었다. 작업반원들이 그 나뭇가지 더미를 치우자, 코끼리들은 나뭇가지들을 다시 가져다 놓기를 무려 세 번이나 더 반복했다.

동물원 같은 시설에 갇혀 있는 코끼리들은 인간이 자신들의 자유 위에 씌워 놓은 굴레를 벗어나기 위해 온갖 도구를 동원하는 독창적인 능력을 늘 과시해 왔다. 전기 울타리에 큰 바위를 던지거나 떨어뜨려 합선시키기도 하고, 울타리 위에 나뭇가지를 쌓은 다음 큰 나무로 내리치거나, 보마에서 음발리를 일종의 파성퇴로 사용했던 예처럼 심지어는 덩치가 작은 코끼리들을 집어 들어 울타리를 향해 던지기도 했다.

음숄로가 참나무에 가까이 가려고 하는 모습을 브라이언이 목격하기 얼마 전이었던 2004년 1월 어느 아침에는 버마라는 코끼리가 뉴질랜드의 오클랜드 동물원 울타리에서 커다란 통나무를 들어 올려 전기 울타리 위로 떨어뜨리는 바람에 합선이 일어났고 버마는 밖으로 나갈 수 있었다. 근처 공원에서 산책 중이던 한 부부가 어슬렁대는 이 코끼리를 발견하고 말을 건네 보려고 했지만, 코끼리는 눈길도 주지 않았다. 아마도 이들 부부는 영어로 말을 하고 있었고 코끼리는 독일어, 마오리어, 스리랑카어로 내리는 명령에만 반응했기 때문이었을 것이다. 담당 사육사가 무사히 다시 데리고 들어갈 때까지 버마는 약 15분간 나뭇잎을 우적우적 씹어 먹었지만, 자신들이 적어도 중요한 전력장치 정도는 좌지우지할 수 있음을 입증해 보이고서야 다시 움직인 셈이었다.

"녀석들은 굉장히 똑똑해요." 브라이언이 음숄로와 무리들을 감탄하는 표정으로 쳐다보며 말했다. 브라이언은 리 앤이 침팬지들에게 온 정성을 다 바치는 것을 이해할 수 있었고, 그 자신도 영장류를 조련해 본 적이 있었지만 코끼리가 영장류를 능가한다고 굳게 믿었다. 코끼리들이 지적 능력을 활용해 정보를 처리하고 문제와 씨름하고 여러 해법을 시도하는 모습은 놀라웠다. 부모를 잃은 아프리카코끼리 네 마리는 단지 동물원의 보안장치를 탐색한 것이 아니었다. 일과, 장비, 사육사, 그리고 심지어는 상대 코끼리에 이르기까지, 새로운 삶의 모든 측면을 이리저리 시험해 보고 있었던 것이다.

이들 네 마리가 747기에서 내린 뒤, 운송용 상자에서 나와 코끼리 우리 안에서 엘리를 만나게 된 지도 벌써 몇 달이 지났다. 몇 주 동안 브라이언은 하루 종일 그 다섯 마리와 함께 있었다. 실제로 코끼리 우리 안에서 생활하며 끼니를 대충 때우고 잠도 포기해 가며 자신에게 맡겨진 어린 생명들을 돌보았다. 이러한 슈퍼맨 같은 모습 덕분에 그는 곧 다른 부서들에서 전설적인 인물로 회자되기 시작했다. 코끼리 우리가 아닌 동물원의 다른 곳에서는 그를 보기가 힘들었던 탓에, 사람들은 마치 그가 엘리펀트 맨과 메리 포핀스를 합쳐 놓은 화신쯤 되는 양 이야기했다.

만일 PETA의 주장대로 코끼리들이 브라이언의 포로라고 한다면, 브라이언 역시 코끼리들의 포로나 마찬가지였다. 브라이언은 더 이상 눈을 뜨고 있기가 힘들 만큼 졸음이 쏟아질 때에야 모든 불을 끄고 입구의 간이침대에서 두어 시간 눈을 붙이기는 했지만 그 순간에도 이중벽 반대편 축사에서 들리는 소리와 움직임에 귀를 기울였다. 갑자기 울리는 트럼펫 소리에 잠을 깨는 밤도 있었고, 얼핏 들려오는 우르르 울리는 소리를 감지할 때도 있었다. 잠을 깬 이유가 무엇이 되었든 그는 잠자리에서 몸을 일으켜 비척거리며 사무실로 들어가 몇 시가 되었든 괘념치 않고 게슴츠레한 눈으로 야간 투시 카메라의 자료를 확인했다. 어둠 속 그의 눈앞에는 코끼리들이 새로 무리를 짓고 있었다.

초기만 해도 새 식구들에게서는 야생성이 뿜어져 나왔다. 음숄로와 나머지 코끼리들은 엘리 같은 동물원의 코끼리나 서커스단 코끼리와는 다르게 행동했다. 사육사들이 간신히 접근을 하기는 했지만, 코끼리들은 초조하고 불안한 기색이었다. 브라이언은 불안한 코끼리들이 서로에게 화풀이하지 않도록 각각 별개의 우리에 넣었다. 음숄로, 스툴루, 음발리, 이 셋은 흘레인에서 함께 자란 녀석들이어서 서로를 잘 안다는 장점이 있었다. 음카야 출신인 머체구는 보마에서 몇 달을 함께 보내기는 했지만 나머지와는 초면이나 마찬가지였다.

엘리는 그들을 어떻게 대해야 할지 몰라 어느 정도 거리를 두고 지냈다. 각자의 우리 사이를 구분하는 두툼한 가로막대에 그들이 가까이 다가와서 코를 뻗어 엘리의 냄새를 맡으려 할 때마다, 엘리는 소리를 지르며 뒤로 물러서곤 했다. 누가 엘리를 탓할 수 있겠는가? 서로 같은 종이기는 하지만, 엘리와 스와질란드 출신 코끼리들은 완전혀 다른 언어를 쓰고 있었다. 엘리는 사람들과 그들의 명령에 익숙해진 상태였지만, 나머지 녀석들은 여전히 사바나에서와 같은 방식으로 소통했다.

그러나 며칠이 지나자 모두 긴장이 풀린 눈치였다. 곧 브라이언은 야간에 두 마리 수코끼리를 한데 넣음으로써 야생에서 어린 수코끼리들끼리 형성했던 유대감을 다시 느껴볼 기회를 만들어주었고, 머체구와 음발리 역시 짝을 지어 같은 축사 안에 넣어주었다. 브라이언은 가장 조화로운 방식을 찾기 위해 다양한 구성을 시도해 보았다. 엘리가 어느 정도 진정이 되고 다른 코끼리들의 낯을 익히자, 브라이언은 엘리를 음발리와 함께 넣어 본 다음 머체구를 합류시켜 나이 많은 코끼리가 어울리는 방식을 주의 깊게 살펴보았다.

브라이언은 이미 각각의 코끼리가 움직이는 방식, 생각하는 방식, 배가 고프거나 기분이 좋지 않을 때 내는 소리 등 코끼리들에 관한 모든 것을 머릿속에 입력해 두고 있었다. 누가 누구인지 분간하기 위해 얼굴들을 자세히 들여다볼 필요도 없었다. 이제 상아의 곡선과 색상, 길이, 자세나 태도, 귀에 남아 있는 표시, 코를 들어 올리는 방식 등으로 각 코끼리를 식별할 수 있었다.

"난 다리만 보고도 구분할 수 있어요." 브라이언이 말했다.

브라이언이 코끼리들의 기분을 살피고 싶을 때 먼저 보는 곳은 얼굴이 아니다. 사람이나 침팬지, 혹은 개에 비해 코끼리의 얼굴은 해부학상 많은 것이 표현되어 있지 않기 때문이었다. 숙련된 조련사는 눈을 얼마나 크게 떴는가를 기준으로 경계 태세의 수준을 판단하기도 하지만, 코끼리는 눈이 작고, 눈에는 별다른 감정이 드러나지 않는 편이다. 또한 코끼리는 누관이 없기 때문에, 눈에서 나오는 과다한 분비물이 뺨을 타고 곧장 흘러내리게 되는데, 이 때문에 울고 있다는 오해를 하는 경우가 많다.

코끼리의 표정은 대개 귀나 코의 움직임에 가려 잘 보이지 않는데, 바로 이 귀나 코의 움직임에서 코끼리의 생각을 엿볼 수 있는 가장 결정적인 단서들을 찾을 수 있다. 흥분 상태이거나 화가 나 있는 코끼리는 거세게 귀를 펄럭이는 경향이 있다. 귀가 얌전히 늘어져 있다면, 보통 기분도 편안한 상태인 반면, 고개를 쳐들고 귀를 활짝 펼쳐 든 상태에서 코를 J자 형태로 뻗어 코끝을 내민 채 무언가 냄새를 맡고 있는 듯하다면 경계 태세에 들어간 것이다. 기분이 별로 좋지 않을 때는 마치 사람이 지루할 때 손가락으로 어딘가를 톡톡 두들기 듯이 평평하고 매끄러운 표면 위를 코로 가볍게 두들긴다.

매일같이 브라이언은 이러한 신호들을 살펴보았고, 단서들이 점점 쌓여가면서 코끼리 각각의 성격이나 특성을 파악하게 되었다. 덩치 큰 수코끼리인 음숄로는 힘이 세고 일찍부터 암컷들과의 짝짓기에 관심이 많았다. 틈만 나면, 암컷이 간 곳을 따라다니며 암컷이 발정기에 들어섰는지 확인하기 위해 암컷의 오줌 냄새를 맡고 다녔다. 그러나 브라이언은 음숄로가 다른 수코끼리 하나에게는 고분고분하다는 것을 일찍부터 눈치채고 있었다.

스툴루는 굉장히 영리해서 뭐든지 배우는 속도가 엄청 빨랐고, 일찍부터 동물원의 일과에 잘 적응했으며 사육사들의 기대에 부응할 줄 알았다. 군림하는 수코끼리인 스툴루는 더 공격적이었고, 음숄로를 비롯한 어떤 다른 코끼리도 자기 위에 두려 하지 않았다. 그가 가는 곳마다 긴장감이 더해졌다.

"녀석이 밀고 들어오면, 긴장감이 돌아요." 브라이언이 말했다.

음숄로와 스툴루가 스와질란드에서 도착한 이래 줄곧 경쟁관계를 유지하던 시절이 있었다. 코끼리 무리 속에서는 우두머리 수컷에게만 번식의 특권이 있다. 뜰 바깥에서는 두 수코끼리가 암컷의 관심을 끌기 위해 서로 머리를 들이밀며 옥신각신했다. 승부는 엎치락뒤치락했다. 처음에는 스툴루가 우세했지만, 어느 날 스툴루가 라이벌을 지나치게 몰아붙이자 싸움이 벌어졌고, 음숄로도 지지 않고 맞섰으며, 어느 순간 힘의 균형은 음숄로 쪽으로 기울어졌다.

음발리는 이러한 수컷들 사이에서 이따금씩 긴장을 푸는 역할을 했다. 처음에는 새침하다고도 할 수 있을 만큼 소극적으로 행동했다. 아침마다 동물원 직원들이 바깥으로 통하는 출입문을 열면 다른 코끼리들은 앞다투어 나왔지만, 음발리는 저만치 뒤처져 있었다. 그러다 햇살 속으로 한두 걸음 내딛고 나섰다가는 마음을 바꾸어 돌아서곤 했다. 몇 시간씩 녀석은 출입구 앞에 서서 모험을 감행해 볼지 자기 우리로 돌아갈지 망설이는 모습이었다.

그러나 얼마 지나지 않아 소심한 태도를 버리더니 집단 내에서 짓궂은 말썽꾸러기 십대 같은 역할을 담당하게 되었다. 사육사들의 손에 들린 물건들을 낚아채는가 하면 다른 코끼리들이 코로 잡고 있는 것을 잡아채기도 했다. 덩치가 더 큰 녀석들이 자기네들 몫으로 잘라다 놓은 나뭇가지를 살펴보고 있을 때면, 음발리는 몰래 다가가 그 나뭇가지를 움켜쥐고 달아나곤 했다.

유일하게 음카야에서 온 코끼리 머체구는 나머지 코끼리들과 어울리는 것을 힘들어 했다. 다른 코끼리들 곁에 있을 때면, 녀석은 거의 항상 등지고 서 있곤 했다. 항복의 표시였다. 머체구는 음발리보다 덩치도 크고 나이도 많으니 서열상 위에 있어야 맞겠지만, 최하위로 밀려났다. 스스로 물러났다고 해도 틀린 말은 아니었다.

"외톨이죠." 브라이언은 머체구를 그렇게 불렀다.

인간에게 완전히 길들여진 엘리의 경우 생각을 읽어내기가 가장 쉬웠다. 브라이언의 머릿속에는 엘리가 좋아하는 것과 싫어하는 것이 적힌 목록이 들어 있을 정도였다. 그는 엘리가 여성 사육사들을 좋아하지 않는다는 사실을 알고 있었다. 메뚜기가 발 가까이에 나타나면 녀석이 몸을 떤다는 것도 알고 있었다. 트럭이 지나가는 소리를 들을 때는 별 문제가 없었지만, 무슨 이유에서인지 트랙터 소리를 들으면 녀석은 신경이 날카로워졌다.

몇 달이 지나면서 브라이언은 영장류 사육사들이 허먼에 대해 그토록 자주 느꼈던 것과 크게 다를 바 없는 감정이입을 엘리에게도 하고 있음을 깨달았다. 코끼리나 침팬지 둘 다 각자 같은 종의 동물 어미 대신 인간의 손에 길러지고 인간과 교감을 했음을 생각하면, 그다지 놀랄 일은 아니었다. 감정이입 능력이 있는 허먼은 서열이 낮은 뱀부에게까지 손을 내밀었다. 집단 내에서 가장 비참한 개체에게까지 친절을 베푸는 모습은 엘리의 성격을 보여주는 한 단면이었다. 사육사들은 엘리가 머체구 곁을 살펴주고, 가까이 서서 돌봐주기까지 하는 광경을 볼 수 있었다. 자라면서 힘이 세진 음발리가 머체구를 부려먹으려 할 때면, 엘리가 나서서 자기 친구를 보호해 주곤 했다.

엘리는 코끼리로 사는 방법에 대해 여전히 배워나가야 할 부분이 많기는 했지만, 사육사들은 엘리가 자신감을 차츰 얻고 있는 중이고, 특히 머체구와의 관계 속에서 그러하다는 사실을 발견할 수 있었다. 그들은 지구 반대편에서 로우리 파크로 왔고 서로 안 지도 얼마 되지 않았지만, 이들 두 암코끼리는 금세 자매처럼 친해졌다. 매일 햇살이 쏟아지는 뜰로 함께 산책을 나섰고, 밤에는 사육사들이 자신들을 서로 붙어 있는 우리에 넣어 주고 나란히 곁에서 잠들 수 있게 해주어야 마음을 놓았다. 하나는 평생 망명자 신세였고, 다른 하나는 외톨이였다. 서로에게서 무엇인가를 감지했는지도 모를 일이다. 이를테면, 미숙한 사회성이나 소외감 같은 것 말이다. 결핍 위로 평생 가는 우정이 쌓아 올려진 셈이었다.

엘리는 머체구를 비롯한 다른 코끼리들에게 동물원 생활의 기본원칙을 안내해주며 사람이 코를 만지거나 솔로 피부 각질을 벗겨 내줄 때 어떻게 잠자코 있어야 하는지 시범을 보여주고 있었다. 동물원에 갇혀 있는 코끼리들이 건강을 유지하기 위해서는 발톱 손질만큼이나 피부 관리가 중요했다. 엘리가 선보인 가장 중요한 요령 가운데는 ERD로 더 잘 알려져 있는 코끼리 통제장비Elephant Restraint Device라는 불쾌한 이름의 장치 안에서 느긋하게 있는 방법이었다. 우리 뒤, 코끼리 축사 건물 뒤편에 설치해 둔 ERD는 샌디에이고의 행동전문가들이 직접 만들어 치코에게 사용했던 안전한 장비를 좀 더 개선한 것이었다.

동물원의 어느 누구도 그 말을 입 밖으로 내지는 않았지만, 두꺼운 막대와 이동식 벽이 달린 금속상자인 ERD는 커다란 새장처럼 보이기도 했다. 사육사들은 ERD라는 이름 대신 허거Hugger라는 별명으로 부르기를 좋아했다. 이 허거에 적응할 수 있도록 브라이언을 비롯한 사육사들은 매일같이 코끼리들을 그 안으로 들여보냈다. 이는 곧 코끼리들에게 빼놓을 수 없는 하루일과가 되었다. 코끼리들은 허거 안에 선 채로 먹이를 먹기도 했다. 바깥뜰로 나가려면 허거를 통과해야 했고, 오후 느지막이 축사로 돌아올 때도 다시 지나쳐야 했다. 코끼리가 허거 안으로 들어설 때마다 사육사는 불빛이 들어오는 녹색 버튼을 누르는데, 그러고 나면 코끼리가 크게 움직일 수 없을 만큼 측벽이 닫혔다.

사육사들이 바로 가까이서 안전하게 일할 수 있으려면, 코끼리를 얌전히 있게 하는 것은 필수적이다. 창살의 개구부를 통과해 들어가, 씻기거나 조련을 시키고, 혈액이나 오줌을 채취하거나 혹은 코끼리들의 발이나 피부를 손질해주고, 체액을 이용한 결핵 검사를 위해 코로 물을 들이마신 다음 다시 내뱉는 법을 가르쳐야 한다. 코끼리는 특히 결핵에 걸릴 위험이 높다. 실제로 최근 수년 사이에 동물원에 있던 코끼리 예닐곱이 결핵으로 죽었다.

몇 주 뒤 독일인 수의사가 엘리의 인공수정을 시도할 때 동물원에서는 허거를 이용해 엘리를 가만히 붙잡아 둘 계획이었다. 남아프리카에서는 코끼리가 넘쳐 나는데 미국에서는 코끼리 새끼 한 마리를 만들기 위해 이렇게까지 수고를 해야 하는 상황을 의아하게 여기는 사람도 있을지 모르겠다. 그러나 로우리 파크가 스와질란드에서 어린 코끼리 네 마리를 들여오면서 최근 겪은 일들은 비용 문제는 차치하더라도 그러한 과정이 얼마나 복잡하고 논란의 여지가 있는

지 분명히 보여준 셈이었다.

최근 몇 달간 동물원에서는 엘리의 배란기를 확인하기 위해 혈액 속 황체형성호르몬LH을 측정해왔다. 대부분의 포유류 암컷은 배란 직전에 LH가 증가하지만 암코끼리는 특이하게도 14~16주 정도의 월경주기 중에 LH가 두 차례 급증한다. LH의 1차 증가가 일어난 뒤 대개 21일 후 2차 증가가 일어나 배란을 유도하고 수정란이 착상할 수 있도록 자궁을 준비시킨다.

LH의 1차 급증이 어떤 역할을 하는지 아직 완전히 밝혀지지는 않았다. 아마도 암코끼리의 체취를 변화시켜 수코끼리에게 암코끼리가 수태할 준비가 된 시기에 도달했음을 알려주는 것일 수도 있다. 본래 기능이 무엇이든, 이러한 LH의 1차 급증은 암코끼리 인공수정을 계획하고 있는 모든 동물원의 입장에서는 매우 반가운 현상이다. 혈액 검사에서 LH의 1차 급증이 나타나면, 암코끼리가 정확히 3주 후 배란을 하게 될 것이 거의 분명하기 때문이다.

그해 1월에 엘리의 LH 1차 급증이 확인되었으므로, 배란기는 2월 중순경이 될 것이다. 베를린 보이즈는 연락을 받고 이미 비행기편 예약을 마친 상황이었다. 이들은 곧 검사기구와 초음파 장비를 챙겨 들고 와 올란도 외곽에 있는 디즈니 동물왕국의 수코끼리 한 마리에서 DNA를 채취할 참이었다. 가능하면 로우리 파크에서 너무 멀리 떨어진 곳에서는 샘플을 채취하지 않고자 했다. 코끼리의 정액을 손상되지 않게 동결시키는 것은 굉장히 어려운 일이었기 때문에 DNA가 확보되는 즉시 엘리에게 직접 수정할 수 있도록 해야 했다.

그동안, 브라이언과 동료들은 이 독일 전문가들과의 약속에 맞추어 엘리를 준비시키는 중이었다. 인공수정 절차 중에 엘리가 충격이나 공포를 느끼지 않도록 매일같이 엘리를 허거 안으로 데리고 들어가는 연습을 시켰다. 엘리는 문제없어 보였다. 사실, 녀석은 평소보다 허거 안에서 더 오래 머무는 것 같았는데, 이는 사육사들이 늘 더 많은 건초를 주어 정신을 분산시켜 놓은 덕분이었다. 엘리가 코로 건초를 한 움큼 휘감아 들고 얌전히 허거 안에서 기다리고 있으면, 브라이언은 엘리 앞에 서서 엘리의 다리를 쓰다듬으며 칭찬을 해주곤 했다. 코끼리들과 그렇게 가까이 있을 수 있는 순간은 거의 없었으므로, 브라이언은 이 시간이 좋았다.

브라이언은 코끼리들과 자유롭게 접촉하며 자랐다. 어렸을 때는 코끼리를 조련했고, 좀 더 커서는 링링 브라더스(서커스단 이름_옮긴이)에 있었다. 다른 베테랑 사육사들이 흔히 그렇듯, 그 역시 코끼리들과 친밀하게 보내던 그 시절을 그리워했다. 하지만 브라이언이 동물원에 채용되었을 당시, 이미 렉스는 조련사들이 코끼리들과 보호접촉만 할 수 있도록 결정한 상황이었다. 브라이언은 새로운 절차를 따르기로 했으며, 그러한 결정이 렉스에게는 개인적인 차원의 일이기도 하다는 사실을 브라이언은 잘 알고 있었다. 렉스는 구급 의료진과 함께 병원으로 차리 토레를 후송할 헬리콥터를 기다리며 서 있었고, 결국 그녀는 그날 숨을 거두었기 때문이었다. 비록 브라이언은 동물원에서 일한 지 1년밖에 되지 않았지만, 일단 렉스가 어떤 결심을 하고 나면 그 무엇도 그의 결심을 바꿀 수 없음을 잘 알고 있었다. 그럼에도 불구하고 브라이언은 보호접촉을 별로 좋아하지 않았다.

아무튼 그는 다시 코끼리와 함께 일하게 된 것이 행복했다. 코끼리와 함께 오랜 세월을 같이 한 브라이언은 그 세월만큼이나 수많은 이야깃거리가 있었다. 영어, 독일어, 프랑스어, 힌두어 등 4개 언어로 명령을 알아듣던 서커스단의 코끼리 이야기를 늘 하곤 했으며, 사무실에 앉아 일본에서 공연을 하던 여섯 살 시절이며, 온 가족이 화물 열차 안에서 코끼리들과 함께 태풍을 피하던 일을 회상하기도 했다.

브라이언은 밤이면 그 코끼리들 꿈을 꾸었다. 꿈속에서 그는 다시 소년이 되어 코끼리들을 조련하고 서커스 공연장 안에서 코끼리에 올라탈 준비를 하고 있었다. 가족들이 데리고 다니던 코끼리 중 하나였던 셜리와 같이 있을 때도 있었다.

"셜리는 내 코끼리였어요." 브라이언이 말했다. 불과 서너 살 남짓 되었을 때, 셜리가 자신의 코로 브라이언을 들어 올려주면 그는 셜리의 머리 위에 걸터앉아 셜리의 목을 감싸 안곤 했다. 맞닿은 얼굴로 느껴지는 셜리는 따뜻했고, 셜리의 들숨과 날숨에 따라 그의 몸도 올라갔다 내려왔다. 종종 깜박 잠이 들기도 했다.

"차에 타기만 하면 곧바로 잠드는 아이들이 있잖아요. 저 같은 경우는 그게 코끼리였던 거죠."

여러 해가 지났어도 꿈속에서 브라이언은 어렸을 때 타고 다녔던 셜리와 다른 코끼리들 곁으로 돌아가곤 했다. 꿈속에서 그는 다시 자그마한 아이가 되어 비스듬히 기울어진 코끼리 등 위에 사뿐히 올라앉았다. 아이가 고사리 손으로 두터운 코끼리 가죽을 잡은 채 높이 올라앉아 있으면, 아이를 태운 덩치 큰 그 녀석은 앞으로 나아갔다.

부드럽고 순하디 순한 힘이 저만치 아래서 물결치고 있었다.

☘☘☘

코끼리 축사 안에서는 신의 영역과 과학의 영역이 결합되는 중이었다. 베를린에서 온 두 전문가가 지금 엘리의 몸속에 새 생명을 만들고자 애쓰고 있었던 것이다.

엘리는 허거 안에 서서 건초를 씹고 있었다. 그녀는 이제 바늘로 자신의 몸을 찔러 검사하는 인간에게 익숙해진 모습이었다. 브라이언 프렌치와 또 한 명의 사육사 스티브 르파브가 가까이 서서 엘리를 안심시켰다.

"가만히 있어, 괜찮아." 그들이 엘리에게 말했다.

브라이언과 스티브는 엘리의 코앞에 가까이 서 있었다. 두 명의 전문가, 괴리츠와 힐데브란트 박사는 엘리 뒤에 있었다. 초음파 고글이 달린 헬멧을 쓰고 몸 전체를 덮는 플라스틱 보호 장구를 착용하고 있는 모습이 마치 위험한 모험에 나선 우주 비행사 같았다. 실제로 위험한 작업이기도 했다.

이미 초소형 비디오카메라와 조명이 달린 내시경과 카데터를 엘리의 10인치 길이 생식관 입구 안쪽으로 깊숙이 삽입한 상태였다. 암코끼리의 경우, 이 부분을 '전정'前庭이라 부른다. 또한, 엘리의 직장 내부에 초음파 프로브도 삽입함으로써 자궁 경부로 이어지는 카데터의 경로를 고글과 근처 모니터 상에서 좀 더 잘 볼 수 있게 만들었다.

그날 아침 일찍, 이들은 디즈니 동물왕국의 수코끼리로부터 DNA를 채취했다. 직장 부위에 전기 충격을 가해 코끼리의 정액을 채취하는 방식을 선호하는 수의사들도 있었는데, 이는 본래 하반신 마비인 남성 환자의 생식을 돕기 위해 개발된 방법이었다. 하지만 이런 방식으로 채취하면 마취 등 여타 과정에서 종종 수코끼리들이 다치는 경우가 있었기 때문에, 힐데브란트 박사는 이 기법을 그다지 선호하지 않았다. 그는 장갑 낀 팔을 수코끼리의 몸 안쪽으로 뻗어 손을 이용해 코끼리를 흥분시켜 방수 소재의 소매에 사정을 하게 만드는 방식이 훨씬 더 효과적이고 인간적이라고 생각했다.

물론 그런 광경을 상상하는 것만으로도 키득거리는 사람들도 있을 것이다. 그러나 헝클어진 갈색 머리에 소년 같은 외모를 지닌 서른아홉 살의 힐데브란트 박사에게는 직업상 중요한 한 가지 일과일 뿐이었다. 그는 동물원 생물학연구소의 괴리츠를 비롯한 여러 동료들과 함께 일하면서 코끼리뿐만 아니라 전 세계의 수백 가지 생물종에 관한 생식의학을 파고들었다. 동물에게 초음파를 활용한 개척자로 알려진 그는 코모도왕도마뱀의 난소를 연구했고, 코뿔소 정액의 운동성과 형태학을 검사했으며, 자이언트판다의 소변에 나타나는 화학적 신호를 측정했다. 베를린 장벽이 무너지고 도시의 거리마다 흥분된 축하의 물결로 넘실대던 밤에도 힐데브란트는 동베를린 동물원에서 희귀동물인 야크에게 임신촉진제를 주사하고 있었다.

어느 동물학자는 이런 말을 한 적도 있다. "그는 살아 움직이는 것이라면 무엇이든 초음파 검사를 할 사람이에요."

힐데브란트 팀은 인공수정으로 동물원 내 코끼리들의 출산을 돕는 데 있어 전례 없는 성과를 거둔 것으로 잘 알려져 있었다. 수년간 아무도 성공시키지 못한 일이었다. 미국 내 동물원에 있는 코끼리들의 개체 수는 서서히 감소하고 있었다. 베를린 보이즈는 자체 개발한 초음파 장비 및 프로브를 사용하여 코끼리의 생식해부학에 대한 과학적 이해를 혁신적으로 향상시켰고, 임신 가능성을 크게 개선하는 새로운 절차도 개발했다.

수코끼리의 DNA를 채취하는 건 차라리 쉬운 일에 속했다. 정액을 암컷 체내의 목표지점까지 보내는 작업은 훨씬 까다로웠다. 코끼리의 질 입구는 1다임짜리 동전보다도 작으며—코끼리의 생식 특성상 수컷의 질내 삽입이 불필요하다—질 입구 옆에 두 개의 가짜 구멍이 있다. 힐데브란트는 이 구멍을 "눈먼 주머니"라 불렀다. 암컷의 자궁 입구가 아주 가까이에 있는 것도 문제를 훨씬 복잡하게 만들었다. 카데터가 정확한 구멍에 들어가지 않으면, 정액도 제대로 전달시킬 수가 없으며, 이 과정에서 몇 시간씩 소요될 때도 있기 때문이었다.

엘리는 꽤나 얌전히 있었다. 그리고 베를린에서 온 두 수의사는 도구를 이리저리 민첩하게 움직이며 엘리의 몸 속 깊숙한 곳에서 어떤 수코끼리도 시도한 적 없는 일을 달성해냈다. 연구팀이 가까이 연결된 컴퓨터 모니터 상에서 초음파 및 영상 자료를 관찰할 수 있도록 코끼리 축사 안의 조도를 낮추어 놓았다. 엘리가 놀라지 않도록 주변의 모든 이들이 조용히 움직였다. 엘리가 갑자기 움직이거나 엉뚱한 쪽으로 발을 내딛게 되면, 엘리의 아래쪽과 뒤쪽에 있던 사람들이 다치기 쉬운 상황이었다.

힐데브란트와 괴리츠는 프로브를 능숙하게 다루며 서로 독일어로 조용히 대화를 나눴다. 환자 엘리의 위치를 잡는 데 도움이 필요할 때는 스티브에게 영어로 이야기했고, 스티브는 이 요청을 브라이언에게 그대로 전달했다. 브라이언은 한 손을 엘리의 가슴 쪽에 얹은 채 엘리의 바로 앞쪽에 붙어 서 있었다.

"엘리가 약간 뒤로 가야겠어요." 한 수의사가 말하자 스티브가 브라이언에게 이 말을 전했고, 브라이언이 다시 엘리에게 말하자 엘리는 뒤로 물러섰다.

"옳지." 브라이언이 엘리를 칭찬했다.

동물원의 입장에서 이번 시도는 대성공이었다. 엘리는 트라우마 반응을 보이지 않았고, 이들 전문 수의사팀은 학문적 명성에 걸맞은 성과를 보여준 셈이었다.

그러나 로우리 파크 외부에서는 이 같은 성과에 대해 다른 시각도 있었다. 엘리는 아프리카에서 태어났지만 포획 상태에 적응된 나머지 로우리 파크에 도착했을 때는 이미 코끼리로 사는 법을 상당 부분 잊어버린 코끼리가 되었고, 새 생명을 만들어내기 위해 전문가들은 수많은 기계들을 삽입해야 했다. 이와 같은 작업이 시사하는 바는 무엇이었을까? 단지 인간에게 그러한 일을 해낼 수 있는 전문지식이 있다고 해서 그러한 행위가 무조건 정당한 것이라고 할 수 있을까?

엘리가 수태를 하면, 엘리가 낳는 모든 새끼는 로우리 파크 혹은 철저히 통제된 또 다른 어떤 환경 속에서 자라나게 될 것이다. 만일 그 새끼가 또 새끼를 낳게 되면, 그 후손들 역시 갇힌 채로 살게 될 가능성이 높다. 그리고 그 새끼들과 그 새끼들의 새끼들까지도, 계속 같은 신세일 것이었다. 바로 그와 똑같은 미래가 엔샬라와 에릭, 그리고 로우리 파크를 비롯한 다른 동물원에 있는 여러 종의 동물들을 기다리고 있었다. 동물원을 비판하는 사람이 아니라 하더라도 자연 세계에서 동물들을 영구히 분리하는 것이 어떤 결과를 초래할지 의문을 가질 수는 있을 것이다.

이러한 의문에 대해 힐데브란트 박사는 중요한 것은 바로 동물들에게 제공되는 보호 수준과 서식 환경의 질이라고 답했다. 이를테면 코끼리가 계속 혼자 있는가, 혹은 야생 상태에서처럼 다른 코끼리들과 관계를 형성할 수 있는가? 비좁은 공간에 갇혀 있는가, 아니면 낮 동안 돌아다닐 만한 여유 공간이 있는가? 하는 것들 말이다.

"코끼리에게 가능하면 최적의 삶을 선사하고자 노력해야 해요." 힐데브란트가 말했다. 그는 로우리 파크가 코끼리 무리를 위해 꽤 큰일을 해냈다고 믿고 있었다. 그리고 동물원의 규모와 브라이언과 스티브를 비롯한 모든 직원의 전문성에 깊은 인상을 받았고, 엘리와 다른 코끼리들이 잘 성장하고 있다고 판단했다. 또한 인공수정이 단순히 새끼를 낳게 하기 위한 것이 아니라 엘리의 건강을 위해서도 반드시 필요한 일이었다고 덧붙였다. 암코끼리가 번식을 하지 않으면, 암으로 발전할 수 있는 종양이나 자궁 낭종이 생길 수도 있기 때문이었다.

"엘리를 위한 최선의 선택인 거죠." 힐데브란트가 말했다.

이 저명한 의사의 결론은 논리정연하고 차분했다. 그러나 동물원에 갇혀 있다는 것이 로우리 파크에 있는 모든 종에게 장기적으로 어떤 의미인지에 대한 의문은 여전히 남아 있었다. 날 수 없는 새도 새라고 볼 수 있는가? 호랑이가 사냥을 할 수 없다면, 서서히 온순한 어떤 동물로 진화하는 것은 아닐까? 다음 세대의 코끼리 새끼들이 동물원에서 태어나게 되면, 그 새끼 무리는 예상치 못했던 방식으로 차츰 변화하지 않을까? 대자연으로부터 영영 격리된 코끼리는 더 이상 코끼리가 아니지 않을까?

09

짝짓기

어둠 속 하늘 끝에서, 위성이 매너티 9호의 소리를 잡아냈다.

지표면으로부터 5백 마일 상공에 뜬 이 위성은 궤도의 중간쯤에 있었고, 이 지점에서 보면 지구는 한눈에 들어왔다. 파란색, 녹색, 갈색의 광활한 곡면체는 무수히 많은 생명체를 품기에 충분할 만큼 거대해 보였다. 하지만 수많은 생물종을 멸종위기로 몰아넣는 파괴를 자행하는 것 역시 쉬운 일이었다. 양극의 만년설이 녹고, 아마존 열대우림이 불타 없어졌으며, 플로리다 서부 해안 쪽에서는 독성 적조가 퍼져나가기 시작했다.

미국 국립해양기상청NOAA이 운용하는 위성 네트워크는 매년 이와 같은 재난의 증거들을 기록한다. 네트워크를 통해 여타 연구원들의 수많은 연구 작업에 관련된 자료를 수집하고, 전 세계의 구름 패턴을 적외선 사진으로 찍거나, 뇌우의 형성 과정과 허리케인이 지나는 경로를 추적하기도 하며, 매너티의 이동 경로도 추적한다.

2004년 3월 16일, 매너티 9호가 카리브 해에서 미 중부를 향해 북쪽으로 이동할 때, 플로리다 주변 바다에 있던 매너티 수십 마리의 꼬리에 달아 놓은 발신기가 보내는 신호를 수신하는 예닐곱 대의 위성 가운데는 M이라고만 알려져 있는 NOAA의 위성 한 대도 섞여 있었다. 아침 9시 58분, 이들 신호 중 하나가 세인트존스 강으로부터 M에 도착했다. 어렸을 때부터 매너티를 보며 살았던 플로리다 주민 수십만 명 사이에서 스토미Stormy라는 이름으로 더 잘 알려진 매너티 9호에 부착된 발신기로부터 온 신호였다. 포획된 상태에서 태어나고 성장하여 최근 방사된 스토미는 비가 추적추적 내리는 화요일 아침이었던 그날, 마지막으로 한 번 더 자신을 잡으려는 사람들의 그물에서 빠져 나오려고 애쓰는 중이었다.

"삐… 삐… 삐…."

처음 신호음이 들린 것은 추적하는 배 위에서였는데, 발신기가 수면 위로 떠오르면서 점차 소리가 커졌고, 잠시 후 불쑥 튀어 오른 발신기가 보이자 마침내 스토미가 모습을 드러냈다.

"저기! 세 시 방향!"

연구팀이 꼬리표tag라 부르는 발신기는 스토미의 꼬리 아랫부분에 둘러준 띠에 부착되어 있는 짧은 끈에 달려 있었다. 평생을 매너티 연구에 바쳐온 생물학자 모니카 로스는 스토미에게 그 꼬리표와 벨트를 부착하여 위성 및 추적선을 통해 매너티를 추적 조사했다. 모니카는 오른손으로는 키를 잡고 왼손으로는 스토미의 신호를 잡아내는 안테나를 잡은 채 추적선의 타륜 앞에 서 있었다.

"삐… 삐… 삐…."

스토미가 다시 물 위로 올라왔다.

"꼬리표가 올라왔어! 저기 있어요!" 누군가가 외쳤다.

매너티 연구진과 시월드SeaWorld 및 로우리 파크의 직원들을 가득 태운 배 세 척이 이날 아침 강을 따라 움직이고 있었다. 버지니아 에드먼즈는 머피 박사와 함께 배에 올랐다. 둘 다 수년째 스토미가 잘 크고 있는 것을 확인하며 흐뭇해 했다. 스토미가 매우 능숙하게 강을 가로지르고 있었기 때문에 연구팀은 그물로 스토미를 잡는 데 애를 먹고 있었다.

"우리 꼬마 스토미는 멍청하지 않지, 그럼." 어느 연구원이 말했다.

배에 탄 사람들 가운데 이런 날이 올 것이라 믿었던 이는 거의 없었다. 스토미는 1985년 마이애미 해양수족관에서 태어나, 이듬해 호모사사 스프링스에 있는 공원인 네이처스 월드로 옮겨졌다. 1990년 스토미는 로우리 파크로 보내지면서 동물원에 사는 최초의 매너티가 되었다. 이후 연구팀이 스토미를 자연으로 되돌려 보내기로 결정하고 세인트존스 강에서도 비교적 따뜻한 블루스프링 주립공원 유역에 방사할 때까지 12년간 이 동물원에서 머물렀다.

2002년 초, 처음으로 바깥 세상에 나갈 순간이 오자 스토미는 망설였다. 그 뒤 체중이 줄기 시작했고, 밖으로 과감히 헤엄쳐 나가기를 주저하는 듯 보였다. 때문에 연구팀은 스토미를 다시 포획해 로우리 파크로 데리고 돌아왔다. 어느 정도 회복 기간을 거치고 나서 스토미는 꼬리에 발신기를 부착한 뒤 같은 지역으로 방사되었다.

1년이 지난 지금, 스토미는 이제 다시 주어진 기회를 충분히 활용하고 있었다. 체중이 안정되었고, 수원지를 오가는 방법도 터득했으며, 다른 매너티들과 어울리는 모습도 포착되었다. 연구팀은 스토미를 다시 한 번 검사해 스토미가 건강해 보이면, 벨트와 발신기를 완전히 제거할 계획이었다. 마치 영화 〈야생의 엘자〉Born Free의 한 장면 같았다. 다른 점이라면, 플로리다 강이 배경이었고, 사실 스토미는 자유로운 상태로 태어나지 않았다는 것뿐이었다.

"삐… 삐… 삐…."

배 위에서 한층 경쾌한 신호음이 울려 퍼졌다.

"꼬리표가 올라왔어요!"

"저기 있다."

"거품 보여요?"

스토미는 다시 사라져버렸다. 연구진들은 얼굴에 튄 물보라를 닦아내며 웃었다.

쾌속정은 속도를 낮추어야 할 지점에서도 요란하게 강물을 가로지르며 지나갔다. 모니카가 쉿 소리를 내며 손짓했다.

마침내 연구팀은 그물에 걸린 스토미를 잡아 얕은 여울로 데리고 나왔고, 스토미를 밧줄로 감은 다음 강둑으로 데리고 나왔다.

스토미의 상태는 양호했다. 다른 매너티가 아닐까 생각될 정도로 덩치가 크고 영양상태가 좋았다.

"우리가 제대로 잡은 거 맞아?"

원래는 벨트와 발신기를 완전히 제거하고 놓아줄 계획이었지만 머피는 그에 앞서 건강진단을 한 가지 더 하자는 의견이었다.

"이 녀석이 가만히 움직이지 않고 있는지 봅시다." 머피가 말했다. 그는 연구팀이 스토미의 혈액과 소변, 피부 표본을 채취했는지, 그리고 길이, 둘레, 체중을 새로 측정했는지도 확인했다. 스토미의 체중은 5백 킬로그램에 육박했다.

"배설물 필요하신 분 계신가요?" 누군가가 물었다.

"채취합시다." 머피가 말했다.

여기저기서 들쑤시는 통에 스토미는 귀찮다는 듯 몸을 꿈틀대고 뒤척이기 시작했다.

"비켜요!" 머피가 사람들에게 주의를 주더니 버지니아 에드먼즈에게 말했다. "버지니아, 스토미에게 이야기 좀 해줘요."

"착하지, 스톰. 자, 스톰. 진정해." 버지니아가 스토미에게 몸을 기대며 말했다.

그러자 이내 스토미가 잠잠해졌다. 사람들은 발신기를 떼어 내고 다시 밧줄로 스토미를 들어 올려 강가로 데리고 갔다. 스토미가 드디어 구조팀의 모든 기술의 제약으로부터 자유로워지는 순간이었다. 위에서 스토미의 소리를 듣는 위성은 더 이상 없을 것이고, 그물을 가지고 그를 쫓는 배도 없을 것이다. 멀리 헤엄쳐 나가는 그 순간, 스토미는 마침내 홀로 서게 된 것이다.

연구팀에서 박수가 터져 나왔다. 굳은 표정으로 눈물을 참는 이들도 있었다. 더 이상 스토미의 삶을 공유할 수 없다는 것이 서운하면서도, 언젠가는 이런 순간이 오기를 기다렸기에 기쁘기도 했다. 버지니아는 깊은 한숨을 토해냈다.

연구팀이 다시 배에 올라타 집으로 향하는 길. 바람이 얼굴로 불어 들고, 수면 위로 듣는 빗방울이 물결을 일으켰다.

"기분이 어때요?" 누군가가 모니카에게 물었다.

생물학자는 미소를 지으며 답했다. "굉장히 행복해요. 어쩐지 따뜻한 기분이군요."

⁂ ⁂ ⁂

그해 봄은 상상을 초월할 만큼 분주했다. 공사 인력은 개장을 앞두고 사파리 아프리카 마무리 공사로 정신이 없었고, 기린, 얼룩말, 혹멧돼지가 트럭에서 내려지고 있었으며, 버지니아와 머피 등 직원들은 매일 새벽 또 다른 매너티를 방사하기 위해 차를 몰고 나섰고, 영장류 전담부서에서는 새로 태어난 콜로부스원숭이 새끼를 돌보고 있었다. 그러나 사육사들은 암컷 하나가 수태했다는 사실을 전혀 모르고 있었다.

어느 날 아침 케빈 맥케이는 콜로부스원숭이 우리 옆을 지나갔고, 모든 것이 여느 때와 다름없었다. 몇 분 뒤 우리 옆을 다시 지나가던 케빈은 아직 탯줄로 어미와 연결된 채 있는 갓 태어난 수컷을 보고 깜짝 놀랐다. 하루쯤 지났을까, 어느새 모든 암컷들은 갓 난 새끼를 돌보기 위해 서로 경쟁을 벌이고 있었다. 한 마리가 새끼를 안고 있으면, 곧 다른 암컷이 새끼를 채갔다. 케빈은 만나는 사람마다 붙잡고 새끼 콜로부스원숭이를 자신의 이름을 따서 이름을 지어주어야겠다고 말했다.

"난 반대예요." 리 앤이 말했다. 케빈이 어떤 사람인지 잘 알고 있던 그녀는 웃으며 고개를 가로저었다. 케빈은 무엇보다도 최고가 되기를 열망했고 동물원에 있는 모든 수컷 동물에 자신의 이름을 딴 세례명을 붙여주기만 하면 자신에게 돌아올 기회도 늘어날 것이라고 생각하는 사람이었다. 케빈은 동물애호가이기는 했으나, 아기자기한 성격의 동물애호가는 아니었다. 전형적인 남성에 가까운 케빈은 늘 동물원 곳곳에 자신의 영역을 표시하려 들었다. 다른 부서의 사무실에 몰래 들어가 달력이나 게시판 등 눈에 띄는 빈 공간마다 자신의 이름을 휘갈겨 써놓기도 했다.

아시아 담당부서에서는 캐리 피터슨이 자신과 파충류 부서 간 전쟁에서 임시 휴전을 선포한 상태였다. 캐리는 더스틴의 사무실에 마다가스카르휘파람바퀴벌레를 풀어놓을 계획을 짜고 있었다. 더스틴은 거미와 노래기를 연구하고는 있지만 바퀴벌레라면 질겁한다는 것을 알고 있었기 때문이다. 그녀는 그가 정말 비명을 지를지 궁금했지만 엔샬라가 드디어 에릭의 유혹에 마음이 끌리기 시작하는 듯했기 때문에, 지금 한가하게 복수나 하고 있을 시간은 없었다. 엔샬라는 여전히 으르렁거리곤 했지만, 어느 날 아침에는 상대에게 반하기라도 한 듯 각자의 굴 사이에 놓인 철망에 대고 몸을 비비기도 했다. 캐리를 비롯한 아시아 담당 사육사들은 엔샬라의 오줌이 희부연 것을 보고 발정기에 들어갔음을 알 수 있었다. 이 호랑이 두 마리를 한 전시관에 넣을 기회가 드디어 온 것이었다.

첫 번째 만남은 순조롭지 않았다. 엔샬라는 땅바닥에 몸을 바짝 붙이며 자세를 낮추더니 에릭을 사냥하려 들었다. 에릭은 엔샬라가 자신을 향해 달려드는 바람에 쫓겨 달아나게 되는 순간까지도 무슨 일이 일어나고 있는지 전혀 모르는 눈치였다. 마침내 엔샬라는 에릭을 구석에 몰아넣은 다음 에릭의 등 뒤를 덮쳤다. 소방호스를 들고 대기하며 지켜보던 사육사들은 엔샬라가 뒤로 물러설 때까지 이들을 향해 물을 뿌려댔다.

에릭은 마음만 먹으면 자신이 엔샬라를 단숨에 물리칠 수 있을 정도로 힘이 세다는 사실을 스스로 잘 모르는 것 같았고, 어쩌면 그 편이 다행인지도 몰랐다. 사실, 정식으로 맞붙을 경우 어느 쪽이 이길지는 뻔했다. 자기 발을 핥고 있는 에릭은 당황하고 겁에 질린 모습이 역력했다. 엔샬라는 자기 체취를 흩뿌리더니 호랑이 우리 안의 단 위에 올라서서 자신의 우위를 만천하에 공표했다.

엔샬라는 여전히 여왕이었다.

아시아 담당 사육사들은 실패를 인정하려 들지 않았다. 이 만남에 실망스러운 면이 있기는 했지만, 완전한 실패로 끝난 것은 아니었다. 엔샬라의 발정기가 일주일 정도 지속될 것이었으므로, 두 호랑이의 짝짓기를 다시 시도하기로 했다. 그리고 이번만큼은 조급하게 소방호스를 사용하지 않기로 했다. 멀찌감치 물러서서 호랑이들끼리 나름대로 상황을 해결하도록 놓아두는 편이 낫겠다고 판단한 것이다. 둘이서 알아서 할 터였다. 사랑은 결코 만만치 않은 일이다.

짝짓기 기간이던 어느 날 아침, 캐리와 케빈을 비롯한 여러 사육사들은 함께 여우원숭이 전시관 주변의 해자를 청소했다. 해자의 물은 전날 밤 이미 빼낸 상태였다. 장화를 신은 사육사들이 호스로 물을 뿌리며 질척하고 푸르스름한 배설물을 갈퀴로 긁어내고 삽으로 퍼내자 속에서 오렌지 껍질과 옥수수 속대와 파란색 라켓볼과 트윅스 포장껍질과 파티용 뿔피리가 나왔다. 새해맞이의 잔재인가 보다.

아, 그리고 동전도 여러 개 나왔다.

"이거 쏠쏠한데. 76센트는 되겠는걸." 또 한 명의 영장류 사육사인 안드레아 슈흐가 말했다.

모두들 땀을 흘리고 있었다. 오물을 뒤집어쓴 손이 얼굴에 닿지 않게 하려고 애쓰고 있었고, 주변에서 스멀스멀 피어오르는 냄새를 들이마시지 않으려 기를 썼다. 여우원숭이가 더럽다는 것은 다들 잘 알고 있었다. 여우원숭이 수컷들은 자신의 꼬리 부분에 있는 취선臭腺을 문질러 악취가 나는 꼬리를 서로를 향해 흔들어대며 악취전을 벌이곤 했다. 그렇게 지독한 동물 우리의 해자는 청소를 해봤자 티도 나지 않았다. 그럼에도 불구하고 사육사들은 노래하고 웃으며 일을 했고, 목에는 참회 화요일Mardi Gras(사순절 전날_옮긴이) 묵주를 걸고 있기도 했다. 한 여자 사육사가 끈적끈적한 오물을 뒤집어쓴 채 〈웨스트사이드 스토리〉의 한 소절을 불렀다.

"난 예뻐, 정말 예뻐! 나는 예쁘고 재미있고 똑똑해!"

케빈은 얼굴이 갈색과 녹색으로 얼룩진 채 〈몬티 파이튼의 성배〉(아더왕의 전설을 희화화한 영국의 코미디 영화_옮긴이) 중 자신이 가장 좋아하는 장면의 대사를 과장된 연극 대사 투로 줄줄 읊어대기 시작했다. 호수의 여인이 자신에게 엑스칼리버와 함께 왕의 권력을 넘겨준 과정에 대한 아더왕의 이야기를 어느 농부가 해체하는 장면이다.

"내 말을 들어보슈, 연못에 누워 칼을 나눠주는 낯선 여인들은 통치 기반이 못 된다오." 케빈은 영화 속 농부의 말투를 흉내 내며 말했다.

안드레아가 눈을 휘둥그레 떴지만, 그는 이제 막 시작했을 뿐이었다.

"그러니까, 내가 왕이라고 말하고 다니는 이유는 눈가가 젖은 어떤 여자가 내게 언월도를 던져줬기 때문이라오……."

다른 여자 사육사 하나가 끼어들었다. "우리에게 왕이 있는지 몰랐군요. 자치 집단인 줄 알았는데."

여우원숭이와 오랑우탄 우리를 구분해 놓은 유리창 너머로 랑고가 사육사들이 서로 티격태격하는 모습을 지켜보고 있었다. 루키야는 전시관 안에 딱 하나 있는 나무 꼭대기 위에 앉아 침팬지 구역 너머를 바라보았다. 잠시 후, 루키야가 모습을 감추었고, 한바탕 비명과 포효로 어수선해졌다. 어디서 시작된 소란이었는지는 몰라도, 상황이 고조되고 있는 것 같았다. 여우원숭이 우리의 해자 깊이만 생각해 보더라도, 사육사들에게 들리는 이 익숙한 쿵 소리는 허먼이 가짜 암벽에 자기 몸을 부딪히는 소리임을 알아차릴 수 있었다. 별일 아닐 테지만, 사육사 하나가 확인차 여우원숭이 우리의 해자에 올라서서 살펴보았다. 다시 잠잠해지자 모두들 그 푸르스름한 배설물을 치우던 곳으로 돌아왔다.

케빈은 막대기를 손에 쥐고 해자가 있는 벽 쪽으로 걸어가 수위선 바로 아래쪽 진흙에다 두 단어를 썼다.

케빈은 왕

이번에는 안드레아가 들고 있던 막대기로 덧붙여 썼다.

즐겁게 일해야만 했다. 그러지 않고서야 어떻게 견뎌낼 수 있겠는가? 사육사들은 박봉으로 새벽부터 해 질 녘까지 일했다. 당시만 해도 로우리 파크 사육사의 초봉은 시간당 7.5달러였다. 정문 앞 맥도날드에서 빅맥을 파는 일이나 다름없는 수준이었다. 물론, 동물을 데리고 하는 일이었고, 어린 시절부터 꿈꿔온 경우가 대부분이었다. 그러나 이 일은 사람들을 지쳐 나가떨어지게 했다. 대부분의 사육사들이 이십대에 로우리 파크에 처음 들어왔다가 신용카드 대금을 감당할 수 없는 지경에 이를 때쯤 다른 곳으로 일자리를 옮겼다. 동물원은 신규 인력을 채용하는 데 별다른 어려움이 없었다. 자리 하나에도 동물을 사랑하는 또 다른 이들이 늘 몰려들었다.

사육사들은 하루 종일 삽질과 갈퀴질을 하고 흙과 건초, 동물의 배설물을 실은 외바퀴 손수레를 끌었다. 동물들은 사육사들을 향해 으르렁대거나 물건을 집어 던지기도 하고, 동물원 관람객들이 그들을 비웃을 때도 있었다. 사육사들이 배설물 더미를 힘들게 끌고 가면, 사람들은 이들을 손가락으로 가리키며 아이들을 훈계했다.

"이래서 너희는 대학에 가야 하는 거야." 자기네들 이야기가 사육사들에게는 들리지 않는다는 듯 부모들은 이렇게 이야기하곤 했다.

무엇보다도 이들의 일은 위험했다. 휴게실 벽에 걸린 사진 속 차리의 모습을 보는 것만으로도 로우리 파크에서 있었던 그 사건은 늘 생생히 기억 속에 되살아나곤 했다.

대부분의 사육사들에게 동물원 일은 가치 있는 일이었으며, 적어도 얼마간은 그랬다. 직원들 가운데서 잊지 못할 소중한 친구를 사귀기도 했고, 그 가운데는 부부의 연을 맺는 경우도 있었다. 매일 일터에 들어서는 순간 그들은 세계 곳곳에서 온 수많은 생물종이 보여주는 끝없이 흥미진진하고 경이로운 생활 속에 빠져들었다. 아기 침팬지를 품에 안거나, 매너티를 방사할 때의 짜릿한 기쁨은 지금껏 그 어디에서도 맛볼 수 없었던 것이었다. 때때로 날 것 그대로의 환희가 하늘에서 쏟아져 내렸다.

☘☘☘

3월의 마지막 목요일, 아시아 지역 담당부서의 사육사들은 호랑이들의 교미 순간을 놓치지 않기 위해 오전 일과 내내 분주하게 움직였다. 해 뜨기 전 여명 속에서 사육사들의 일과는 벌써 시작되었다. 맥과 문착(동남아시아 원산의 작은 사슴_옮긴이), 바비루사에게 먹이를 주었고, 나부에게 당근을 밀어 넣어준 다음, 어린 코뿔소 암컷인 제이미 몫으로 그 배설물을 모아 따로 챙겨두었다. 제이미가 나부의 체취를 들이마시며 훗날 짝짓기를 할 가능성을 생각해 보도록 유도하기 위함이었다. 물론, 제이미가 충분히 성숙하고 덩치도 커져서 나부에게 해코지를 당하지 않을 정도가 된 다음의 일이 되겠지만 말이다.

분주한 아침, 사육사들은 엔샬라와 에릭의 배설물도 모아 두었다. 원예부서 직원의 특별 요청 때문이었다.

"밥이 호랑이 똥이 더 필요하다고 했어요." 캐리가 다른 사육사에게 말했다.

"그래요?"

"주머니쥐를 쫓는 효과가 있대요."

엔샬라와 에릭을 각자의 굴에서 전시관으로 옮겨 넣기에 앞서 사육사들은 이들 두 수마트라호랑이가 짝짓기 시점에 허기를 느끼거나 산만해지지 않도록 먹이를 미리 주었다. 이들이 자신들의 거처에서 아침식사를 하는 동안, 캐리는 전시관으로 슬그머니 들어가 바위마다 흰 치자꽃 향수를 약간씩 뿌려 놓았다.

엔샬라를 위한 것이었다.

"이봐, 공주님." 캐리가 다정한 목소리로 엔샬라를 불렀다.

캐리는 안전하게 밖으로 나온 뒤 엔샬라를 전시관으로 들여보냈다. 엔샬라 뒤쪽 자기 굴에 있던 에릭이 포효했다.

캐리는 미소를 지었다.

"에릭이 엔샬라를 애타게 기다리고 있었던 거예요. 엔샬라는 참 짓궂어요."

정확히 오전 9시 54분에 춤은 시작되었다. 때마침 숙소 문이 다시 열리고, 하루가 시작되는 눈부신 햇살 속으로 에릭이 걸음을 내디뎠다. 풀 주변을 어슬렁거리던 엔샬라가 금세 에릭에게 다가가 가르랑 소리까지 내며 몸을 비벼대더니, 잠시 후 자리를 떠났다.

"와." 캐리가 말했다.

"맙소사." 또 다른 사육사가 말했다.

이들 두 사람은 전시관 위로 구불구불 나 있는 판잣길 밑의 먼지 나는 좁은 공간에서 지켜보고 있는 중이었다. 이들과 호랑이들과의 간격은 6미터 정도였고, 해자와 두터운 그물벽이 보호막 역할을 했다. 머리 바로 위에는 거미줄이 쳐져 있었다. 옆쪽의 흙 속에서 소방호스가 졸졸 소리를 냈다. 사육사들은 이 호스를 사용할 생각이 없었지만, 엔샬라의 아비가 바로 이 전시관 안에서 엔샬라의 어미를 죽였던 사실을 너무도 잘 기억하고 있었다.

해자 너머에는 분위기가 조성되고 있었다. 엔샬라는 에릭에게 다가가 또 한 번 몸을 비벼대더니 다시 달아났다. 에릭은 다시 혼란스러운 듯 바닥에 쿵 주저앉았다.

"에릭은 아직 꼬마예요. 좀 더 성숙하고 경험 많은 호랑이라면 이미 엔샬라와 짝짓기를 시도하고 있을 텐데." 캐리가 말했다.

엔샬라는 에릭의 관심을 다시 끌어 보려고 벌렁 드러누워 이리저리 구르며 앞발을 허공으로 들어올렸다. 그러더니 몸을 웅크린 채 이 젊은 수컷 쪽으로 슬금슬금 다가가기 시작했다. 한마디로, 교태를 부리는 듯했다. 에릭이 엔샬라의 목덜미 부위를 킁킁대며 냄새를 맡기 시작하자, 엔샬라가 자세를 낮추고 후부를 들어올렸다.

두 사육사는 숨을 죽였다. 그 순간이 온 듯했다. 호랑이는 교미할 때 보통 암컷이 몸의 뒤쪽을 치켜들면—사육사들은 이를 암컷이 '준다' 고 표현한다—수컷이 암컷의 목 뒷덜미를 물고 암컷을 제압한다. 하지만 에릭이 미처 그런 생각을 하기도 전에 엔샬라가 슬쩍 빠져나갔다. 곧 엔샬라는 전시관 주변을 달리기 시작했고, 그 뒤를 에릭이 따랐다.

"엔샬라, 넌 정말 선수야." 캐리가 엔샬라를 향해 크게 소리 질렀다. "이제 그냥 녀석이 올라타게 내버려둔 다음, 그 일을 치르면 되는 거야."

그 순간 찌르레기처럼 보이는 작은 새 한 마리가 가까이 내려앉았다. 보통 호랑이들은 자기 전시관 안으로 들어오는 새를 잡아먹어 간단한 식사를 해결하곤 한다. 그러나 그것은 호랑이가 특정한 대상에 주의를 기울이지 않을 때 있는 일이었다. 에릭은 지금 엔샬라에게 달려들어야 할지 고민하느라 새를 쫓지 않았다. 캐리는 이 광경이 믿기지가 않았다.

"경험이 없는 남자와 섹시하지만 자신이 뭘 원하는지 잘 모르는 여자가 있는 거예요. 그리고 이 새 한 마리가 있는 거죠!"

캐리는 애써 흥분을 가라앉히는 표정으로 자기 앞머리를 후 하고 불어 넘겼다. 그때 잉꼬새 지저귀는 소리가 났다. 동물원 내 옆 구역에서는 큰긴팔원숭이 커플인 싸이러스와 나디르가 함께 부르는 쩌렁쩌렁한 이중주가 높은 곳에서부터 또렷이 들려 왔다. 사랑의 노래였다.

캐리 옆에 있던 사육사는 다른 업무 때문에 자리를 떴고, 곧 다른 사육사들이 호랑이들의 상황이 어떻게 되어 가고 있는지 확인하기 위해 몸을 낮게 구부린 채 그 좁은 공간을 따라 들어왔다. 바로 이날 아침, 더스틴은 캐리에게 호랑이들이 분위기를 잡을 수 있도록 촛불을 켜줄 생각인지 물었다. 지금 그가 짓궂은 미소를 띤 얼굴로 거미줄을 헤치며 들어오고 있었다.

"더스틴이 들어오는 거야?" 캐리가 말했다. 그녀는 마치 집어 던질 바퀴벌레라도 찾듯 흙 속을 뒤적거렸다.

"여러분이 거북이를 여기에 숨겨두고 있다는 이야길 들었는데."

좁은 공간만큼이나 가능성 없는 이야기를 하며 더스틴이 말을 건넸다. "당신들 구역을 털어볼 생각이에요."

캐리가 보기에 그는 농담을 하고 있는 것 같았지만, 확실치는 않았다. 뭘 물어보든지 그는 늘 거북이가 더 필요하다는 대답을 했기 때문이었다. 캐리는 웃음을 참으며 고개를 가로저었다.

"못 말려."

물 건너편에서는 둘만의 춤이 계속되고 있었다. 엔샬라는 더 이상 에릭을 공격하지 않았다. 대신 그를 이끌고 원을 그리며 돌다가 멈춰 서서 유혹하며 에릭이 자기 몸에 올라탈 기회를 주기도 하는 등 훨씬 더 미묘한 방식으로 밀고 당기기를 반복하고 있었다. 하지만 매번 결정적인 순간에 엔샬라는 빠져나가곤 했다. 캐리는 큰 소리로 호랑이들에게 포기하지 말라고 외치기도 했다. 배리 화이트Barry White(미국의 뮤지션으로 리듬 앤 블루스 음악의 거장이었다_옮긴이)의 곡을 연주하는 것만 빼고 할 수 있는 것은 다 하고 있었다.

"착하지, 조금만 마음을 편히 가져봐." 그녀가 엔샬라에게 말했다.

"에릭, 강하게 나갈 필요가 있어. 엔샬라는 네가 강하게 나오길 기다리고 있다고." 에릭에게는 그렇게 이야기했다.

캐리는 엔샬라와 에릭의 일거수일투족을 분석한 뒤 호랑이들의 행동을 인간의 짝짓기와 비교해가며 설명했다. 캐리가 이야기하는 동안 그녀의 벨트에 꽂혀 있는 무선 통신기에서는 다른 부서의 사육사들이 위치를 알리거나, 도움을 요청하거나 혹은 다음 업무사항을 확인하는 신호음이 울려댔다. 캐리의 머리 위쪽에 직접 맞닿아 있는 판잣길에서는 아이들이 소리를 질러대며 법석이었다. 자기들이 하는 이야기를 듣는 어른이 있을 것이라고는 상상도 하지 못했을 것이다.

"호랑이! 호랑이다! 호랑이야!"

캐리가 한숨을 쉬었다.

"애들은 딱 질색이라니까."

엔샬라가 있는 유리창을 두들기거나 호랑이들에게 물건을 집어 던지는 등 일부 관람객들의 무례하고 몰지각한 행동 때문에 그녀는 놀랄 때가 많았다. 캐리는 이를 "인간 전시"human exhibit라 부르기도 했다.

어느새 아이들은 가버리고 다시 조용해졌다.

캐리는 가끔 타깃(미국의 할인점 체인_옮긴이)으로 쇼핑을 하러 가거나 공원에 개들을 데리고 산책을 나가면, 로우리 파크 셔츠를 입은 자신의 모습을 본 사람들이 동물원에서 일하는 것을 두고 자신을 비난하는 경우가 종종 있다고 했다.

"나는 당신이 동물을 사랑하는 사람인 줄 알았는데, 아니었군요." 캐리에게 그렇게 말하는 여자도 있었다.

그녀는 최대한 스스로를 변론했다. 자신을 비롯한 다른 사육사들이 동물들을 잘 보살피기 위해 얼마나 애쓰고 있는지, 동물원이 왜 있어야 하는지 열심히 설명했다.

"동물원의 동물들은 야생 생태계의 대표 사절단이나 마찬가지예요." 그녀는 그렇게 말하곤 했다.

이제 정오가 지났다. 엔샬라는 벌써 두 시간째 자기 뒤를 쫓는 에릭을 데리고 계속 빙빙 돌기만 했다. 12시 25분, 마침내 에릭은 결판을 내기로 결심한 모양이었다. 좌절한 것이 역력한 모습으로 으르렁대며 자신의 턱을 엔샬라의 목덜미에 파묻은 채 엔샬라 위에 올라타자 엔샬라는 전망창 앞에 바짝 붙어선 채 또다시 기회를 주는 자세를 취하며 그 아래서 꿈틀대기 시작했다.

몇몇 어린 아이들이 눈을 휘둥그레 뜨고 유리창 앞에 붙어 섰다. 엄마들이 고개를 절레절레 흔들었다.

"저 아이들은 오늘 중요한 걸 배운 거야." 캐리가 웃으며 말했다.

불과 10초 내지 15초쯤 지났을까, 에릭이 엔샬라의 목덜미를 물더니 엔샬라의 위에서 펄쩍 뛰어내렸다. 예상대로였다. 호랑이들의 교미는 매우 순식간에 그리고 자주 이루어지는 경향이 있다. 야생의 자연에서는 하루에도 수십 번씩 짝짓기를 하기도 한다. 에릭이 의도했던 목표를 달성했는지는 아직 확인할 길이 없었다. 하지만 캐리는 엔샬라가 에릭에게 기회를 주었다는 사실 자체에 만족했다.

"엔샬라가 해냈어. 드디어 해냈다고."

엔샬라 역시 의기양양한 모습이었다. 에릭이 자리를 뜬 뒤 엔샬라는 꼬리를 앞뒤로 흔들며 몸을 길게 쭉 늘였다. 몇 분 뒤 다시 몸을 일으키더니 엔샬라는 에릭에게 다가가 또다시 준비가 되었다는 듯 몸을 비벼댔다.

10

인간 전시

침팬지들과 함께하는 아침이 또 밝았다. 허먼은 어김없이 성적인 요구를 했다. 허먼은 자기 굴에서 위풍당당하게 선 채 자신이 가장 좋아하는 사육사 중 한 명인 안드레아 슈흐에게 가슴을 펴 내밀고 있었다. 오랜 경험상 안드레아는 허먼의 표정을 읽어낼 수 있었고 자신이 약간의 살갗을 보여주기를 바란다는 것을 알 수 있었다. 그다지 과하게 보여줄 것도 없었다. 단지 어깨만 살짝 보여주면 되는 것이었다. 안드레아는 심각하게 생각하지 않았다. 허먼이 자신의 충동을 조절할 수 없음을 알고 있었고, 그녀 입장에서는 허먼을 기분 좋게 만드는 데 별다른 비용이 들 것도 없었기 때문이었다.

"그러고는 우리는 각자 나름의 삶을 살아가는 거죠." 그녀가 말했다.

얼마나 많은 여성들이 자신의 남편에 대해 이와 비슷한 감정을 토로했을까? 남편이 원하는 것을 그냥 주고 나서 각자 자신의 하루를 이어나가는 것이다. 단지 허먼은 인간이 아니고, 안드레아는 허먼의 아내가 아닐 뿐이다. 하지만 영장류를 다루는 여자 사육사들 가운데는 어깨를 슬쩍 보여 달라는 침팬지에 대해 불편하게 느끼는 경우도 있었다.

"미치겠어." 어느 날 한 사육사가 안드레아에게 말했다. 그녀는 금발이었다. 안드레아는 밝은 갈색의 긴 생머리였지만, 어쨌든 허먼은 안드레아를 좋아했다.

안드레아가 웃으며 말했다. "좀 미친 짓이기는 하지."

다른 사육사 하나는 허먼의 요구를 무시했다. 허먼의 요구를 한두 번 들어주다 보면 자꾸 더 그런 요구를 해올 것임을 알고 있었기 때문이다.

"난 그런 행동을 부추기고 싶지 않아요." 그녀가 말했다.

웬만한 사람은 상상조차 할 수 없는 상황을 거의 매일같이 해결해야 하는 것이 사육사라는 직업의 속성이었다. 매에게 속삭이는가 하면 코뿔소와 장난을 치거나 궁금하지도 않았던 외양간 올빼미의 페티시에 대해 알게 될 때도 많았다. 동물원에서 오래 일하면 인간과 비슷한 행동을 동물들에게서 발견하게 되었고, 반대로 사람들은 동물원의 동물들을 연상케 하는 행동을 종종 한다는 사실을 알게 되었다. 그리고 그 모든 것들이 하나로 겹쳐 보이기 시작했다.

사육사들은 쉬는 날 레스토랑에 가게 되면 무심결에 다른 테이블 사람들의 대화를 분석해 수초 내에 각각의 무리에서 누가 일인자인지 파악할 수 있었다. 쇼핑몰을 가로질러 걸어갈 때면 마치 몸단장을 하는 새장 속의 새들처럼 자꾸만 머리카락을 쓸어 넘기며 햇살이 비치는 속으로 아주 천천히 걸어가는 사춘기 소녀들이 보였고, 반대편을 돌아보면, 허먼처럼 가슴을 한껏 펴 내밀고 건들대며 걷는 사춘기 소년들을 볼 수 있었다.

차이점이라면, 소년들은 아직 자라고 있는 단계였고 머지않아 새로운 모습으로 조금씩 변화될 것이라는 점이었다. 탄탄대로가 펼쳐질 그들의 삶은 이제 시동을 걸고 있었다. 하지만 허먼에게는 자신의 전시관과 굴, 그리고 그칠 줄 모르는 집요한 집착 말고는 아무것도 없었다. 사방이 막다른 길이었다.

리 앤이 보기에 허먼의 성적 집착은 갈수록 악화되고 있는 듯했다. 그녀가 기억하기로는 처음 만났을 때만 하더라도 허먼의 욕구가 이처럼 막무가내는 아니었다. 권태의 표현일까? 표현하지 못하는 다른 어떤 것을 원하고 있다는 뜻일까? 그녀는 인간으로서 침팬지에 대해 알 수 있는 최대한도만큼 허먼에 대해 알고 있었지만, 그 내면에서 어떤 일이 일어나고 있는지 이해하는 데는 분명히 한계가 있음을 깨달았다. 여러 면에서, 허먼이나 다른 침팬지들은 여전히 신비로운 존재였다. 그녀는 침팬지들과 대화도 하고, 이러저러한 일들을 설명도 해주고, 그들의 세계에 대한 해석도 듣고 싶었다.

리 앤은 루키야가 동물원 내 침팬지들 가운데 가장 영리하고, 허먼보다도 훨씬 똑똑하다고 생각했다. 루키야의 성질은 허먼과는 또 달랐다. 허먼은 다른 모든 침팬지들을 살피고, 알렉스를 지켜보며, 암컷들의 괴롭힘으로부터 뱀부를 보호해 주기도 하는 참을성 있는 리더였다. 그에 비해 루키야는 교활하고 계산적이었다.

리 앤은 허먼과 루키야 이야기를 즐겨 했다. 그녀가 목격했던 기적 같은 상추 도난 사건은 특히나 단골 레퍼토리였다.

숙소에서 식사시간이 되면, 루키야는 허먼의 먹이를 빼앗곤 했다. 허먼이 한눈파는 틈을 타 원하는 것을 낚아챘던 것이다. 어느 날, 허먼은 루키야가 가장 좋아하는 상추를 몇 장 가지고 있었다. 루키야가 그 상추를 가로채자, 허먼은 루키야를 붙잡아 상추를 다시 빼앗았다. 그러더니, 다시 돌려주는 것이었다. 이 광경을 본 리 앤은 깜짝 놀랐다. 침팬지에게 사교 예절 같은 것이 있다는 사실은 알려진 바가 없고, 나누어 준다는 것은 그들 세계에서는 찾아보기 힘든 개념이었다. 그런데 허먼은 우두머리로서의 지위와 막강한 힘이 있음에도 불구하고 루키야에게 상추를 건네주고 훔쳐 먹은 것도 용서해 준 것이었다.

"내게는 엄청난 경험이었어요." 리 앤이 말했다.

허먼의 행동은 의미심장했지만, 루키야의 행동 역시 마찬가지였다. 침팬지도 이타적 행동을 보일 때가 간혹 있기는 하지만 영장류 학자들의 표현에 따르면 마키아벨리적 지능을 드러내 보이기도 한다. 권력, 식량, 짝짓기 기회를 두고 벌어지는 경쟁 속에서, 수많은 영장류와 원숭이 종에게서는 사기 행동 및 그에 대한 방어 행동이 관찰된다. 침팬지들은 다양한 전략을 사용하며, 숨고, 상대의 주의를 분산시키고, 화난 척 하거나, 가짜로 관심을 보이기도 하는가 하면, 다리를 저는 것처럼 위장할 줄도 안다. 특히 침팬지는 정략적으로 서로 뭉치거나, 사기 수법을 사용해 집단 내에서 힘 있는 개체들에게 영향력을 행사하려 들기도 하는 것으로 알려져 있다.

리 앤은 루키야에게서 이러한 속성 몇 가지를 발견할 수 있었다. 허먼에게서 먹이를 훔치는 것뿐만 아니라, 허먼의 감정까지도 좌우할 수 있는 능력이 있음을 본 것이다. 예를 들면, 허먼의 인내심이 한계에 도달해 마침내 루키야에 대해 참아주기 힘들어질 때가 되면 이 여제女帝는 마치 허먼이 무엇인가 자신에게 해코지라도 했다는 듯 뱀부를 향해 비명을 지르며 쫓아갔다. 뱀부는 늘 쉽사리 희생양이 되곤 했고, 리 앤이 목격한 것만도 여러 차례였다. 이 과정에서 제이미와 트위기도 합류해, 허먼은 자신이 루키야에게 화가 났다는 사실조차 깜박 잊게 만드는 상황이 연출되곤 했다. 결국 허먼은 루키야가 이끄는 대로 따라가다가 뱀부의 뒤를 쫓기도 했다. 한마디로, 루키야나 다른 암컷들은 허먼의 분노를 다른 곳으로 돌릴 만큼 영악했다.

"암컷들은 참 똑똑해요. 녀석들을 좋아하기는 하지만, 사실 좀 못됐죠." 리 앤은 고개를 절레절레 내저으며 말하곤 했다.

루키야는 만족감이나 분노, 유쾌함 같은 자기 기분을 다른 이들에게 전달할 줄 아는 재주가 있었다. 이런 루키야를 두고 리 앤은 집단 전체를 가늠할 수 있는 온도계라고 표현했다. 루키야는 복잡다단한 성격이었다. 그런가 하면 입양한 아들인 알렉스를 대하는 것을 보면, 루키야에게는 영악한 면뿐 아니라 누군가를 돌볼 줄 아는 면도 있었다. 어린 수컷의 입장에서 볼 때 대체적으로 루키야는 더없이 좋은 엄마였다. 알렉스가 흙을 집어 던지거나 발을 쿵쿵 구를 때면 루키야는 지나치게 너그러울 때가 많았다. 루키야 역시 다른 어른 침팬지들과 마찬가지로 다른 곳을 보며 모른 척 하곤 했던 것이다.

하지만 그렇게 내버려둔다 해도 루키야가 알렉스를 자기 자식으로 받아들이고 수년간 충실하게 보호하고 양육하며 허먼으로부터 왕좌를 물려받도록 준비시켰다는 사실만큼은 분명했다. 알렉스는 앞으로 적어도 몇 년 동안은 권력을 손에 넣을 수 있을 만큼 성숙하지 못하겠지만, 서서히 변화가 일고 있었다. 나날이 반항기를 보이는 알렉스의 행동에서 사육사들은 그 사실을 눈치챌 수 있었다.

리 앤은 침팬지들에게 강한 동질감을 느꼈던 탓에 그들이 인간이 아니라는 사실을 깜박할 때도 있었다. 기분이 좋지 않은 날이면 리 앤은 침팬지들의 숙소로 가 허먼 곁에 앉아 고민을 털어놓곤 했다. 망을 사이에 두고 허먼은 그녀의 이야기를 들어주었다.

☘☘☘

횃대에서 허먼은 밝은 머리색에 붉은 피부색을 가진 키 큰 남자가 다가오는 것을 보았다. 이 남자의 이름은 알지 못했지만, 그를 알아볼 수는 있었다. 허먼은 이 남자를 살펴볼 기회가 많았고 그의 태도에서 묻어나는 편안한 자신감과 그의 말 한마디 한마디에 존중과 존경을 보이며 경청하는 다른 사람들의 태도를 파악하고 있었다. 만일 이 키 큰 남자가 침팬지 전시관 앞에 오래 머물렀다면 허먼은 앞뒤로 오락가락하며 흙을 던지기 시작했을 것이다. 누가 진짜 일인자인지 이 남자에게 확인시켜 주기 위해서다.

자리를 비켜주는 것이 최선일 것이라고 렉스 샐리스버리가 말했다. 렉스는 허먼의 과시행동에 괘념치 않는 듯 보였다. 그는 허먼이 지위나 권력 서열에 따라 행동한다는 것을 잘 알고 있었기 때문이었다. 뿐만 아니라, 렉스는 침팬지에게 자신의 존재를 각인시킬 필요도 없었다. 렉스가 동물원의 진정한 일인자라는 사실을 로우리 파크에서 모르는 사람은 아무도 없었다. 허먼의 동물 번호가 000001일지 모르지만, 동물원 무전기 서열상으로 1번은 당연히 렉스였으니 말이다.

타고난 쇼맨인 렉스의 로우리 파크 투어는 최고로 흥미진진하면서도 유익했다. 어느 날 오후 관람객 한 명을 데리고 다니던 그는 큰두루미를 가리키며 그들의 짝짓기 방식에 대해 설명해주었다. 수달 전시관을 지나면서는 물에 사는 족제비라고 보면 된다고 설명하기도 했다.

"피를 봐야 직성이 풀리는 녀석들이죠."

동물원 곳곳에서 그는 모든 새와 도마뱀붙이를 각각 알아보고 각각의 생물종을 관찰한 내용을 상세히 곁들여 가며 관람객들의 마음을 사로잡았다. 곰치들이 좋아하는 지하 터널이나 초록나무비단뱀이 체열을 감지해 새를 사냥하는 방식에 대해서도 이야기를 들려주었다. 매너티 풀 앞에 멈춰 서서는 매너티의 지느러미에 보이는 손톱이 있었던 흔적에 대해 설명하기도 했다.

"과거에 뭍에 살았음을 알 수 있죠."

손톱 흔적을 살펴본 다음에는 고래—로우리 파크에는 없다—에게 어떻게 골반의 흔적이 남게 되었는가에 관한 이야기가 이어졌다.

"고래는 80퍼센트의 호흡교환(산소 소비량 대비 이산화탄소 배출량_옮긴이)을 합니다." 그가 편안히 설명을 이어갔다.

렉스는 마흔다섯 살이었지만, 적어도 십 년은 더 젊은 사람처럼 에너지가 넘쳤다. 그는 탬파에서 북쪽으로 한 시간가량 떨어진 농장에서 살았는데, 그곳에는 얼룩말과 혹멧돼지를 비롯한 여러 외래종 생물이 가득했다. 렉스는 자신이 모는 큰 트럭에 이들을 태우고 로우리 파크와 농장을 분주히 오가곤 했다. 마치 자신의 농장이 단지 동물원의 연장선상에 불과하다거나 혹은 동물원이 자신의 농장에 딸려 있는 곳인 것처럼 느낄 때도 있었다. 렉스는 경계를 허무는 버릇이 있어서 주변 사람들을 긴장시키곤 했다. 그는 항상 늦게까지 남아 일하며 사람들에게 먼저 가라고 손을 흔들었고, 자신은 늘 동물원을 위해 일하고 있다고 입버릇처럼 말하곤 했다. 그가 일을 하지 않고 있던 때는 언제였을까?

그런가 하면, 렉스는 다른 종류의 선은 잘 긋는 사람이었다. 그는 알래스카에서 보낸 유년기나 호주 시드니에서의 대학 시절, 뉴질랜드에서 앵무새의 열 교환율에 관해 쓴 석사논문 등 자신이 자라온 이야기를 들려주곤 했다. 하지만 로우리 파크 밖에서의 현재 생활이나 그의 농장 방문에 관한 질문을 받을 때면, 대화를 부드럽게 다른 방향으로 돌리곤 했다. 사생활을 보호하려는 욕구는 당연히 이해할 수 있었다. 놀라운 것은 미끄러지듯 매끄럽게 방향을 트는 그 솜씨였다.

2004년 봄, 로우리 파크의 사파리 아프리카 개장 준비가 한창이던 당시 그는 막 재혼을 했다. 동물원 내 어느 누구도 아무런 귀띔을 받지 못한 일이었다. 자기 일에 관한 한, 렉스는 정치인에 가까웠다. 그는 그렇게 자기 동료들의 습관이나 행동에 주목했고, 그 가운데 로우리 파크의 장래에 도움이 될 만한 재력이나 인맥을 갖추고 있는 이들에게 특히 관심을 쏟았다. 그가 일하는 모습에는 품위, 분별, 격식이 있었다.

"그런 것은 별개의 능력이긴 합니다." 그 자신도 인정했다.

렉스는 시장이나 주지사의 마음을 얻는 법을 터득해야 했다. 칵테일파티에서는 동물원에 기부를 더 할 수 있는 부유한 노부인들과 매너티나 미어캣에 대한 이야기도 나누어야 했다. 스와질란드 법정에서부터 힐스버러 카운티 위원회에 이르기까지, 렉스는 상대의 권위에 도전하지 않는 듯 보이면서도 다른 권력자들을 자기편으로 끌어들일 줄 아는 일인자로서 성공가도를 달렸다. 사회 인류학을 공부한 것도 도움이 되었다. 사명감이나 그의 머릿속에 들어 있는 각종 생물종에 대한 백과사전적 지식 역시 도움이 되었다.

한편 렉스는 동물들이 최고의 마케팅 도구라는 것을 잘 알고 있었다. 닳고 닳은 권력층에게 각종 생물들은 뿌리칠 수 없는 매력적인 존재였다. 렉스가 장갑 낀 손으로 수리부엉이 이반을 플로리다 상원 앞까지 데려간 이유도 바로 여기에 있었다. 보석을 주렁주렁 걸친 귀빈들이 동물원의 연례 공식 모금행사인 카라무Karamu에 참석하는 봄철만 되면 새끼 악어나 손에 잡기 쉬운 도마뱀, 가면올빼미가 전시되어 있는지를 확인하는 것 역시 같은 이유에서였다.

무엇보다도 렉스에게 가장 중요한 것은 장차 동물원이 이 지구의 미래에 어떤 의미를 지니게 될지에 관한 '복음' 전도였다. 그는 멸종위기 종에 대한 보호처의 역할을 하게 될 로우리 파크의 미래에 대해 열정적으로 이야기했다.

"동물원은 정박해 있는 노아의 방주일지 모릅니다. 단순한 오락

그 이상의 의미가 있는 거죠." 렉스는 그렇게 말하곤 했다.

동물원들—로우리 파크뿐 아니라 세상의 모든 동물원들—이 갖추고 있는 공간이나 자원은 사라져가는 생물종 가운데 극히 일부만을 구하기에도 벅차다는 것이 기정사실이었으므로, 그와 같은 비유는 사실 오만한 이야기였다. 물론, 피난처를 찾은 종은 아무래도 멸종 가능성이 그만큼 줄어드는 것은 분명했기 때문에, 보호 노력이 중요하다는 데는 이론의 여지가 없었다.

렉스의 설교가 부하 직원들에게 늘 통하는 것은 아니었다. 직원들은 렉스가 로우리 파크의 재정 자립에 대해 떠들어대는 것을 종종 들었다. 렉스의 말인즉슨, 미국 내 대부분의 동물원은 세금을 통해 자금의 40퍼센트 가량을 지원받고 있지만, 로우리 파크는 공공자금 의존도가 3퍼센트에 불과하다는 것이었다. 그러나 로우리 파크가 수지타산을 맞추기 위해서는 단 1달러라도 최대한 가치 있게 활용하고 가능한 한 효율적으로 운영하는 수밖에 없었다.

사육사들도 재정적 자립의 중요성에 대해서는 잘 알고 있었다. 그러나 사육사들 상당수가 최저임금에서 시간당 2~3달러 정도 더 받는 수준의 조건으로 일하고 있었던 반면, 렉스의 금년 연봉은 20만 달러를 상회하게 책정되어 있었다. 이는 탬파 시의 시장이 받는 돈보다도 많은 액수였다. CEO의 접시는 차고 넘치는데, 왜 자신들에게는 그토록 작은 파이 조각만 주어져야 하는 것인지 사육사들은 의아하게 여겼다. 계속 쌓여가던 이 같은 불만은, 사실 일리가 있는 것이기도 했다.

동물원 밖에서 보이는 렉스의 스타일은 세련되고 절제되어 있었으며 매력적이었지만, 동물원 안에서는 요구하는 것이 많고 거침없는 스타일이었다. 자신의 마음에 들지 않는 사람이 있으면 거침없이 이야기했다. 가차 없이 질책하고 쫓아냈다. 그와 의견이 다른 직원은 결국 모호한 사정을 이유로 조용히 동물원을 떠나게 되었다.

허먼과 비교해 볼 때, 렉스는 훨씬 더 적극적이고 영민한 지도자였다. 침팬지인 허먼과는 달리, 일인자에게 친절이 늘 미덕인 것만은 아니라는 걸 렉스는 잘 알고 있었다. 자신의 방식을 좋아하지 않는 사람도 있음을 알고 있었지만 이에 개의치 않았다. 렉스는 직원들 가운데 자신의 동물원 운영 방식에 동의하지 않는 사람이 있으면, 다른 일자리를 찾아보라고 충고했다.

"왜냐하면 난 안 떠날 거니까. 이건 민주주의가 아니라 자비로운 독재지."

그는 아프리카에서 코끼리 네 마리를 데려오기로 한 자신의 결정이 동물원을 전 세계적 논란 속으로 몰아넣었음을 인정했다. 한술 더 떠, 로우리 파크가 앞으로 나아갈 수만 있다면 좀 시끄러워질 필요도 있다고 생각했다. 타성에 젖는 것을 혐오했던 그는 코끼리들이 동물원 안에서 종축군으로 성장하는 미래의 모습을 상상했다. 그렇게 되면, 지금보다 더 넓은 공간이 필요하게 될 것이고, 이를 해결할 방안으로 렉스는 야생동물 보호구역이라는 개념을 구상하고 있었다. 이를 구현할 후보지로 탬파 바로 북쪽에 있는 파스코 카운티나 동쪽의 폴크 카운티가 물망에 올랐다.

"녀석들 때문에 5년 내에 50에이커 이상이 필요하게 될 겁니다. 도시 공원 안에 세계에서 가장 덩치 큰 척추동물을 둘 수는 없으니까요." 그가 말했다.

렉스가 이 발언을 마지막으로 한 것은 2004년 3월 3일, 그의 집무실에서 있었던 긴 인터뷰에서였다. 이 인터뷰에서는 그의 어린 시절, 부모님과 수십 년에 걸쳐 멘토가 되었던 이들, 그리고 열여섯 살 아들 알렉스에 관한 이야기도 나왔다. 인터뷰 내내 그는 솔직하고 편안한 태도로 대화에 임했다. 그럼에도 불구하고 바로 다음 날 있을 자신의 결혼에 대해서는 단 한 마디도 꺼내지 않았다.

신혼여행에서 돌아와 업무에 복귀했을 때 또 하나의 공적인 행사가 렉스를 기다리고 있었다. 그의 소망과 열정, 그리고 수년간 두 대륙을 오가며 공들인 노력의 결실인 사파리 아프리카가 이제 막 그 모습을 드러내려는 순간이었다. 렉스는 코끼리들을 아프리카 사바나로부터 자신의 동물원 안으로 데려오기 위해 모든 걸었다. 그에게는 절체절명의 순간이 온 것이자, 시험대에 오른 셈이었다.

☘ ☘ ☘

선선한 토요일 저녁이었다. 하늘에서는 둥근 달이 빛나고 있었고, 살집 있는 가슴골에는 다이아몬드가 반짝거리고 있었다.

로우리 파크 동물원은 완전히 문을 닫아 사방이 깜깜했지만 정문 근처의 공연장과 분수대만은 불빛이 환하게 밝혀 있었고, 샴페인과 칵테일, 그리고 필레미뇽과 농어 요리를 곁들인 250달러짜리 저녁식사가 테이블을 가득 채웠다. 이날 저녁, 동물원에서는 제16회 카라무 공식 갈라가 한창이었다. 올해 갈라의 테마는 코모도와 기모노

였으며, 이는 제등 장식이나 커다란 노란색 용 탈을 둘러쓰고 물결치듯 움직이는 공연단, 테이블마다 놓인 금어초와 난초, 그리고 포춘 쿠키를 통해서도 엿볼 수 있었다. 포춘 쿠키 안에는 후원 기업이 전하는 가슴 떨리는 메시지가 담겨 있었다.

'앰사우스 고객님께 행운의 미소를!'

파티에 참석한 이들은 테이블마다 앉아 있는 돈 많고 인맥 넓고 성형수술로 아름다운 외모를 갖춘 수많은 사람들, 파티 드레스를 걸친 아름다운 여자들과 턱시도를 입은 화려한 남자들을 만나볼 수 있었다. 평소 동물원에서 관심의 대상은 인간이 아닌 동물들의 행동이었다. 그러나 이날 저녁 몇 시간만큼은 스포트라이트가 바로 그 동물들을 거느리는 인간이라는 종에게 집중되었다.

카라무는 일인자들이 한데 모이는 동물원 최대의 행사였다. 모두들 자기가 지닌 보석과 아름다운 몸매를 과시하기 위해, 자신의 서열상 위치를 각인시키기 위해, 서로 보고 또 보여주고자 모여들었다. 돈과 권력, 성적 욕망이 교차하는 눈부신 장면이었다. 세련된 껍데기 아래 숨겨진 채 꿈틀대는 욕망이 서서히 모습을 드러내고 있었다. 그야말로 인간 전시장이었다.

파빌리온 저편에서 렉스는 새로 맞이한 아내 엘레나 셰파를 사람들에게 소개하며 악수와 축하의 포옹을 나누고 있었다. 이들 부부의 결혼 소식은 하객들 사이에서 삽시간에 퍼져나갔다. 여자들은 진주 액세서리와 분홍빛 드레스, 그리고 신혼의 행복한 기운으로 반짝거리는 신부를 찬찬히 뜯어보았다. 누군가가 그녀는 유리 조각 작품을 만드는 예술가라고 귀띔했고, 다들 그녀가 매력적이라는 데 수긍하는 분위기였다.

턱시도 차림의 렉스는 갈라에 참석한 대부분의 다른 남자들과는 달리 동물원에 돈을 대고자 찾아온 거물급 인사들과 일일이 눈을 맞추며 미소를 지으면서도 엘레나를 가까이 끌어안은 채 편안한 모습이었다. CEO들이 줄줄이 참석해 있었고, 수많은 거물급 인사들과 은행 경영자들, 법률 자문가들과 더불어 검정색 턱시도를 빼 입고 사우스 탬파의 모든 이들에게 치과교정 전문의로 거듭 소개되는 한 남자도 그 자리에 있었다.

테이블마다 웅성대는 소리들이 피어올랐다. 하객들은 담소를 나누고 농담을 주고받거나 소소한 이야기들을 나누고 있었다. 워낙 모두들 왁자지껄하게 쉴 새 없이 이야기를 나누고 있어서 누가 말을 하고 있는지조차 분간하기 힘들 정도였다. 아무래도 상관없었다. 떠드는 것을 잠시 멈추고 그저 사람들을 바라보며 그들의 말 대신 행동에서 읽어낼 수 있는 것들을 찬찬히 뜯어 보는 편이 훨씬 흥미진진했다. 어쨌거나, 이들은 영장류였다. 물론, 훌륭한 남자들과 여자들인 것은 분명하다. 그것도 탬파의 최고위층이다. 허나 그래봤자 영장류다.

만일 인류학자가 인간 종 가운데 상류층만 모아놓은 이 표본을 연구한다면 그들의 행동에서 무엇을 관찰할 수 있을까? 아마도 남자들이 가슴을 펴 내밀고 있는 모습—쇼핑몰에서 본 그 소년들과 다를 바 없는 모습—이나 또 다른 실력자 옆에 서면 허풍을 떠는 모습을 관찰할 수 있을 것이다. 혹은 악수할 때 손을 으스러지게 꽉 잡으며 누가 기싸움에서 물러서나 서로 확인해 보려는 반짝이는 눈빛을 읽을 수도 있을 것이다. 간혹 악수 결투를 건너뛰고 곧바로 레슬링 시합이라도 하듯 팔을 상대의 어깨에 둘러 꽉 누르며 상대가 항복할 때까지 숨을 못 쉬게 만드는 경우도 있었다. 이러한 힘겨루기가 끝이 나면, 몇몇 실력자들은 함께 서서 무리 가운데 짝짓기할 대상을 살펴보기도 했다.

"난 지금 굶주린 상태라고." 한 명이 말했다.

여자들의 행동 역시 원초적이기는 마찬가지였다. 주변의 시선을 자신에게 돌리기 위해 모두들 시간과 비용을 아낌없이 쏟아 부었다. 장소가 동물원인 탓에, 여자들은 대자연의 팔레트에서 차용한 깃털 장식이나 표범 무늬와 모피로 치장해 돋보이고자 했다. 탬파 시장인 팜 이오리오조차도 대담한 스타일을 선보였다. 평소 단조로운 옷만 입기로 유명한 그녀가 여기서는 얼룩말 무늬의 옷을 입고 있었다.

"이렇게 또 만나 뵙게 되어 반갑습니다." 그녀가 공식석상용 미소를 지으며 독지가들에게 일일이 인사하고 다녔다. 시장 이외의 몇몇 여자들은 무리 속에서 비난의 대상이 되지 않는 한도 내에서 과연 어느 선까지 노출이 가능한지를 시험해 보는 중이기도 했다. 한 여자는 완벽하게 태닝을 한 상체와 완벽하게 봉긋한 가슴 절반을 드러내며 배꼽 바로 위까지 내려오는 검정색 반짝이 웃옷을 걸치고 있었다. 그렇게 아슬아슬하게 드러내고서도 가슴의 나머지 반은 단단히 감추고 있는 모습은 현대기술의 쾌거라 할 만했다.

온통 과시를 위한 밤이었다. 수많은 여자들이 하이힐을 신고 위태롭게 걷고 있었다. 종아리를 길어 보이게 하고 뒷모습을 탄탄해 보이게 만드는 하이힐의 효과는 짝짓기 중 엔샬라가 에릭에게 보이는 행동과 다를 바 없는 메시지를 전달했다.

굉장히 도발적인 옷차림을 한 아내를 둔 한 남자는 아내 곁에 바짝 붙어 서서 그녀를 쳐다보는 다른 남자들을 감시하고 있었다. 그날 밤 내내 이 남자는 자기 아내의 몸에 한 손을 붙여 놓고 있었다. 처음에는 팔을 잡고 있더니 다음에는 잘록한 허리에 손을 대고 있었다. 그러더니 모두들 보는 앞에서 손끝으로 아내의 등줄기를 훑고 내려간 다음 손바닥으로 그녀의 엉덩이를 감쌌다. 그가 전달하려는 메시지는 명료했다.

앞에서는 경매인이 코끼리 한 마리에 대한 입찰을 받고 있었다.

"여기 10,000달러 나왔습니다. 자, 이제 11,000달러 차렙니다!" 그가 외쳤다.

이날 저녁은 대성공이었다. 어느 부부가 갓 결혼한 렉스 부부를 위한 결혼 선물이라며 코끼리 한 마리를 1년간 데려올 수 있도록 11,000달러를 불렀다. 또 다른 부부는 코끼리 세 마리를 데려오도록 30,000달러를 불렀다. 수익금을 정산해 보니 로우리 파크가 모금한 금액은 19만 5천 달러가 넘었다. 행사가 끝나갈 즈음 밴드 연주에 속도가 붙고 콩가 춤을 추는 사람들의 대열이 각 테이블 주변을 돌며 지날 때 렉스는 수십 명의 내빈들에게 다가가 속삭였다.

"따라오세요."

음악과 불빛과 춤이 있는 그곳으로부터 렉스가 몇몇 사람들을 데리고 나왔지만, 나머지 사람들은 별다른 관심이 없었다. 렉스는 그들에게만 특별히 코끼리들을 한밤중에 사전 공개하겠다고 약속했다. 선택 받은 소수의 사람들 가운데는 동물원의 주요 기부자들과 삼십여 년 전 시청에서 허먼과 담소를 나누었던 딕 그레코 전 시장 부부도 포함되어 있었다. 이처럼 많은 세월이 흐른 뒤에도 그레코는 여전히 동물원의 중요한 후원자였다.

렉스가 이끄는 무리는 새들이 이리저리 날아다니는 조류 사육장과 아이들이 동물을 만져볼 수 있는—지금 아이들은 모두 집에 가고 없지만—동물원 우리, 그리고 혹멧돼지와 기린과 얼룩말들을 지나 어둠이 내려앉은 동물원을 가로질렀다. 코끼리동 밖에서 렉스는 안에 있는 동물들이 어려서 어떻게 가족을 잃고 스와질란드에서 또 한 번 사형선고를 받은 뒤 이 동물원을 통해 구조되었으며, PETA의 반대에도 불구하고 대서양을 건너 날아오게 되었는지에 대한 이야기를 들려주며 사람들의 마음을 사로잡았다.

"동물보호단체에서 코끼리들을 쏴 죽이자고 했다고요?" 한 사람이 물었다.

"그래요. 동물원에 있는 것보다 차라리 죽는 편이 나을 거라는 거죠." 렉스가 대답했다.

그는 잠겨 있던 앞문을 열고 사람들을 아프리카 부서 사무실로 안내한 뒤 잠시 멈추어 섰다. 렉스는 사람들의 기대치를 서서히 고조시킬 줄 아는 재주가 있었다. 그는 사람들에게 스와질란드 코끼리들과 마찬가지로 엘리의 가족 전체가 나미비아에서 총에 맞은 뒤 자그마한 새끼였던 엘리가 미국으로 오게 된 이야기를 들려주었다.

"대단하군요!" 누군가가 외쳤다.

코끼리 축사에 한꺼번에 다 들어가기에는 모인 사람 수가 너무 많았기 때문에 렉스는 두 그룹으로 나눈 뒤 모두들 우리에서 몇 미터 떨어진 지점에 그어져 있는 노란 선 뒤쪽에 서 있도록 당부했다. 안으로 들어선 사람들은 입을 다물지 못했다. 코끼리들이 눈앞에 줄지어 선 채 빗장에 몸을 기대고는 코를 공중에서 흔들어댔다. 코앞에서 보니 코끼리들은 더 거대해 보였고, 더 실감나고, 더 생생했다.

렉스는 거의 자신의 얼굴에 닿을 만큼 코를 쭉 뻗고 있는 음발리를 소개했다.

"사람과 접촉하고 싶어 하는 건가요?" 누군가가 물었다.

"아니에요. 그냥 제 냄새를 맡고 있는 겁니다." 렉스가 잘라 말했다.

"이쪽은 엘리입니다." 다른 우리 앞쪽으로 걸어가며 말했다. "다른 코끼리들에 비해서 굉장히 덩치가 큰 게 보이시죠?"

엘리도 렉스에게 가까이 다가왔다.

"괜찮아, 우리 귀염둥이."

귀빈들은 노란 선에 맞추어 선 채 코끼리들의 얼굴을 들여다보면서 코끼리들이 지닌 지능과 호기심에 매료되었다. 렉스가 자리를 떠나며 불을 끌 때까지도 코끼리들은 여전히 코를 흔들며 공중에서 손짓하고 있었다.

⁂ ⁂ ⁂

눈부신 햇살. 쿵쿵, 삑삑, 소리를 내는 불도저들과 분주히 움직이는 공사 인부들. 이제 곧 사파리 아프리카라는 이름으로 알려질 2만 2천 평방미터의 땅에서 일어나는 먼지 기둥.

5월 28일 개장이 몇 주 앞으로 다가오자, 로우리 파크의 설계 전문가인 브라이언 모로우가 그 정신없는 현장 한가운데 서서 자신의 작품을 살펴보고 있었다. 로우리 파크에서 브라이언의 직함은 수도 공사 감독이었다. 어렸을 때 그는 자기 집 지하실에서 롤러코스터와 페리스 관람차가 있는 테마파크 모형을 만들곤 했다. 지금 그는 고심 끝에 침식된 강둑과 풍화된 암석을 재현해낸 새로운 전시관을 탄생시킴으로써 관람객들이 마치 정말로 아프리카 땅을 밟고 있는 듯한 느낌을 받게 했다.

"자연 복제죠." 브라이언은 그렇게 지칭했다. 그리고 그는 이 동물원 사파리 아프리카의 거대한 규모를 무척 흐뭇해했다. "아프리카는 방대하죠. 전시관도 방대해요. 동물들도 덩치가 크고요."

로우리 파크의 목표 중 하나는 울타리 안의 동물들과 울타리 밖의 사람들 양쪽 모두 위험에 노출되는 일이 없게 하면서도 관람객들을 최대한 동물들에게 가까이 데려다 놓는 것이라고 그는 설명했다. 관람객들이 눈높이에서 손으로 기린에게 먹이를 줄 수 있도록 플랫폼을 설치하고 95만 리터 규모의 신축 풀에서 코끼리들이 헤엄치는 것을 내려다볼 수 있도록 만든, 공중에 떠 있는 관람 공간을 마련한 것도 바로 이러한 이유에서였다.

"인간과 자연을 나란히 놓으려는 생각에서 출발한 것입니다. 근접성은 곧 흥미를 유발할 수 있고 이는 다시 동물과의 교감과 애정으로 연결될 수 있죠." 브라이언이 말했다.

다른 사람의 입에서 나왔다면 전체주의적인 생각으로 들렸을 테지만, 브라이언이 어찌나 열정적으로 이야기하던지 이 말을 듣는 사람들은 영양을 안아주고 싶은 마음마저 들 정도였다.

그러나 브라이언조차도 사파리 아프리카 계획의 한계를 인정하지 않을 수 없었을 것이다. 그를 포함한 모든 이들이 이 계획에 아무리 독창성과 열정을 쏟아 붓는다 해도, 사파리 아프리카가 절대 실제 아프리카가 될 수는 없었다. 음숄로와 음발리, 스툴루, 그리고 머체구는 그 어떤 인간보다도 이 사실을 명백히 알고 있었을 것이다.

스와질란드 코끼리들은 모든 이들이 기대하는 것 이상으로 새로운 환경에 잘 적응한 듯 보였다. 그러나 수천 평방미터에 달하는 개방형 코끼리 구역과 그에 딸린 풀밭은 코끼리들이 한때 거닐었던 풍광과는 거리가 멀었다. 사실, 이 코끼리들의 선조들은 스와질란드 야생동물 보호구역 안에 있는 나무들을 고의적으로 파괴하고 다녔다. 그래도 남은 광경은 근사했다. 테레빈 풀이 어린 코뿔소의 귀보다도 높이 자라 빽빽한 덤불을 이루었고, 물웅덩이마다 깊은 곳에서부터 올라오는 악어들은 없는지 살피며 물을 마시는 영양과 임팔라들을 볼 수 있었다. 감히 흉내 낼 수 없는 것들이었다.

사파리 아프리카의 개장일이 다가오면서 로우리 파크 곳곳에서는 속도감이 느껴졌다. 캐리를 비롯한 나머지 아시아 부서 직원들은 매일같이 평화롭게 전시관을 공유하고 있는 사랑스러운 수마트라 호랑이들 간에 새로운 관계가 형성되기 시작하자 잔뜩 들뜬 상태였다. 아직까지 엔샬라에게 수태의 기미는 보이지 않았지만 엔샬라와 에릭은 자주 교미를 하고 있었다. 어느 날, 엔샬라는 자기가 어린 새끼였던 시절 어미의 안식처로 만들어졌던 호랑이 플랫폼 위에서 에릭과 한 몸이 되는 것까지 허락했고, 에릭의 발 앞에 몸을 웅크린 채 만족감을 한껏 표하기도 했다.

지금껏 조용하던 조류담당 직원들도 동물원 최초의 청란argus pheasant 새끼가 도착하는 것을 기다리며 기대감으로 술렁였다. 청란 암컷은 예전에도 산란한 적이 있기는 했으나, 부화에는 모두 실패했다. 사육사들이 이번만큼은 다를 것이라 자신했던 이유는 알을 밝은 광선 아래에 두고 안을 들여다보며 배아의 생존 능력을 가늠하여 선별해왔기 때문이었다. 조명 아래에서 갈색 껍질은 투명해졌고, 노른자 전체에 거미줄처럼 펴져 있는 정맥망 아래로 진홍색의 배아가 꼬물대며 모습을 드러냈다. 한 사육사가 배아가 이미 부리로 밀어내기 시작해 껍질이 살짝 옴폭하게 들어간 곳을 가리켰다.

"바로 여기가 깨고 나올 곳이에요. 오늘 아침에 발견했어요." 그녀가 말했다.

조류담당 직원들이 이 알을 부화기에 넣고 새끼를 위한 따뜻한 새 보금자리를 준비하고 있었다. 새끼는 곧 그곳에서 천천히 세상으로 나오게 될 것이다. 옴폭한 곳이 처음 보였던 바로 그 이튿날 아침, 안쪽에서부터 콕콕 구멍을 찍고 있는 부리 끝이 보였다. 직원들이 점심식사를 마치고 돌아왔을 때, 청란 새끼가 끈끈하게 젖은 상태로 부화기 안에 서 있었고, 주변에는 갈색 껍질 조각들이 흩어져 있었다.

"녀석이 결심하는 순간, 준비는 끝난 거예요." 어느 사육사가 말했다.

부화한 직후 수시간은 매우 중요한 시기인데 이때 사육사들은 가능하면 새끼에게 손을 많이 대지 않으려 애썼다. 새끼가 사육사들 중 누군가를 엄마로 착각하는 각인이 일어나는 것을 바라지 않았기 때문이었다. 부화가 성공하자 모두들 아찔한 현기증마저 느꼈다. 그들은 미소를 가득 머금은 얼굴로 관람객들을 다시 부화기 쪽으로 안내한 뒤 갓 태어난 새 생명을 사람들에게 자랑스레 내보였다. 갈색 솜털이 보송보송한 조그만 새끼가 조명 속에 서서 가냘프게 삐악거리며 울고 있었다.

동물원은 전례 없는 관심을 모았고, 사파리 아프리카도 어마어마한 대히트를 칠 것이 분명했다. 렉스와 동료들은 일찍이 예감할 수 있었다. 게다가, 《차일드》 최근호에서 로우리 파크를 어린이들을 위한 미국 최고의 동물원으로 선정한 탓에 모두들 한껏 들떠 있었다.

《차일드》는 150개 이상의 공인된 동물원을 수개월에 걸쳐 집중 조사한 뒤 로우리 파크를 미국 내 최대 규모의 동물원들보다도 우위로 평가했으며, 샌디에이고 동물원을 2위로 선정했다. 관련 기사에서 이 잡지는 로우리 파크의 직접 체험식 전시와 일련의 아동 교육 프로그램, 그리고 매너티에 대한 오랜 보호 노력을 높이 평가했다. 평가단은 또한 동물원 측의 안전에 대한 각별한 노력에 후한 점수를 주었으며, 동물원 측에서 월 2회 코드 원 훈련을 계획적으로 실시한다는 사실도 언급했다. "본지 조사에서 가장 역점을 둔 부분"이라고 이 잡지는 밝혔다.

좋은 소식이 연이어 들려왔다. 입장객 수에서도 전무후무한 기록을 달성하여, 동물원 측에서는 1988년 신규 개장 이래 천만 번째로 입장한 관람객을 축하했다. 행운의 입장객—휴가 기간에 아내와 아이들을 데리고 동물원을 찾은 군인—은 한쪽에서 미리 대기 중이던 행사에 약간 얼떨떨한 표정이었다.

플래카드가 펼쳐지고, TV방송국 기자들이 몰려들었다.

"축하합니다!" 누군가가 외쳤다.

⁂ ⁂ ⁂

축하행사가 한참이던 때에 한 가지 소식이 더 들려왔다. 이에 대해서는 아무런 현수막도 내걸리지 않았다. 청란 새끼가 부화된 지 불과 며칠 만에 감염 증세로 죽은 것이다. 조류담당 사육사들은 충격에 사로잡혔다. 그 어린 새에게 큰 희망을 걸었던 만큼, 떠나보내는 일은 더 힘겨웠다. 동물원 외부에는 전혀 알려지지 않았던 이 죽음은 대자연이라는 운명의 수레바퀴의 움직임인 동시에, 사육사들이 아무리 동물들을 보호하려 애를 써도 예측 불가능한 복잡한 요인과 피할 길 없는 결과가 늘 존재한다는 것을 조용히 상기시켜 주는 사건이었다.

⁂ ⁂ ⁂

그해 봄 어느 아침, 안드레아 슈흐가 침팬지들에게 말을 거는 것을 본 관람객 하나가 시비를 걸었다. 안드레아가 침팬지들은 유전적으로 인간과 가장 가까운 친척이라고 설명하자 잠자코 듣고 있던 소녀는 고개를 저었다.

"아니에요. 우리 인간은 하나님이 만드셨거든요."

말싸움을 해봤자 소용없는 일임을 안드레아는 알고 있었다. 하지만 여러 날 동안 그날 주고받은 대화가 머릿속을 맴돌았다. 물론 그 꼬마는 부모나 다른 어른이 가르쳐 준 이야기를 앵무새처럼 되풀이하는 것이었겠지만, 안드레아는 시공을 초월한 질문을 던지지 않을 수 없었다. 수세기 동안 아리스토텔레스와 데카르트, 그리고 후대의 다른 여러 철학자들은 동물에게 영혼이나 이성, 혹은 여하한 권리를 부여해야 할 정도의 지각이 있는지를 두고 논쟁을 벌여왔다. 그러나 안드레아가 보기에 그 답은 명백했다. 동물원에서 시간을 보내온 그녀로서는 동물들이 신의 시야 밖에 있다는 생각을 도저히 받아들일 수 없었다.

"동물들은 영혼도 없고 천국에도 갈 수 없다는 말이에요? 아주 잘못된 이야기 같아요."

때때로 그녀가 오랑우탄 전시관 유리창 옆에 앉아 있을 때면 랑고가 다가와 유리창 너머 불과 몇 센티미터밖에 안 떨어진 자리에 털썩 주저앉곤 했다. 랑고와 서로 가만히 눈을 들여다보고 있노라면, 그가 자신의 마음 중심을 들여다보고 있다는 느낌을 받았다.

그래, 랑고에게는 분명 영혼이 있다. 허먼도, 루키야도, 다른 녀석들도.

안드레아는 분명히 알 수 있었다.

☘ ☘ ☘

사파리 아프리카가 모습을 드러내기 직전 며칠은 혼란과 환희로 뒤섞여 있었다. 브라이언 모로우는 무전기와 휴대전화를 번갈아 써 가며 쉴 새 없이 지시사항을 전달했다. 브라이언 프렌치와 아프리카 부서의 나머지 직원들은 비지땀을 흘리면서 막판 마무리 작업들을 진행했다. 혹멧돼지 한 마리가 잠시 도망치기도 했고, 기린들은 자기네 축사를 떠나지 않으려고 멈칫거렸다. 봉고영양이 심하게 흥분하는 바람에 사육사들은 소량의 진정제를 투여해 흥분을 가라앉혀야 했다.

동물원이 한계에 도달한 듯 보이던 바로 그 순간 모든 것이 비로소 제자리를 찾았다. 개장 행사에서 렉스는 이오리오 시장을 비롯한 고위 인사들과 함께 TV 카메라를 향해 포즈를 취했다. 코끼리 우리와 새로 들어온 다른 동물들 우리로 이어지는 통로 입구에 늘어진 리본을 자르기 위해 모두들 큰 가위를 하나씩 들고 있었다. 이오리오는 얼룩말 무늬 재킷은 집에 벗어두고 왔는지 이번엔 평범한 옷차림이었다. 대신, 행사를 기념하여 사파리 모자를 쓰고 왔다.

"이 코끼리들 환영 좀 해줘야겠군요." 고위층 인사들 뒤쪽에서 기다리고 있던 군중 앞에 있는 렉스를 돌아보며 그녀가 말했다. "코끼리들은 어디 있습니까? 뒤에 있나요?"

렉스가 미소를 지었다. "그렇습니다."

"코끼리들이 기분은 좋은가요?"

그는 더 활짝 웃었다.

"네."

누군가가 셋을 세었고, 리본이 떨어지고 군중들이 쏟아져 나왔다. 자그마한 소녀 하나가 통로에서 조명 쪽으로 걸어 나오며 혹멧돼지들을 유심히 들여다보더니 소리쳤다. "품바다!"(〈티몬과 품바〉라는 애니메이션의 멧돼지 캐릭터_옮긴이) 관람객들은 봉고영양에서 코뿔새로, 그리고 관두루미와 얼룩말 쪽으로 계속 이동했고, 마침내 엘리와 머체구가 양쪽 귀를 펄럭이고 꼬리를 휘휘 내두르며 함께 걷고 있는 코끼리 구역이 내려다보이는 곳에 다다랐다. 사람들은 모두 코끼리들이 코를 휘둘러 원을 그리며 성큼성큼 걷는 모습을 숨죽인 채 신기하게 지켜보며 눈을 떼지 못했다.

한걸음 물러서서 사람들의 반응을 살펴보던 렉스의 얼굴에는 웃음이 떠나지 않았다.

한창 분주하던 그날 아침 일부 관람객들 사이에는 한 가지 소문이 돌았다. 사실이냐는 질문에 리 앤은 고개를 끄덕였다.

엘리가 임신을 한 것이었다.

11
도시와 숲

이제 재정적으로 풍요로운 환희의 날들이 왔다. 매표소에는 찬란한 봄날이 찾아왔고, 수익금이 물밀듯 밀려들어오고 성장세는 폭발적이었다. 이게 다 뙤약볕 아래에서도 새로 사귄 친한 친구, 혹멧돼지 아저씨와 기린 아저씨에게 손을 흔드느라 신난 어린이 부대 덕택이었다. 사파리 아프리카의 개장이 대성공을 거두면서, 2004년은 로우리 파크 역사상 가장 찬란한 해로 기록되었다.

엘리의 임신 소식은 기대감을 한층 부풀려 놓았다. 열아홉 살 코끼리 엘리는 2005년 말까지만 해도 큰 수익을 내지 못했다. 하지만 엘리가 출산에 성공한다면, 그 새끼가 훨씬 더 많은 관람객을 끌어모을 것이고 로우리 파크가 갓 난 새끼들을 키워낼 수 있음을 입증해 보이는 계기도 될 것이다. 새끼가 태어나면 어미인 엘리는 여왕으로서의 입지도 굳히게 될 것이다.

브라이언 프렌치와 스티브 르파브는 엘리의 비타민 양을 늘리고 뜰과 풀장 안에서 운동을 시켰다. 그리고 출산 도중 발생할지 모르는 불상사를 막기 위한 다양한 방법도 구상하고 있었다. 동물원에 갇혀 있는 상태에서 태어나는 새끼들은 사산되거나 출생 후 최초 24시간 이내에 죽는 경우가 종종 있다. 첫 출산을 경험하는 어미 코끼리가 혼란을 느끼고 갓 태어난 새끼를 공격하는 경우도 있다. 일생의 대부분을 자신의 종으로부터 떨어진 채 살아온 엘리가 경험이 없다는 것은 특히 중요한 사실이었다. 출산을 한 번도 해 본 적이 없거나 혹은 다른 코끼리 암컷의 출산을 본 적도 없었다. 새끼를 본 적 자체가 한 번도 없었던 것이다.

어쨌거나, 인간이 엘리를 가르쳐야 했다. 진통이 본격적으로 시작되는 순간부터, 꼬물대는 신기한 생명체가 자궁에서 떨어져 나오기까지 엘리를 대비시킬 필요가 있었다.

⁂ ⁂ ⁂

새로 얻은 명성을 입증이라도 하듯 로우리 파크는 그해 12월 〈코난 오브라이언과 함께하는 밤〉Late Night With Conan O'Brien 쇼에 초청을 받아 동물들을 선보이기도 했다. 동물들을 몇 뽑아 뉴욕까지 데리고 갈 적임자는 당연히 매일 동물 쇼를 진행했던 맹금류 사육사 제프 이웰트와 멜린다 멘돌루스키였다.

방송 이틀여 전, 제프와 멜린다 그리고 이들의 배우자들은 밴과 트레일러에 연결된 트럭을 타고 뉴욕으로 출발했다. 코난이 카메라 앞에 세울 동물로 어떤 것들을 뽑을지 몰랐기 때문에, 넉넉히 데리고 갔다. 검은머리비단뱀, 친칠라, 뉴기니싱잉독 두 마리, 탄자니아산 동굴거미들, 독수리 스메들리와 수리부엉이 이반까지 데리고 나섰다. 그리고 최근 들어 제프와 멜린다의 사랑을 듬뿍 받는 인기 만점 돼지 아놀드도 있었다. 멍청한 듯한 돼지를 찾는다면 아놀드가 제격이었다. 아놀드는 잡종이었고, 세 살밖에 되지 않았으며, 체중은 272kg 정도 나갔다. 아놀드는 원래 누군가가 키우던 애완동물이었으나, 몸집이 너무 커지는 바람에 주인이 동물원에 기증한 경우였다.

제프와 멜린다는 맹금류 쇼의 대미를 아놀드를 내보내 장식할 생각이었다. 쇼 마지막에 아놀드가 어기적대며 나타나면 관람객들은 환호할 것이다. 지금 아놀드는 트레일러 뒤쪽 건초더미 속에 안전하게 자리잡고 앉아 졸면서 스타 반열에 합류하는 길로 향하고 있었다. 동물원 측에서는 방송 출연 중 아놀드가 등에 걸치고 있을 작은 담요까지 갖다 주었다. 한쪽에는 '로우리 파크, 탬파베이'라고 새겨져 있었고, 반대쪽에는 '♥해요 뉴욕'이라고 씌어 있었다.

북쪽으로 향하는 이 여정은 마치 〈오디세이〉와 〈와일드 킹덤〉(자연과 야생동물을 주로 다루었던 텔레비전 프로그램_옮긴이)을 섞어 놓은 데다 〈그린 에이커스〉(텔레비전 시트콤_옮긴이)의 느낌을 약간 가미한 듯했다. 이틀 밤낮을 거의 내내 운전을 했고, 사바나 근처에서 교통 체증을 겪기도 하고 캐롤라이나 지역에서는 진눈깨비를 만나기도 했다. 로키마운트 외곽에서 또다시 눈을 만났을 때는 고속도로 갓길에 차를 세우고 기분전환을 할 수 있도록 싱잉독들을 잠시 풀어주었다. 한 번도 눈을 본 적이 없었던 개들은 처음에는 어리둥절했지만 이내

껑충껑충 뛰고 눈 속에서 한바탕 구르며 작은 구름 같은 입김을 뿜어냈다.

쇼가 있기 전날 밤 이들은 해컨색의 베스트 웨스턴에 투숙했는데, 동물들을 객실로 몰래 데리고 들어갔다. 야행성인 싱잉독들은 제프 부부가 투숙한 방에서 밤새도록 뛰어다녔고, 수리부엉이 이반은 멜린다의 침대 발치에 올라 앉아 있었다. 아놀드는 방 안에 데리고 들어가기에는 너무 덩치가 컸기 때문에 건초를 주변에 두둑이 쌓아준 다음 두툼한 이불로 감싸주었다.

다음 날인 12월 28일 아침, 그들은 거무스름한 고드름과 유독성 슬러시, 뼛속까지 스미는 한기로 뒤덮인 맨해튼이라는 정글로 뛰어들었다. 동물들은 모르고 있었겠지만, 이들은 지금 현대 문명의 요람 중 한 곳으로 향하는 중이었다. 바로, 인간의 야망과 자만과 이윤 추구의 성찬식에 봉헌된 높다란 석조 사원인 록펠러 센터였다. 이곳으로 가는 길을 찾아 지하주차장에 차를 세운 후 그들은 예상치 못한 복병을 만났다. 6층에 있는 스튜디오에 가기 위해서는 아놀드가 엘리베이터를 타야만 했던 것이다. 엘리베이터까지 가려면 아놀드는 진입경사로를 오른 다음 긴 콘크리트 복도를 따라 걸어 내려가야 했는데, 이는 덩치 큰 돼지에게는 극도로 힘겨운 모험이었다.

"아놀드, 준비됐니? 자, 이쪽으로!" 멜린다가 말했다.

모두들 아놀드를 경사로로 밀어 올린 다음 아놀드가 미끄러지지 않도록 긴 고무 매트를 펼쳐 깔고, 마시멜로와 달콤한 도넛으로 유도해 봤지만, 주춤대던 아놀드는 꽥꽥 소리를 내며 돌아서려고 했다. 엘리베이터까지 가는 길에 벌써 지쳐버리고 만 것이었다. 아놀드를 보려고 모여든 사람들은 아놀드가 그 거대한 장을 비워내는 광경을 보고 말았다.

"자기 맘 내키는 대로 하고 있는 거죠. 그렇죠?" 어느 구경꾼 하나가 냄새 때문에 뒤로 물러서며 물었다. 제프와 멜린다 일행이 재빨리 배설물을 치웠고, 아놀드는 곧 느릿느릿 다시 걷기 시작했다. 마치 꽉 끼는 치마를 입은 여자가 종종 걸음을 걷는 듯한 걸음걸이였다.

엘리베이터로 6층까지 이동한 뒤, 결국 스튜디오 복도의 리놀륨 바닥 위에 베이스캠프를 차려야 했다. 분주히 오가던 방송국 직원들과 출연진은 새로 깐 건초더미에 아놀드가 몸을 쭉 뻗고 누워 있는 모습을 보고 걸음을 멈춰 섰다.

"어머."

"자바 더 헛Jabba the Hutt(《스타워즈》의 등장인물_옮긴이)을 닮았네!"

모두들 아놀드가 발산하는 강력한 자기장 속으로 빨려 들어갔다. 다리에 피도 안 통할 것처럼 꽉 끼어 보이는 청바지를 입은 금발 미녀도 아놀드와 장난을 치고 싶어 했다. 브루스 스프링스틴과 함께 투어를 떠날 때를 빼고는 코난의 전속 밴드를 이끌고 있는 드러머 맥스 와인버그는 스타를 알아보고는 멈춰 서서 아놀드에게 인사를 건넸다. 와인버그는 신사답게 베이컨에 관한 농담은 하지 않았고, 다른 이들도 마찬가지였다.

아놀드의 존재에 아무런 반응도 보이지 않은 유일한 사람은 쇼의 유명한 사회자 코난밖에 없었다. 앙상하게 마른 외모의 코난은 느긋하게 퍼져 누워 있는 이 돼지에게 눈길 한번 주지 않고 자꾸만 방송을 진행했다. 방송국의 아이콘인 그는 일종의 '방송 전 일시적 혼란

상태'에 빠져 있기라도 한 듯했다. 코난은 북적대는 복도에서 사람들과 눈을 맞추거나 대화를 하는 것을 피하며 걷다가 금발 미녀를 발견하기만 하면 멈춰 서서 작업을 걸었다. 실력자의 특권으로 또 한 번 허세를 부리고 있는 중이었다.

순식간에 하루가 마저 지나갔다. 리허설에서는 코난이 방송에 내보낼 동물들을 고를 수 있도록 동물들을 무대에 올려 일종의 오디션을 보았다. 싱잉독과 독수리는 즉각 퇴짜를 맞았고, 시간이 허락된다면 나머지 동물들은 모두 출연시키기로 결정했다. 아놀드는 굉장히 눈길을 끌었기 때문에 프로그램 제작진은 클라이맥스 부분에 마지막으로 출연시킬 생각이었다. 코난이 아놀드의 등에 올라타 앉아 쇼를 진행하는 것이 어떻겠냐는 제안도 있었지만, 코난은 거절했다.

"사양하겠습니다."

방송 시간이 되자 코난은 요란한 환호와 함성 속에 모습을 드러냈다. 복도에서 봤던 야윈 그림자는 어느새 사라지고 금세 번쩍거리는 남자의 모습으로 바뀌어 있었다. 그 모습이 어찌나 눈부신지 마치 그가 스튜디오 전체의 조명을 자가발전하고 있기라도 한 듯 보였다. 코난은 특별한 손님들이 무대 뒤에서 대기 중이라고 청중에게 귀띔했다.

"동물들이 몇 마리 있습니다. 위험한 녀석들이에요. 우릴 다 죽일지도 모릅니다." 그가 말했다.

웃음과 환호 소리가 더 커졌다.

제프와 멜린다가 로우리 파크의 동물들을 데리고 나온 순간, 코난은 자신이 해야 할 일을 알고 있었다. 비단뱀 목에 천을 둘러주고 동굴거미 한 마리는 자기 가슴 위를 기어 올라가 손목까지 내려오게 했다.

"내 맥박을 재고 있군요."

그런데 우연한 사건 탓에 수리부엉이 이반이 그날 밤 주인공이 되었다. 이반은 원래 그날 오후에 연습한 대로 제프의 아내에게서 코난에게 날아가기로 되어 있었다. 하지만 코난이 장갑 낀 손에서 쥐 먹이를 놓쳐 떨어뜨린 탓에, 이반은 코난의 명령을 무시해버리고 말았다. 대신 이반은 커다란 날개를 활짝 펼쳐 원을 그리며 날더니 관객의 머리 위에 앉았고, 그 바람에 우레 같은 박수가 터져 나왔다. 그런 일들이 벌어지고 있는 동안 줄곧 아놀드는 피날레를 장식하기 위해 커튼 뒤에 앉아 자기 차례를 기다리고 있었다. 그러나 순서가 돌아오기 전에 시간이 다 지나가고 광고시간이 돌아오고 말았다.

그렇게 끝이 나버린 것이다. 아놀드는 국토를 횡단하며 뉴저지의 밤 추위에 떨어야 했고, 빵빵 거리는 택시와 지하에서 풍겨 나오는 오묘한 냄새로 가득한, 지구상에서 돼지에게 가장 불친절한 대도시로 끌려 나온 참이었다. 게다가 너무 미끄러워서 꽥꽥 소리를 지를 수밖에 없었던 위험천만한 긴 통로를 따라 내려오느라 안간힘을 썼으며, 유명인의 오만한 태도를 참아준 다음, 사람들의 환호성으로 쩌렁쩌렁 울리고 대체 몇 개인지 알 수도 없는 작은 태양들이 사방에서 빛을 뿜어내는 휑한 공간을 들락거려야 했다. 하지만 이 모든 것이 다 헛수고였다. 수리부엉이에게 자리를 빼앗기고 만 것이다.

"불쌍한 아놀드." 누군가가 말했다.

멜린다와 제프가 맨 줄에 이끌려 아놀드는 천천히 다시 엘리베이터에 올라탔다. 늦은 시간에 인내심마저 바닥난 아놀드는 점점 짜증을 부리기 시작했다. 프로그램이 끝나기 직전 스튜디오에서 누군가가 다시 코난을 설득해 아놀드에게 다시 한 번 기회를 주기로 했다. 원격 카메라가 지하실에 있는 아놀드를 따라잡아 천천히 돌아서서 걷는 모습을 포착했다.

이 돼지와 조련사들이 그토록 장시간에 걸쳐 힘들게 좇아왔던 바로 그 기회였다. 아놀드의 축축하고 수염 난 코가 TV 화면에 마침내 잡히면, 동물원으로서는 또 한 번의 기회를 잡게 되는 셈이었다. 자정이 지나 쇼가 방송을 탔을 때, 2백만 명 이상의 미국 시청자들은 수리부엉이, 친칠라, 거미를 데리고 벌이는 코난의 우스꽝스런 행동들을 보게 될 것이다. 시청자들 중에는 로우리 파크에 대해 들어본 적도 없는 사람들도 많을 것이다. 원격 카메라가 줌인을 했을 때, 아놀드는 카메라와 조명 쪽에서 멀어지며 트레일러의 보금자리를 향해 느릿느릿 주춤대는 걸음을 계속 옮기고 있었다. 아놀드는 닐슨 시청률 따위에는 관심도 없었다. 그저 도넛 한 개가 더 먹고 싶을 뿐이었다.

☘ ☘ ☘

두 번째 정글은(첫 번째 정글은 맨해튼을 말한다_옮긴이) 남쪽으로 3,200km 떨어져 있었다. 마모셋원숭이들은 나무에서 찍찍대고 있었고, 절엽개미들은 덤불을 지나 구불구불한 길로 줄지어 기어가는 중이었다.

더스틴 스미스는 미국 내 다른 동물원에서 온 양서파충류 사육사들과 생물학자들로 구성된 연구팀과 함께 파나마 중부 열대우림을 지나고 있었다. 멸종위기에 처해 있는 파나마 황금개구리 종을 찾아온 것이었다. 2005년 1월, 서늘한 어느 화요일 아침, 더스틴 일행은 보아뱀이 나타나지 않을까 조심하며 한 줄로 걸었다. 언젠가 다른 쪽 숲에서 위험한 독사 종류인 큰삼각머리독사를 발견한 적도 있었다. 이제 이들은 과거 화산 분출로 인해 용암의 흔적이 남은 언덕을 올랐고, 급류가 흐르는 협곡으로 향하는 반대쪽 길로 내려가기로 했다. 마지막 남은 황금개구리의 번식지 중 한 곳이었다.

멸종위기로 치닫고 있는 모든 양서류 가운데서도 황금개구리는 가장 예쁜 축에 속했다. 밝은 노란색 피부에 짙은 검정색 반점이 있는 이 개구리는 오랫동안 파나마의 상징이었다. 행운을 가져다준다는 믿음 때문에 황금개구리 사진은 식당 벽에도 걸리곤 했다. 선물가게 선반마다 작은 황금개구리 모형이 가득했다. 지금까지 팔린 기념품은 실제 황금개구리 숫자보다도 훨씬 많을지 모른다. 하지만 개발업자들에 의해 파나마의 전원 지역에 포장도로가 깔리면서, 호상균문이라는 독성 균류가 개울과 강마다 퍼지고 말았다. 황금개구리는 거의 씨가 말랐고, 야생 상태에 남은 개체수는 2천 마리도 채 되지 않았다.

"5년 내에 멸종할 겁니다. 누구든 막을 방법이 없을 거예요." 이번 프로젝트를 주도한 생물학자 케빈 지펠이 말했다.

최근 들어 케빈의 연구팀은 황금개구리 몇 마리를 채집해 미국 전역의 동물원과 수족관으로 보냈으며, 로우리 파크에도 몇 마리가 곧 도착할 예정이었다. 이들은 독성 균류를 막을 방법이 발견된다면 숲 속으로 황금개구리들을 다시 번식시킬 생각이었다. 물론, 숲이 남아난다는 가정 하에서였다. 하지만 그럴 가능성은 희박했다. 파나마에서 견뎌 살아남은 이 마지막 황금개구리들이 하나하나 죽어가게 되면, 황금개구리 종은 사실상 동물원의 좁은 공간 안에서 지구상에서의 수명을 다하게 될 운명이었다.

"옳은 일일까요? 모르겠어요." 케빈이 말했다.

너무도 많은 양서류 종이 멸종위기로 치닫고 있기 때문에 수용 시설을 통해 그 모두의 유전자 표본을 보존할 수는 없었다. 제한된 시간 내에 연구진이 야생의 자연 상태에서 그 모든 종에게 접근하기란 불가능하기 때문이다. 설령 가능하다 하더라도, 동물원에는 그 모든 종을 수용할 만한 공간이 없었다. 케빈의 연구팀이 신이 아니고서야 도리가 없었다. 결국, 양서류 종 가운데 살릴 대상과 멸종하도록 내버려둘 대상을 결정해야만 했다.

"옳은 일일까요? 모르겠어요." 케빈이 다시 말했다.

사람이 개입해 생존시킬 종으로 황금개구리가 선택되었다. 케빈과 더스틴을 비롯한 연구진들이 파나마에 온 것은 바로 야생에서 이 개구리들의 마지막 모습을 기록하기 위함이었다. 개구리들을 발견하면 호상균문 감염 여부를 판단하기 위해 면봉으로 피부 샘플을 채취할 계획이었다.

열대우림에서 보낸 첫 2주 동안 연구진들이 만난 것은 기막히게 아름다운 야생 생태계였다. 큰부리새, 페커리, 카이만, 아카시아개미와 전갈, 녹색 앵무새 뱀, 세발가락 나무늘보, 게다가 물 위를 잽

싸게 내달리는 재주 덕분에 예수도마뱀이라는 별명으로 더 많이 알려져 있는 바실리스크도마뱀도 몇 마리 볼 수 있었다. 일전에는 절엽개미 몇 마리가 케빈의 배낭 안으로 기어들어가 셔츠며 바지 그리고 가죽 벨트를 쏠아 놓은 적도 있었다. 그러나 더스틴 일행은 정작 황금개구리는 한 마리도 보지 못했다.

더스틴 일행은 이날만큼은 기대에 부풀었다. 협곡 바닥 부분의 물줄기는 황금개구리를 찾기에 가장 좋은 장소 중 하나로 늘 알려져 있던 곳이다. 황금개구리의 번식기에는 자칫하면 알을 밟아 으깨는 불상사가 생길 만큼 발 디딜 곳 없이 강기슭에 빽빽하게 황금개구리 알이 널려 있던 시절이 있었기 때문에 이들은 이곳을 '개구리 천 마리 강'이라 불렀다. 하지만 이날 아침 연구팀이 강을 다시 찾았을 때 황금색 융단 같은 것은 찾아볼 수 없었다. 나뭇잎 아래나 돌 틈새를 찾아보았지만 개구리 몇 마리만을 볼 수 있을 뿐이었다.

더스틴이 이끼 낀 바위 옆면에서 개구리 한 마리를 발견해 잡았다. 개구리의 발을 가리키며 그는 "분명히 암컷"이라고 했다. 더스틴이 잡은 개구리의 양쪽 엄지발가락에는 살집이 없었다. '생식혹'이라 불리는 이것은 수컷에만 있는 특징으로, 교미할 때 암컷을 꽉 붙잡는 데 사용된다. 수컷은 수정이 가능해지는 암컷의 산란기를 기다리며 수주 혹은 그 이상 암컷 등 위에 매달려 있는 경우도 있다. 오목하게 받쳐 들고 있는 더스틴의 손 안에 있는 이 암컷은 매우 작아 보였다. 누군가가 피부 표본 채취를 위해 면봉을 가져왔다. 표본은 작은 병 안에 보관되었고, 더스틴은 암컷을 다시 놓아주었다.

가파른 협곡 벽을 따라 강물이 세차게 흘러 지나가는 이곳은 너무도 조용하고 완벽한 목가적 풍경을 간직하고 있어서 누구든 무아지경에 빠져들 법했다. 우거진 나무들 사이를 뚫고 들어온 햇살이 마치 성당의 스테인드글라스 창을 통해 들어온 빛처럼 물 위에 떨어졌다. 곳곳에 늘어진 덩굴마다 보랏빛 난초가 만개해 있었다. 거미줄이 반짝였다. 모르포나비 한 마리가 강 위로 날아왔다. 쏟아져 내리는 빛줄기 속으로 나비가 펄럭이며 들어가자 날개는 마치 금속에서 뿜어져 나오는 것 같은 무지갯빛 푸른색을 내며 사방에 퍼졌다. 모르포나비가 빛에서 그림자 속으로 옮겨갔다가 다시 빛으로 나오는 그 찰나의 순간마다 눈부신 푸른빛이 번쩍 나타났다가는 다시 사라지기를 반복했다.

이 공간의 그 모든 눈부신 아름다움에도 불구하고, 연구진은 그곳이 텅 비어 있다는 느낌에 충격을 받았다. 평소 같으면 끊임없이 수다와 농담을 늘어놓았을 더스틴도 고독감에 휩싸인 채 멍하니 강가에 멈추어 섰다.

개구리는 대부분 사라져버리고 없었다. 하룻밤 새에, 지워져버린 느낌이었다. 그들을 되살릴 길은 없을 것이다.

⁂ ⁂ ⁂

로우리 파크에서 아놀드를 비롯한 동물들을 제프와 멜린다와 함께 맨해튼으로 보낸 것이 불과 이삼 주 전 일이었다. 그리고 이번에는 멸종 위기 종을 위해 더스틴 일행을 중앙아메리카의 자연으로 보내는 데도 일조했다. 이 같은 두 차례의 여정에서 드러난 것은 로우리 파크가 지닌 야심의 규모와 그러한 야망을 가지고 정확히 무엇을 해야 할지 모르는 혼란이었다.

언뜻 보기에 〈코난 오브라이언 쇼〉 출연은 단지 인지도를 높이려는 노력으로 비쳐졌을지 모른다. 그러나 제프와 멜린다는 이 프로그램이야말로 로우리 파크가 수백만 미국인 시청자들을 야생 생물들과 가까워지게 만들 수 있는 전례 없이 좋은 기회가 될 것이라 생각했다. 제프는 수리부엉이 이반이 카메라 앞에서 날개를 활짝 펴고 날아오르는 순간을 지적했다. 계획에도 없던 이반의 비상飛上은 아마도 많은 시청자들이 난생처음으로 수리부엉이가 나는 모습을 집에서 지켜본 순간이었을 것이고, 어쩌면 수리부엉이라는 새가 있다는 사실을 처음 알게 된 시청자도 있을 수 있음을 제프는 알고 있었다.

"자신이 날짐승이라는 사실을 증명이라도 하는 것 같았어요. 대단했습니다." 제프는 그렇게 말하고는 다시 덧붙였다. "오락적 가치가 있는 거죠. 그래야 하고요."

쉽사리 판단하기 어렵기는 파나마로의 여정도 마찬가지였다. 동물원 측의 이타적 조처로 보였지만, 사실 그리 단순한 것만은 아니었다. 로우리 파크의 지원이 있었던 것은 사실이지만, 사실 그 보유능력에 비하면 미미한 수준이었다. 로우리 파크의 보호기금에서는 750달러가량을 지원했는데, 이는 더스틴의 왕복항공권과 부수비용 정도만 처리할 수 있는 수준의 금액이었고, 근무일수를 사용하겠다는 더스틴의 요구는 경영진에 의해 반려되었다. 더스틴은 자신의 연간 휴가일수 대부분에 해당하는 3주가량을 파나마 연구진을 따라가는 데 쓸 수밖에 없었다.

결과적으로, 이 계획이 성사될 수 있었던 것은 황금개구리에 대한 동물원의 노력 때문이라기보다는 더스틴 개인의 헌신 덕분이었다. 그렇다면 로우리 파크는 무관심했다는 말인가? 그렇지는 않다. 더스틴 자신도 멸종위기의 양서류에 대한 동물원 측의 지속적인 지원에 대해서는 인정했다. 파충류 담당 직원들이 독침개구리를 데리고 일하고 있는 것이나, 동물원에서 황금개구리 몇 마리를 데려오려는 것이나 다 그러한 지원의 일환이었다. 최근 들어, 로우리 파크는 황금개구리를 살리는 데 3천 달러 이상을 보호기금에서 지출해왔다.

렉스는 국영 TV에 출연한 것이나 그로 인해 생긴 모든 수익은 개구리 등 여러 멸종위기 종의 생존을 위해 비영리기관으로서 취할 수 있는 방편이라고 말하곤 했다. 하지만 반대의 주장도 가능했다. 반대편에서는 동물원에서 하는 그런 식의 자연보호 노력은 대중을 즐겁게 한다는 미명 하에 수많은 다른 생물종에 대해 자행하는 착취를 더 대대적으로 합리화하려는 형식적인 전시용 제스처에 불과하다고 비난하기도 했다.

이 모두를 종합적으로 고려해볼 때, 앞서 언급된 두 차례의 행보는 로우리 파크와 같은 동물원이 하는 모든 일의 동기에 대해 얼마나 상이한 시각이 존재하는가를 다시금 상기시켜 주는 계기일 뿐이었다. 동물원이 내리는 모든 결정에는 의심의 눈초리가 뒤따랐고, 모든 주장마다 철저한 검증이 필요했다.

☘ ☘ ☘

무슨 주문이라도 되는 양 수화기에서는 같은 말을 되풀이했다.

"로우리 파크 동물원에 전화 주셔서 감사합니다. 저희 동물원은 가족을 위한 미국 최고의 동물원으로 선정되었습니다."

렉스의 비전은 점차 구체적인 모습을 드러내는 중이었다. 동물원은 호평을 받았고, 더 많은 관람객들을 끌어 모았으며, 하루가 다르게 성장하고 있었다. 사파리 아프리카는 개장 1주년이 지날 무렵 흰코뿔소와 미어캣을 선보일 새로운 전시관을 마련함으로써 벌써 확장 2단계를 마무리하는 중이었다. 공중 투어가 가능한 스카이라이드도 설치되었다. 그리고 곧 엘리는 렉스가 기다려 왔던 첫 새끼를 출산할 예정이었고, 그 이후로 많은 생명들이 새로 태어날 것이었다.

CEO 렉스는 출산 예정일이 아직 몇 달은 더 남은 엘리의 상태를 수시로 확인했다. 그 무렵 렉스와 브라이언 프렌치는 엘리의 출산을 어떻게 돕고 갓 태어난 새끼를 어떻게 할지를 두고 의견차이를 보이고 있었다. 브라이언은 보호접촉 규정을 완화해 자신이 우리에 들어가서 엘리의 출산을 돕고 엘리가 자신이 갓 낳은 새끼를 죽이지 않도록 해야 한다고 생각했다. 렉스도 부분적으로 동의하기는 했으나 코끼리 보호방식에 대한 이들 둘 사이의 견해차는 좁혀질 기미가 보이지 않았다.

브라이언은 자유접촉을 통해 아기 코끼리를 훈련시킴으로써 새끼와 사육사 간의 유대를 강화시켜야 한다는 의견을 일찍부터 피력하고 있었고, 렉스는 새끼와 다른 코끼리들 간의 유대에 더 초점을 맞추고자 했다. 가능하면, 로우리 파크 내 동물들이 아프리카에서와 다를 바 없이 살아갈 수 있기를 원했던 것이다. 때문에 렉스는 일찍부터 코끼리들에게 옮겨 다닐 더 넓은 공간을 주어야 한다는 이야기를 했고, 로우리 파크에서 대규모의 동물보호구역을 조성할 수 있기를 자신이 얼마나 원하는지, 그리고 그것이야말로 로우리 파크가 앞으로 나아갈 길임을 피력했던 것이다. 렉스의 시선은 언제나 다음 단계의 커다란 목표에 고정되어 있었다. 그는 야망을 마시며 사는 남자였다.

최고를 향해 끝없이 내닫는 그의 욕망이 이제 직원들 사이에서는 약발이 떨어지고 있었다. 야생의 코끼리들을 데려오기로 한 결정에 대해 일부 사육사들은 여전히 복합적인 감정을 지니고 있었다. 이들 눈에도 스와질란드 코끼리 네 마리는 잘 지내고 있는 듯 보였고, 코끼리 무리들이 새로운 삶에 적응할 수 있도록 브라이언 프렌치와 여타 사육사들이 애쓰는 모습을 존중하기도 했다. 하지만 렉스가 동물원의 우선순위와 운영 방향과 관련하여 평소 그 어느 때보다도 강하게 밀어붙이는 모습은 납득하기 힘든 일이었다. 특히 캐리 피터슨은 불만이 많았다.

최근까지만 해도 캐리는 월급이 적다는 것 말고는 로우리 파크에서 일하는 것에 별다른 불만이 없었다. 하지만 최근 들어 그녀를 심란하게 만드는 것들이 하나둘 늘기 시작했다. 로우리 파크는 비영리 기관이었지만, 그녀의 눈에는 갈수록 운영 방식이 기업화되어 가는 듯 비쳐졌던 것이다.

동물원 직원들이 이미 과중한 업무에 시달리고 있었는데도, 열악한 상황에서 너무도 많은 것을 요구 받고 있다는 사실도 못마땅했다. 로우리 파크가 과연 코끼리를 비롯한 다른 동물들을 새로 데려올 재정적 여력이 있는지 역시 의문이었다. 예산이 이미 한도에 달해 있다는 것은 분명한 사실이었다. 만일 동물원 측에서 최신식 코끼리 축사를 신축하는 데 드는 비용 수백만 달러를 끌어올 수 있다고 한다면, 벽에 페인트를 좀 칠한다든가 엘리가 속한 부서 숙소의 부서진 문을 고쳐주는 데 이삼천 달러도 투자하지 못할 이유는 무엇일까?

캐리는 웬만하면 견뎌 보려고 애썼다. 자신의 생각을 발언하기도 했고, 각종 문제가 하루빨리 해결되기를 바랐다. 캐리는 동물들 특히 엔샬라의 곁을 떠나는 건 상상하기도 싫었다. 엔샬라가 마침내 수태를 하고 첫 새끼를 낳자, 더욱 그곳에 머물고 싶었다. 엔샬라를 위해 기꺼이 조금이라도 더 오래 머물 생각이었다.

⁂ ⁂ ⁂

코끼리 축사에서는 라마즈 수업이 한창이었다. 브라이언 프렌치를 비롯한 나머지 직원들이 진통과 분만에 대비해 엘리를 준비시키기 시작한 것이다. 새끼가 나올 때 우리의 딱딱한 바닥으로 떨어지는 거리를 최대한 좁힐 수 있도록 엘리가 뒷다리를 편 뒤 고정시켜 자세를 낮추는 연습을 시키는 중이었다. 엘리가 다리를 넓게 벌리고 서 있는 자세로 버틸 수 있다면, 새끼가 나왔을 때 밟게 될 가능성도 줄어드는 셈이었다. 브라이언이 새끼가 나올 때 자신과 자신의 베테랑 조수 스티브 르파브가 엘리 옆에 있을 수 있도록 규정을 완화할 것을 렉스에게 건의한 이유도 바로 여기에 있었다.

브라이언은 책임자들의 허락을 구한 뒤 엘리의 다리—다리 하나 또는 둘—를 나일론 끈으로 우리의 창살에 살짝 묶기 시작했다. 브라이언과 스티브는 먼저 엘리를 묶은 다음 우리 안으로 들어갔다. 엘리가 묶인 상태에 적응하기를 바랐던 것이다. 필요할 경우 출산 중 엘리의 움직임을 사육사들이 제재할 수 있게 함으로써 새끼는 물론이고 출산 과정을 돕는 사람들의 안전도 어느 정도 보장하기 위한 조치였다.

엘리의 수태가 막바지 단계로 접어들던 그해 가을, 브라이언과 스티브는 매일같이 엘리와 함께 일하며 고정시킬 위치를 가늠해 보고, 새끼에게 젖을 먹일 수 있게 앞다리를 들어 올리는 연습을 시켰다. 또한 브라이언은 축사 내에 야간 투시 카메라를 설치하여 각자의 집 컴퓨터에서도 영상을 볼 수 있게 해 놓았다. 출산 예정일이 다가오면서 동물원 직원들은 교대로 영상자료를 확인했다. 만약 엘리가 야간에 출산을 하게 될 경우, 모두들 최대한 신속하게 동물원으로 복귀할 생각이었다.

10월 중순 어느 날 새벽 3시경, 브라이언이 확인할 순번이었다. 그는 집에서 컴퓨터를 켜고 로그인한 다음 동물원의 야간투시 카메라에 녹화된 영상을 훑어보고 엘리의 상태가 괜찮은 것을 확인한 뒤 다시 잠자리에 들었다. 1시간쯤 흘렀을까. 다른 사육사의 전화에 그는 다시 잠이 깼다. 무슨 이유에서인지 자기 컴퓨터에서는 카메라 영상을 볼 수가 없다는 것이었다. 서버가 고장난 것이 틀림없었다. 브라이언은 크게 걱정하지 않았다. 엘리의 출산 예정일은 아직도 한 달이나 남아 있었기 때문이었다. 어차피 그와 스티브는 동트기 전에 동물원으로 복귀할 예정이었다.

새벽 5시 45분, 브라이언이 동물원에 도착했을 때 코끼리 축사 건물에서 이상한 소리가 들려왔다. 양동이를 걷어차는 소리 같았다. 누가 우리 안에 양동이를 두고 나왔나? 확인하기 위해 안쪽을 들여다보며 건물 안으로 들어가 주방을 지나 어두운 축사로 이어지는 이중문을 향해 걸어갔다. 이중문을 밀어 열자, 갓 태어난 새끼 한 마리가 브라이언의 다리 쪽으로 뛰어 나왔다. 수컷이었고, 아직 피가 묻은 상태였으며, 체중은 90킬로그램쯤 되어 보였다. 상황을 정리해보느라 브라이언의 머릿속이 바빠졌다. 엘리는 아직 축사 안에 있었다. 어찌 되었든 엘리는 혼자 힘으로 새끼를 낳은 것이고, 출산 시간은 한 시간쯤 전, 서버가 다운된 직후였음이 분명했다.

새끼는 힘이 넘쳐서 마구 돌아다니려 했다. 브라이언은 새끼를 팔에 감싸 안고 가만히 붙잡고 있었다. 주방 바닥이 미끄러웠기 때문에 만약 새끼가 떨어지거나 어딘가에 부딪히기라도 하면 다칠 수 있었다. 브라이언은 새끼를 살펴보며 다친 곳이 없는지 확인했다. 새끼의 입 근처에 손을 갖다 대 기도가 확보되었는지 확인하고 태반 찌꺼기를 떼어냈다. 엘리의 상태도 확인하러 가고 싶었지만, 다른 누군가가 도착해 새끼를 봐줄 수 있기 전까지는 꼼짝없이 기다려야만 했다. 그 순간, 얼룩말과 기린들과 함께 일하는 다른 사육사가 들어와 브라이언이 힘겹게 코끼리 새끼를 안고 있는 모습을 발견했다.

"와, 코끼리군요." 그가 말했다.

"네, 이리 와서 잠깐 붙잡고 있어줘요." 브라이언이 말했다.

브라이언은 자신의 차로 뛰어가 휴대전화를 집어 들고 스티브에게 전화를 걸었다.

"깜짝 놀랄 소식이 있습니다."

⁂ ⁂ ⁂

갓 태어난 새끼는 푸르스름하고 축축했으며 발에 힘이 없어 비틀거렸다. 어미의 산도를 빠져나올 때 눌린 탓에 머리는 아직 원뿔 모양이었다. 크게 뜬 눈의 까만 눈동자 주변에는 아직 붉은 기가 남아 있었다. 귀는 피부 아래 혈관 때문에 분홍빛으로 보였다. 탯줄은 이미 잘라졌지만, 짤막한 끄트머리가 아직 배에 달린 채 남아 있었다.

어미 코끼리는 어떻게 혼자 새끼를 낳은 것일까? 인간들이 가르쳐 준 라마즈법을 기억했던 것일까? 처음 새끼를 보았을 때 어떤 반응을 보였을까? 브라이언과 스티브, 그리고 다른 사육사들은 도무지 알 수가 없었다. 목격자라고는 해뜨기 전에 새끼가 세상에 첫 발을 내딛는 것을 본 다른 코끼리들뿐이었다. 코끼리 무리에 새 식구가 생긴 것을 확인하고자 서둘러 도착한 렉스는 이를 '처녀 출산' virgin birth이라 불렀다.

갓 태어난 새끼는 우리의 창살 틈으로 오갈 만큼 체구가 매우 작았다. 첫 몇 분 동안 참사가 일어나지 않았다는 것 자체가 엄청난 행운임을 렉스와 브라이언은 알고 있었다. 엘리가 새끼를 밟거나 새끼가 다른 코끼리 우리 안으로 들어가 밟히거나 채여 죽을 가능성도 있었다. 그런데 녀석은 사육사의 품 안으로 제대로 길을 찾아 들어

왔던 것이다.

직원들이 분주하게 움직였다. 머피 박사에게도 연락이 갔다. 우리 안에 있는 엘리는 출산 후 회복세에 있는 듯 보였지만, 상당히 불안한 상태였다. 브라이언과 스티브가 새끼를 다시 축사 안에 넣어주자 엘리는 일정한 거리를 유지했다. 엘리는 귀를 든 채 새끼를 보려 하지 않았다. 새끼를 어떻게 해야 할지 전혀 몰랐고, 뭔가를 함께하고 싶어 하지도 않는 듯했다. 이러한 거부 반응을 빠른 시간 내에 극복하는 것이 관건이었다.

새끼는 벌써 배가 고픈지 요란하게 울고 있었다. 엘리가 자기 새끼를 가까이 오게 해 젖을 먹일 수 있도록 사육사들이 돕는 데 실패하면, 어미와 새끼가 유대를 형성할 기회는 영영 물 건너가는 상황이었다. 브라이언과 스티브는 깨끗한 우리로 엘리를 옮긴 뒤 나일론 끈으로 엘리를 창살 하나에 묶었다. 아울러 새끼의 몸통 주변에 안전장치를 두른 뒤 여기에 다른 끈을 연결하여, 엘리가 난폭해질 경우 새끼를 다시 안전하게 끌어당길 수 있게 했다. 그런 다음 새끼를 천천히 어미에게 접근시켰다.

"좋아. 괜찮아." 브라이언이 엘리에게 말했다.

엘리는 좀 어리둥절한 듯했다. 눈을 크게 뜨더니, 새끼가 가까이 다가오자, 코를 휘휘 저어 새끼를 내쫓으려 했다.

"자, 엘리, 가만 있어봐. 진정해. 녀석은 널 해치지 않는단다." 브라이언이 타일렀다.

사람들이 달래자 엘리는 차분해지기 시작했다. 이제 새끼를 쫓아버리려 들지 않았다. 코를 뻗어 스치듯 새끼를 건드려 보더니, 다시 코를 가져갔다. 브라이언은 엘리 곁에 서서 엘리가 다시 자기 손의 감촉을 피부로 느낄 수 있게 했다.

"힘내." 그가 엘리에게 말하자, 엘리는 순순히 앞다리를 들어 새끼가 젖을 먹을 수 있게 했다. 사육사들이 브라이언을 그렇게 가까이까지 들여보내기에 앞서 브라이언은 엘리의 몸 아래쪽으로 손을 뻗어 넣어 엘리의 젖꼭지 한쪽을 마사지해 첫 모유 몇 방울이 나오게 했다. 곧 새끼가 어미 밑으로 들어가 젖을 먹었다. 아직 너무 작아서 어미에게 닿기 힘들었기 때문에 사육사들은 몇 인치 정도의 작은 발판을 놓은 다음 새끼가 그 위에 올라설 수 있게 도왔다. 몇 번의 시도 끝에 요령을 파악했고, 엘리도 확실히 긴장이 풀어진 듯했다. 젖이 흘러나오고 있었고, 모성 본능도 함께 흘러넘쳤다.

"잘했어." 브라이언이 엘리에게 말했다.

이미 엘리는 최고의 용기를 보여주었다. 이제 앞으로 자신이 어떤 엄마가 될지 넌지시 보여주는 중이었다. 갓 태어난 새끼가 생애 최초의 식사를 마치고 잠이 들자, 엘리는 바닥에 흩어져 있는 건초 쪽으로 코를 뻗더니 간이 담요처럼 새끼를 덮어 주었다. 그러고는 녀석이 다시 자기를 찾을 때까지 기다리며 새끼 곁에 서서 가만히 지켜보았다. 로우리 파크를 둘러싼 논란은 그 순간 일단 잠재워진 셈이었다. 코끼리를 가두어 길들이는 일에 대한 모든 논쟁도 일시적으로나마 수그러들었다. 아기코끼리는 이곳에 있고, 그 어미와 돌봐주는 인간들이 없었다면 생존하기 어려웠을 것이다.

새로운 생명은 지속된다. 생명은 논쟁이 아니다. 배고픔에 떨며 이 세상에 나온 생명을 어느 누가 밀어낼 수 있을까.

12
역류

처녀 출산 이후 처음 며칠간 로우리 파크에는 긴장이 감돌았다. 코끼리 새끼의 바이털사인은 양호해 보였고, 엘리는 새끼에게 젖을 주고 있었다. 모험을 강행할 이유는 전혀 없었기 때문에 동물원 측에서는 새끼를 코끼리 축사 건물 안의 비교적 조용한 곳에 따로 두었다.

"아직은 조심스럽습니다만, 생존 가능성에 대해 긍정적으로 보고 있습니다." 머피 박사가 말했다.

갓 태어난 코끼리 새끼가 체중도 늘고 힘도 세지면서, 로우리 파크는 본격적인 기념행사를 준비했다. 새끼가 태어난 것은 동물원 입장에서는 또 하나의 개가이자 아마도 역대 최고의 성과였을 것이다. 그리고 마케팅 팀에서는 바로 이 순간을 이용해 언론 노출을 극대화시킬 수 있는 방법을 알고 있었다.

새끼가 태어난 뒤 수주가 지났을 무렵 동물원 측에서 엘리와 그 새끼가 모습을 드러낼 준비가 되어 있다고 발표하자 수많은 인파가 몰려들었다. 코끼리 새끼가 짤막한 다리로 달리려고 하거나 자그마한 코를 들어 올릴 때, 혹은 젖을 먹기 위해 엘리의 다리 아래로 파고들 때마다 관람객들 사이에서는 탄성이 터져 나왔다. 녀석은 이미 코로 비눗방울을 불 줄도 알았고, 어미의 배 아래 그늘을 찾기도 하고, 엘리가 밥을 먹기 위해 자리를 뜰 때면 숙모뻘인 머체구나 음발리와도 스스럼없이 어울리게 되었다.

게다가 사육사들은 일찍부터 어미의 이름을 따서 새끼를 엘리Eli라고 부르고 있었다. 하지만 새끼에게도 공식적인 이름이 필요했고 이는 또 하나의 마케팅 기회이기도 했으므로, 동물원 측에서는 이름 공모전을 개최했다. 특별한 의미를 담은 아프리카 식 이름을 지어보라고 초등학생들에게도 손을 내밀었다. 응모가 끝난 뒤 동물원은 최종후보 5명을 선발한 다음 온라인상에서 공개투표를 진행했다. 비록 새끼는 아프리카에 발을 디딜 일이 영영 없기는 하겠지만, 최종 단계까지 선발된 5개의 이름은—자발리, 자시리, 키도고, 모하, 타마니—모두 드넓은 사바나를 떠올리게 만드는 이름들이었다. 하나같이 야생의 자연에 대한 환상을 키워가게 만드는 일종의 예명이었다.

만 명 이상이 투표에 참여했고, 프랑스나 아르헨티나처럼 먼 곳에서 투표한 이들도 있었다. 클리어워터의 프런티어 초등학교 2학년생이 응모한 타마니가 큰 표 차로 승자가 되었다.

'타마니'는 스와힐리어로 희망이라는 의미입니다. 코끼리들이 멸종위기에 처한 지금, 동물원에서 코끼리가 무사히 태어난 것은 그들이 살아남을 것이라는 희망의 상징이므로 이 '희망'이라는 단어를 선택했습니다.

경영 본부는 흥분에 휩싸였다. 코끼리를 중심으로 동물원을 좀 더 유명한 곳으로 새롭게 만들려는 렉스의 계획은 기대 이상으로 착착 진행되고 있었다. 로우리 파크는 스와질란드에서 야생 코끼리 네 마리를 데려오는 데 대한 논란을 극복했고, 새로운 종축군을 형성하는 데도 성공했다.

여제女帝로 확실히 군림하고 있던 엘리는 한편으로는 헌신적인 어미의 모습도 보였다. 동물원에서 새로 태어나기를 기다리고 있던 코끼리 새끼들 중 첫째의 엄마로서 말이다. 나머지 코끼리 네 마리 역시 번식을 시작할 수 있을 만큼 이미 성숙 단계에 접어들었다.

사파리 아프리카는 엄청난 성공작임이 입증되었다.

2006년으로 접어들면서, 관람객 수는 연간 백만 명을 넘어섰다. 렉스를 비롯한 수많은 직원들이 그토록 오랫동안 염원하던 바였다. 보유 동물도 폭발적으로 증가하고 있었다. 피그미하마와 붉은 물소, 긴칼뿔오릭스 등이 사파리 아프리카 조성 계획에 새로이 합류했다. 영장류 쪽으로는 랑고와 조시가 아기 오랑우탄을 한 마리 더 데려온 상태였다. 파나마 황금개구리들은 파충류 담당부서의 안쪽 방에서 생식을 하여 200마리 이상의 올챙이를 낳았다.

그러나 환희의 물결 아래로 뭔가 한계에 도달하고 있는 듯한 미묘한 느낌이 분명히 있었다. 사육사들의 눈에 서린 피로감이라든가, 렉스가 지나가면서 새로 전시할 동물 이야기를 하거나 모두들 좀 더 열심히 일해야 한다고 말할 때 사육사들이 짓는 멍한 표정이 바로 그런 징후였다. 타마니의 출생을 둘러싼 흥분의 도가니 속에서 주축이 된 사람들 혹은 배제된 사람들의 면면을 살펴보더라도 분명히 알 수 있는 징후였다.

어떤 기관이든 사소한 방식을 통해 드러나는 권력 구조의 조용한 변화, 그 숨겨진 역동이 있다. 구소련이 아직 무너지기 전, CIA 요원들은 노동절에 제국 군대가 열을 지어 붉은 광장을 가로지를 때 연단에 서 있는 인민위원들의 사진을 집중 분석하는 데 엄청난 에너지를 쏟아 부었다. 최근, 어린이들을 위한 미국 최고의 동물원으로도 이름을 알린 비영리 시설 로우리 파크는 PETA의 혹독한 비난을 받기는 했어도 악명 높은 제국에 비할 것은 아니었다. 그러나 만일 러시아 정책연구팀이 이 동물원의 위계로 눈을 돌렸다면, 코끼리 새끼의 출산을 알리는 기자회견에서 발언한 단 2명이 바로 렉스와 머피 박사였다는 사실에 주목했을지도 모른다. 새로운 생명들이 세상에 나오도록 인도하고 임신 기간 동안 엘리의 코치 노릇을 했던 브라이언 프렌치는 그림자도 볼 수 없었다.

브라이언은 원래 사진 찍히기를 싫어하는 탓에 그날 스포트라이트를 받는 대상에서 제외되었다는 사실에는 아무런 불만이 없었다. 하지만 불과 한 달여 뒤, 리 앤 로트먼이 그를 자신의 사무실로 호출해 해고 소식을 알렸을 때, 그는 뒤통수를 맞은 기분이었다.

"언제 말입니까?" 브라이언이 물었다.

"당장이오."

브라이언은 코뿔소들을 보기 위해 자리를 비웠던 스티브 르파브에게 전화를 걸어, 와서 코끼리를 돌봐 달라고 부탁했다. 그런 다음 충격을 받은 채 자기 물건들을 챙겨 차를 몰고 떠났다.

이후 로우리 파크의 대변인은 이 해고 건에 대한 언급을 거부하며 이렇게 말했다. "동물들과는 상관없는 개인적인 이유입니다."

동물원 주변에서는 이 해고의 발단이 브라이언과 렉스 사이의 갈등에 있었다는 소문이 돌았고, 이는 곧 사실임이 밝혀졌다. 각종 인터뷰에서 브라이언과 렉스 모두 코끼리 사육에 관련된 규정을 두고 서로 이견이 있었음을 인정했다. 브라이언은 새끼인 타마니와 같은 공간 안에서 일하는 것을 좋아했던 터라 자유접촉이 지속되기를 희망했다. 그는 새끼를 수컷 두 마리에게 소개시키기에 앞서 천천히 이동시킬 필요가 있다고 생각했다. 반면, 렉스는 사육사들은 보호접촉을 해야 한다고 주장하면서도 암소나 수소와 함께 타마니가 들판을 거니는 모습을 보고 싶어 했다.

"그는 모든 코끼리를 한데 몰아넣어 무리 짓는 환경을 조성하고자 했어요. 동물원이라기보다는 동물보호구역에 훨씬 가까운 방식을 원했던 거죠." 브라이언은 그렇게 말했다.

브라이언과 왜 결별했는지 묻자, 렉스는 본질적으로는 브라이언의 생각에 동의한다고 했다. 하지만 자신은 동물원의 동물 무리들이 야생에서처럼 함께 모여 있는 편을 선호하며, 브라이언은 서커스단 코끼리들의 경우처럼 자유접촉을 다시 하려 드는 것이라고 설명했다.

돌이켜 생각해보면, 충돌은 불가피했던 것 같다. 렉스와 브라이언 모두 강한 성격을 가진 데다, 코끼리를 다루는 최선의 방법을 두고 서로 생각이 달랐기 때문이다. 서로 부딪히면 어느 쪽이 이길지는 불 보듯 뻔했다.

브라이언이 동물원을 떠난 것만 따로 떼어놓고 본다면 그다지 중대한 사건은 아니었을지 모른다. 그러나 타마니가 태어난 뒤 몇 달이 흐르는 동안 엄청난 수의 직원들이 로우리 파크를 떠났고, 그 가운데는 큐레이터 6명 중 3명도 포함되어 있었다. 몇몇은 새로운 기회를 찾아 좋은 분위기 속에서 떠났다. 파충류 전문가인 더스틴 스미스는 황금개구리 연구를 위해 파나마로 떠났고, 부시 가든에서 일자리도 구했다. 케빈 맥케이는 디즈니 동물왕국에서 제안한 일자리로 가기로 했고, 안드레아 슈흐는 석사 과정을 밟기 위해 학교로 돌아갔다. 하지만 수군대며 등을 돌리고 떠나간 사육사들도 많았다. 그해 봄, 동물원은 직원들의 계속되는 이직으로 술렁였다.

"언제든, 무슨 이유에서든, 해고될 수도 있다는 걸 모두들 알고 있었어요." 한때 로우리 파크에서 일했던 사육사는 그렇게 말했다.

혼란스러운 상황이었다. 사람들이 떠난 것은 단지 한 기관이 새로워지는 과정에서 겪을 수밖에 없는 성장통이었을까? 아니면 좀 더 심각한 어떤 문제에 대한 반증이었을까?

아시아 부서의 캐리 피터슨은 자신도 그 퇴사 흐름에 동참할지를 두고 심각한 고민에 빠졌다. 근무 교대시간에 맞춰 나온 그녀는 엔샬라와 에릭에게 정신을 집중하려 애썼다. 이들 두 수마트라호랑이들은 서로 적대감을 보이던 구애기간 초기를 한참 지나 이제 엔샬라가 발정기에 들어설 때마다 서로 붙어 있었다. 그런데도 아직 임신 징후는 보이지 않았다. 머피 박사에게 자문을 구한 상태였고, 무슨 문제가 있는지 알아보기 위해 몇 가지 검사를 준비하는 중이었다.

엔샬라가 새끼를 가지기에는 이미 늦은 것일 수도 있었다. 그렇다 하더라도, 엔샬라가 전성기를 지나버렸다거나 늙었다고 보기는 어려웠다. 엔샬라는 여전히 성질이 사나워서 그물망에 대고 으르렁거리고 펄쩍 뛰어오르며 사육사들을 위협하기도 했다. 평생 인간의 손에 길들여지긴 했지만, 엔샬라는 늘 윌리엄 블레이크William Blake의 시 〈호랑이〉에 나오는 호랑이 같았다. 어둠 속에서 두 눈은 이글거리며 상대를 압도하는 광채를 내뿜으며 불타고 있었다.

"아름다운 녀석이야, 말로 다할 수 없을 만큼 아름다워." 그러고는 다시 엔샬라를 바라보더니 한숨을 쉬며 덧붙였다. "게다가 자기도 그걸 잘 알지."

엔샬라에 대한 애착 때문에 캐리는 동물원을 그만두지 못하고 있었다. 동물원에 정나미가 떨어지기는 했지만, 상황이 나아질지 모른다는 실낱같은 희망을 아직 버리지 않고 있었다. 렉스는 동물원이 앞으로 나아갈 과정을 구체적으로 계획해 놓은 상태였다. 캐리는 렉스가 마음을 바꾸는 경우를 본 적이 없었다.

⁂ ⁂ ⁂

숱이 많은 흰 머리에 풍파를 겪은 듯한 얼굴의 노인이 침팬지 전시관 끝에 서서 미소를 짓고 있었다. 자기 횃대에 자리를 잡고 앉아 있던 허먼은 이 노인을 보더니 몸을 흔들고 팔을 치켜 올리며 반가움을 표했다.

"내 아들이라오." 주변에 있던 관람객 중 누군가를 돌아보며 에드 슐츠가 말했다.

에드의 가족이 허먼을 로우리 파크에 데려와 허먼이 우리 안 전신주에 오르는 것을 가만히 서서 지켜보았던 이후로 35년의 세월이 흘렀다. 이제 아흔한 살이 된 에드는 나이에 비해 건강한 편이었다. 에드의 아내는 몇 년 전 세상을 떠났고, 자녀인 로저와 샌디는 어느덧 성인이 되어 각자 가정을 꾸리고 아이를 낳아 다른 곳에서 생활하고 있었다. 에드는 최근 들어 병원에 들락거리는 일이 잦았다. 청력이 별로 좋지 않았고, 기억력이 약해졌다. 하지만 허먼만큼은 잊은 적이 없었고, 허먼 역시 그를 잊지 않았다.

에드는 퇴직한 지 오래였지만, 여전히 탬파에 살면서 수년간 로우리 파크에서 도슨트 자원봉사자로서 동물원 투어를 진행하거나 힘이 닿는 대로 여러 가지 일을 돕기도 했다. 에드가 가장 즐거워하는 소일거리는 허먼을 만나러 와서 함께 보낸 시간에 대한 이야기들을 나누는 것이었다. 에드의 집에는 로저와 샌디, 그리고 손자들 사진과 함께 허먼의 사진이 나란히 걸려 있었다. 허먼을 아들과 다를 바 없이 사랑한다고 에드가 사람들에게 이야기하면, 믿지 않는 이가 없을 정도였다.

에드가 침팬지 전시관 앞에 서서 해자 건너편의 친구를 바라보고 있자면, 시간은 훌쩍 거슬러 올라가 갑자기 다시 라이베리아에서 처음 허먼을 안아 들던 때로 돌아가곤 했다. 에드가 그 아기 침팬지를 오렌지색 바구니에서 꺼내어 팔에 안던 그날, 이 행동에 어떤 의미가 함축되어 있는지 그로서는 전혀 알 길이 없었다. 둘 다에게 어떤 의미가 될지, 그들의 삶이 앞으로 수십 년간 어떻게 함께 엮여갈지, 알 수 없었다.

허먼이 에드와의 관계를 어떻게 생각하는지 정확히 알기는 힘들었지만, 아직도 에드에게 끈끈한 유대감을 느끼고 있는 것만큼은 분명했다. 그러나 사육사들은 허먼에게서 보이는 극도의 절망감을 감지했고, 에드가 왔다가 가고 나면 특히 더 심했다. 때문에 사육사들은 에드가 그렇게 자주 오지는 말았으면 하고 바라기도 했다. 에드가 왔다가 떠날 때마다 허먼은 크게 흔들리는 모습을 보였기 때문이었다.

슐츠 가족이 허먼을 로우리 파크에 데려다 놓은 지 35년이 흘렀다. 허먼은 분명 자신의 인간 식구들이 자신을 사랑했다는 것을 알았지만, 그 때문에 자신이 버려졌다는 사실이 더욱 혼란스러웠을 것이다. 허먼이 남은 생을 살면서 그 모든 것을 이해하려 들었을까? 에드가 나타날 때마다 드디어 이번에는 집으로 가게 될 것이라는 일말의 기대를 품었을지도 모른다.

2006년 초여름, 영장류 담당 사육사들은 굉장히 들떠 있었다. 몇 년 만에 처음으로 침팬지 집단 내에서 새끼가 새로 들어올 예정이었기 때문이었다.

새끼 암컷의 이름은 사샤였다. 사샤는 몽고메리 동물원에서 태어났지만, 자신을 낳은 어미에게 거부당했다. 리 앤은 사샤를 로우리 파크에서 데려올 수 있도록 주선했다. 대리모로서 루키야의 장점을 잘 알고 있던 터라, 리 앤과 동료 사육사들은 수년 전 알렉스를 입양했을 때와 마찬가지로 이 여제가 사샤를 받아들여주기를 기대하면서 사샤를 루키야와 다른 침팬지들에게 천천히 소개시킬 준비를 하고 있었다.

세상 그 무엇보다도 침팬지 새끼들을 사랑하는 리 앤은 사샤를 안아들 때마다 얼굴에 미소가 번졌다. 사육사들이 사샤를 침팬지들에게 소개시킬 준비를 하는 처음 몇 주 동안, 리 앤과 나머지 사육사들은 사샤에게 기저귀를 채운 다음 사무실을 구경시켜 주었다. 밤에는 사샤를 집에 데려다 주고 젖병으로 유아식을 먹였다. 사샤는 가볍고 보드라우면서도 생명력이 넘쳤다. 금세 동물원 직원들을 사랑하게 됐고, 특히 남자들을 좋아했다. 인간 남성을 만나면, 심지어 처음 보는 사람이어도 안아 달라고 바로 팔을 들어 올리곤 하는 모습이 마치 오래전 허먼이 에드만 보면 자동으로 팔을 올렸던 것과 똑같았다.

6월 초경, 사샤를 무리 속에 들여보내는 작업이 한창이었다. 사샤는 아직 허먼이나 뱀부를 만나지 못한 상황이었다. 규정상 천천히 조심스러울 필요가 있는 과정이었지만, 루키야와 트위기 모두에게는 이미 사샤를 소개시킨 상태였다. 사육사들은 사샤를 암컷 숙소 옆에 있는 작은 우리—리 앤은 '첫인사 우리' howdy cage라 불렀다—에 있게 했다. 침팬지 새끼와 어른 모두 서로 얼굴을 익히고 냄새를 맡을 기회를 줄 수 있는 방법이었다. 먼저 눈으로 보고 나서 냄새를 맡는 것은 익숙해지는 방식이었고, 잘만 된다면, 다음 단계로 넘어가 사샤를 루키야와 같은 공간 안에 넣을 수도 있을 터였다.

알렉스가 사샤를 만나고 나서 자신이 더 이상 아기가 아님을 깨닫게 되면 어떤 반응을 보일지는 알 수가 없었다. 허먼과 뱀부의 반응을 알 수 없는 것도 마찬가지였다. 리 앤은 허먼이 새끼였던 알렉스를 받아들였던 것과 마찬가지로 사샤도 받아들일 것으로 믿었고, 그와 같은 수용은 다른 침팬지들에게도 본이 될 것이 분명했다. 처음에는 사샤를 수컷들로부터 멀리 떨어뜨려 놓았다. 다들 사샤의 체취를 맡았다면 첫인사 우리 쪽에서 어슬렁댔을지 모르지만, 아직 사샤를 만나지는 못한 상태였다.

리 앤이 분명히 말할 수 있는 사실은 사샤의 도착이 아직은 나머지 침팬지들에게 아무런 영향도 미치지 않았다는 것이었다. 알렉스에게서 명백히 읽히는 욕심만 빼면, 침팬지 집단은 여느 때처럼 평온해 보였다. 조금 전 허먼과 뱀부가 잠시 얽혀 싸우기는 했지만 말이다. 이번 싸움은 예전에 비해 좀 더 격렬해 보였고 두 수컷 모두 서로에게 물린 상처를 입었지만 늘 그렇듯, 그 뒤 화해를 한 모양이었다.

리 앤은 며칠 뒤 전시관 곁을 지나가다가 이상한 광경을 보았다. 루키야가 뱀부 뒤에 앉아 뱀부 등의 털을 매만져주고 있었던 것이다. 리 앤은 루키야가 낮은 위계의 수컷에게 그런 행동을 하는 것은 지금껏 본 적이 없었다. 암컷들이 뱀부를 괴롭힌 이후에 뱀부와 루키야가 한데 어울려 있는 것은 정말 신기한 광경이었다.

보기 좋은걸. 리 앤이 중얼거렸다.

☘☘☘

6월 8일 목요일, 정오가 지날 무렵 긴급 전화가 사육사들의 무전기로 쉴 새 없이 울렸다. 요란한 호출이 이어지고, 무전기 반대편에서는 격한 감정에 휩싸인 다급한 목소리가 들렸다. '영장류'라는 단어 말고는 무슨 말인지 정확히 알아듣기가 어려울 정도였다. 침팬지들 사이에 싸움이 벌어졌고 멈출 기미가 보이지 않았다. 사육사들은 도움이 필요했다.

리 앤은 그날 영장류 구역에서 근무 중이었다. 그녀를 비롯한 다른 사육사들은 싸움의 발단을 목격하지는 못했지만, 침팬지 전시관 쪽에서 소란스러운 소리가 들렸을 때 모두들 급히 달려 나왔고 뱀부와 루키야가 허먼을 공격하고 있는 광경을 보았다. 가까이 있던 알렉스 역시 팔을 마구 휘저으며 허먼을 보호하려 애쓰고 있었다.

사육사들이 나서 싸움을 말렸다. 알렉스와 루키야를 비롯한 나머지 암컷들을 다독여 숙소로 유인했고, 호스를 꺼내 뱀부에게 물을 뿌렸다. 그러나 어떻게 해도 뱀부의 폭력을 제지할 수 없었다. 허먼은 수세에 몰린 것이 분명했다. 자기 방어를 하고는 있었지만 서서히 무너지는 모습이 역력했다. 곧이어 허먼은 양다리를 엇갈린 채 풀썩 주저앉아 머리를 땅에 박고 있었다. 뱀부가 계속 때리고 있는데도 허먼은 움직이지 않았다.

경비원이 관람객들의 출입을 통제하는 동안, 머피 박사가 도착해 전시관 뒤편을 덮고 있는 높은 그물망 벽까지 둘러보았다. 그는 뱀부가 단지 분노뿐 아니라 혼란과 공포에 휩싸인 상태임을 알 수 있었다. 뱀부는 머피에게 달려와 두려움을 표했다가 다시 쓰러져 있는 허먼에게 돌아가 허먼을 두들겨 때리기를 반복하고 있었다. 머피는 뱀부를 향해 화살촉을 쏘려 했지만 정확히 맞힐 수가 없었다. 그와 영장류 사육사 한 명은 뱀부가 멀찌감치 떨어지기를 기다렸다가 재빨리 전시관으로 들어갔고 숙소로 허먼을 끌고 들어가 진찰을 했다.

진료소에서 머피는 허먼에게 쇼크 검사와 정맥혈 채혈을 하고, 몸을 닦은 뒤 좀 더 정밀한 검사를 시작했다. 외상—입술이 몇 군데 터지고 손가락과 발가락이 찢어졌다—자체는 그다지 치명적인 것 같지는 않았다. 눈동자와 호흡패턴을 본 머피는 신경계 외상neurological trauma을 의심했다. 공격을 받는 중 쓰러졌거나 혹은 의식을 잃을 정도로 뱀부에게 심한 구타를 당했을 수도 있었다.

머피가 검사를 계속하는 동안 영장류 담당 큐레이터 안젤라 벨처와 로트먼이 가까이 서서 허먼에게 말을 걸었다. 하지만 허먼은 깨어나지 않았다. 이미 혼수상태에 빠져 든 것이다.

사람들에게 허먼을 돌보도록 부탁한 뒤 머피는 동물원 내의 매너티 병원으로 갔다. 그곳에서는 사육사들이 루키야의 코 부분을 몇 바늘 꿰매기 위해 진정제를 맞혀 데려온 상황이었다. 저녁 7시가 되어갈 무렵 진료소에서 전화가 걸려왔을 때에도 수의사는 여전히 치료에 여념이 없었다. 진료소에서는 허먼이 숨을 쉬지 않는다고 했다. 진료소로 뛰어 들어간 머피는 사람들이 돌아가며 40킬로그램 체구의 허먼에게 CPR을 행하고 있는 모습을 보았다. 머피에 이어 리 앤도 교대로 CPR을 했다. 모두들 10분 혹은 15분쯤 포기하지 않고 계속 애를 썼다.

리 앤은 CPR을 멈추지 않고 싶었다. 대체 왜 이런 일이 일어난 것인지 알 길이 없었다. 그녀는 허먼이 없는 동물원도, 자신의 삶도 상상이 가지 않았다. 그럼에도 불구하고 그녀를 비롯한 모든 이들은 결국 허먼에게서 한걸음 물러서는 것 이외에는 아무것도 할 수가 없었다.

왕이 죽은 것이다.

☘ ☘ ☘

다음 날, 사람들은 에드 슐츠가 작별을 고하는 모습을 지켜보았다. 리 앤과 안젤라가 진료소까지 동행하며 허먼이 기다리고 있는 곳으로 그를 안내했다. 허먼은 한쪽 팔을 가슴 위로 늘어뜨린 채 옆으로 누워 있었다. 배 아래로 얇은 천을 덮고 있는 모습이 평화로웠다.

에드는 애끓는 심정이었다. 눈에 눈물이 가득한 채 그는 침팬지의 손을 잡고 두툼하고 딱딱한 손바닥의 감촉을 느껴보았다. 그리고 이제 차갑게 식은 허먼의 이마에 입을 맞추고는, 아들이라 부르며 다정하게 속삭였다. 너무도 보고 싶지만, 우리 둘은 다른 세상에서 곧 다시 만나게 될 것이라는 이야기를 허먼에게 들려주었다. 아주 오래전 처음 만났던 날 자신이 이 친구에게 붙여주었던 그 이름을 끝없이 되뇌고 또 되뇌었다.

13

자유

허먼이 폭행을 당해 고꾸라졌다는 소문은 삽시간에 동물원 전체에 퍼졌고 밖으로도 새어나갔다. 웬만해서는 침팬지 한 마리가 죽었다는 사실은 바깥세상에서 일말의 관심거리조차 되지 못했을 것이다. 그러나 허먼은 탬파베이 역사상 가장 유명한 동물로서 그의 행동 하나하나에 감탄하며 자라온 지역민들의 사랑을 독차지해 왔던 데다 갑작스러운 죽음이었기에 더욱 세간의 화제가 되었다.

사건이 있던 저녁, 동물원 측에서 허먼의 사망 소식을 공식 발표하기도 전에 어느 익명의 제보자가 〈세인트 피터스버그 타임스〉에 전화로 이 소식을 알렸다. 다음 이틀간, 이 쿠데타 소식은 신문 1면을 장식했다. 이 신문은 동물원 내에서 "사랑 받는 터줏대감"이었던 허먼의 명성을 언급하며 1보를 내보냈다. 대체로 정확한 내용이었으나, 한 가지 중요한 사실만은 오류가 있었다. 바로 루키야가 두 수컷 간 싸움에 "개입"하다가 상처를 입었다고 보도한 것이었다.

영장류 수컷은 본래 폭력적이고 암컷은 비교적 온순하다고 보는 견해가 일반적임을 감안할 때, '루키야는 싸움을 말리려 했다'는 표현 밑바탕에 깔린 추측은 충분히 이해할 만했다. 그러나 이 경우 그러한 가정은 틀린 것이었다. 싸움을 목격한 리 앤과 사육사들은 루키야가 말리기는커녕 오히려 뱀부와 연합해 허먼을 공격하는 광경을 보았기 때문이다.

부검 보고서는 두어 달 뒤에야 나왔다. 머피 박사는 허먼의 사인은 급성 두부손상이며 심장에도 문제가 있었음을 발견했다. 허먼이 입은 부상을 검사하는 과정에서 루키야가 이번 공격에 가담한 정도를 가늠할 수 있었다. 우두머리인 허먼을 뱀부가 심하게 구타했던 것은 맞지만, 허먼의 얼굴에 물어뜯은 흔적을 남겼을 리는 없었다. 늙고 기력도 약한 편인 뱀부는 남아 있는 이빨이 거의 없었기 때문이었다. 암컷들이 괴롭혀도 뱀부가 자기 방어를 못했던 것은 바로 이 때문이었다.

이번 공격과 관련하여 가장 큰 의문점—모두를 혼란에 빠뜨린 미스터리—은 도대체 왜 뱀부가 그토록 격분하여 허먼을 쫓아갔던 것인가 하는 부분이다. 뱀부가 로우리 파크에 온 이래로 허먼은 늘 뱀부의 가장 가까운 협력자이자 보호자였다. 겉으로 볼 때, 이 둘은 침팬지 사이에 형성될 수 있는 최고의 우정을 쌓았다. 사건 이후 뉴스 인터뷰에서 머피는 과거에 이 두 수컷들이 자주 흙 위에서 어울려 놀던 모습을 보았다고 이야기했다.

"모두가 둘을 친구라 생각했습니다. 함께 어슬렁거리며 돌아다니고 서로 장난치고 웃기도 하는 두 노신사 같았지요." 그가 말했다.

많은 이들에게 허먼의 죽음은 너무도 받아들이기 힘든 일이었다. 허먼은 모든 면에서 로우리 파크 역사의 상징이었으며, 동물원의 산 증인이자 노련한 홍보대사였다. 몇몇 사육사들이 태어나기도 전부터 이미 허먼은 그곳에서 살고 있었다. 허먼에 비하면 렉스도 신참이었다. 80년대 중반 렉스가 왔을 때, 허먼은 이미 15년째 왕좌에 있었다. 그런 그가 어떻게 떠날 수가 있단 말인가?

수많은 전설을 남긴 죽음이었던 만큼, 동물원 안팎으로 소문도 무성했다. 허먼의 권력이 점차 내리막길을 걷는 중이었고, 동물원 측에서는 미처 몰랐지만 어떤 식으로든 허먼이 몸이 아프거나 쇠약해졌음을 뱀부가 알아차렸던 것이 아닐까 추측하는 이들도 있었다. 그런가 하면 어린 사샤의 등장이 집단 내 역학관계를 바꾸어 놓음으로써 뱀부의 암살 모의를 부추겼다는 가설을 제기하는 이들도 있었다.

이러한 주장의 밑바탕에는 갓 난 새끼 동물이 동물원 측에 좋은 사업 수단이 된다는 검증된 사실 그리고 수익을 늘리려는 욕심이 사샤를 데려오게 된 실질적인 동기이자 결국 공격을 유발한 원인이 되었다는 추측이 자리잡고 있었다. 흥미로운 가설이기는 했지만, 리 앤이 어떤 사람인지 그리고 그녀가 얼마나 침팬지에게 열정을 바쳤는지를 아는 사람이라면 믿기 힘든 이야기였다. 사샤를 데려오자고 강하게 밀어붙였던 것은 동물원 경영본부가 아니라 리 앤이었기 때문이다. 사샤에게는 보금자리와 어미가 필요했고, 리 앤은 로우리 파크라면 두 가지 모두를 어린 침팬지에게 줄 수 있을 것이라 판단했던 것이다.

침팬지에게 평생을 바친 리 앤의 헌신은 늘 한결같았다. 그녀의 머릿속은 침팬지라는 종, 특히 로우리 파크에 있는 침팬지들의 보호에 관한 생각뿐이었다. 그런 그녀가 단지 몇 푼 더 벌기 위해 허먼과 다른 침팬지들을 위험한 상황으로 몰아넣는 데 동조했다는 것은 어불성설이었다.

허먼이 죽은 진짜 이유는 렉스의 그칠 줄 모르는 야욕 때문이라고 수군거리는 이들도 있었다. 퇴직과 해고로 동물원에 근무하는 인원이 그렇게 급감하지 않았더라면, 그래서 전시관을 새로 짓고 확장하는 데 그토록 무리해서 일하지 않았더라면, 공격이 벌어졌던 아침에 좀 더 많은 인력이 영장류 전시구역에 배치될 수 있었을 것이라는 이야기였다. 사육사 한 명이 좀 더 신속하게 상황을 발견하고 경보를 울렸다면, 걷잡을 수 없는 상황이 되기 전에 뱀부와 허먼을 떼어놓을 수 있었을지도 모른다.

리 앤은 여전히 그런 식의 추측을 전혀 믿지 않았다. 이미 벌어진 일을 가지고 렉스를 탓하고 싶지는 않았다. 아니 그보다도 리 앤은 허먼의 죽음을 어떻게 받아들여야 할지 전혀 모르고 있었다. 슬픔을 이기지 못하는 탓에 벌어진 상황에 대해 차분하게 생각하는 것이 불가능했던 것이다. 몇 주가 지나도록 그녀는 계속 울었고, 친구와의 대화에서조차도 허먼의 이름을 내뱉는 것 자체를 힘겨워 했다.

동물원 바깥에서는 뱀부에게 벌을 주어야 하는 것 아니냐는 목소리가 나오기도 했다. 어쨌든 뱀부가 허먼을 죽인 것 아닌가? 이 같은 질문을 들은 리 앤은 고개를 저었다. 법 역시 인간적인 사고방식일 뿐이었다. 동물의 세계에는 살해와 같은 개념도 없고, 심지어 옳고 그름의 개념도 있을 수 없었다. 허먼은 떠났고, 뱀부와 다른 침팬지들은 남았다. 그것뿐이었다.

에드 슐츠는 예전처럼 동물원에 자주 가지 않게 되었다. 그는 침팬지 전시관을 들여다보거나 자신을 기다리고 있는 친구를 만날 수도 없었다.

"도저히 마음을 추스를 수가 없군요." 그가 말했다.

에드는 허먼의 죽음이 부당하다고 토로했다. 물론 침팬지들을 인간의 기준으로 판단해서는 안 된다는 것을 잘 알고 있었지만, 에드는 뱀부가 허먼을 배신했다는 생각에 몸서리를 쳤다. 어느 날, 에드는 동물원에 가 침팬지 전시관 앞에서 뱀부를 비롯한 다른 침팬지들에게 등을 돌리고 서 있음으로써 자신의 불편한 심경을 드러냈다. 그들을 일부러 쳐다보지 않았던 것이다.

집에 오면 에드는 깊은 슬픔에 잠겼다. 허먼의 사진 곁에 앉아서 부들부들 떨리는 손으로 사진을 부여잡고, 울고 또 울었다.

"이 녀석과 보낸 시간이 내 반평생입니다." 터져 나오는 눈물을 애써 삼키며 그는 말을 이었다. "얼마나 사랑했다고요."

뱀부 역시 후유증을 앓고 있었다. 공격 사건 이후 며칠 동안 그는 전시관과 숙소에서 허먼을 찾고 다니는 눈치였다. 함께 지내던 동료가 다시 나타나지 않으니, 식욕마저 잃은 모양이었다. 뱀부와 나머지 침팬지들은 어찌할 바를 모르는 듯 보였다. 의기소침했고 혼란스러운 모습이었다. 모두들 허먼이 돌아오기를 기다리고 있었다.

⁂ ⁂ ⁂

동트기 전과 해거름 후에도 플로리다의 습한 열기 때문에 숨이 턱턱 막히던 그해 여름, 동물원 내의 문제는 가시화되기 시작했다. 인력 교체가 가속화되면서, 남아 있던 사육사들은 초과 근무에 신규채용 인력 교육까지 하느라 분주했다. 나날이 새로운 동물들이 도착하고 있었고, 게시판에는 경영진에게서 내려온 새로운 지시사항이 쌓여가고 있었다. 사파리 아프리카는 또 한 단계 확장을 준비 중이었다. 엔샬라와 에릭이 머물던 아시아 전시구역은 전시관 리노베이션 작업을 위해 공사 인력이 들어올 동안 폐장했다.

로우리 파크의 관리자들이 허먼의 죽음을 〈세인트 피터스버그 타임스〉에 알린 익명의 제보자를 색출하려 나서자, 직원들 사이에 조용히 쌓여 오던 불만이 마침내 터져 나왔다. 캐리 피터슨을 비롯한 몇몇 사육사들이 면담을 받기 위해 본부로 소환되었다. 렉스와 그 외 간부들이 의심 가는 이들의 명단을 취합했다는 소문이 돌았다. 과거에 근무 조건이나 동물 관리에 관한 불만을 표출한 전력이 있는 이들을 우선적으로 포함시켰다는 것이었다. 동물원 측에서 전화와 이메일 사용 내역을 감시하고, 심지어는 거짓말탐지기 사용까지 고려하고 있다는 소문도 돌았다.

발설 여부에 관한 조사는 캐리에게는 최후의 모욕이었다. 제보자가 누구인지 알지 못했을 뿐만 아니라, 익명의 제보자를 찾아내려는 동물원 측의 노력은 통제에 대한 집착으로 보였다. 가장 많은 사랑을 받았던 동물의 죽음을 비밀에 부치기라도 할 셈이란 말인가?

7월 중순, 캐리는 결국 사표를 냈다. 그리고 이번에도 동물들과 함께 일할 수 있는 탬파베이 동물애호가협회에서 일자리를 찾았다. 하지만, 새로운 업무를 시작하면서도 그녀는 엔샬라에 대한 생각을 그만둘 수가 없었다. 밤이면, 동물원으로 돌아가 다시 호랑이 숙소에 있는 죄책감 가득한 꿈에 시달렸다. 엔샬라가 어디로 가버렸냐고 묻는 듯한 얼굴로 자신을 바라보는 꿈을 꾸곤 했다.

⁂ ⁂ ⁂

또 한 명의 베테랑인 캐리가 떠나면서 인력에 심각한 결원이 생겼다. 동물 관리개선을 끊임없이 요구하다가 요주의 인물로 낙인찍힌 아시아 부서의 사육사 한 명은 캐리가 퇴사한 이후 불과 며칠 뒤 해고되었다. 아시아 부서에 인력이 더 필요하다고 여긴 동물원 측에서는 게인스빌에서 사육사 양성 프로그램을 이수한 한 남성 사육사를 새로 채용했다. 원칙 정도는 다 익힌 상태였지만, 다년간의 경험을 보유하고 있던 캐리나 다른 베테랑 사육사들의 자리를 대신할 수 있을 정도가 되려면 갈 길이 먼 듯했다.

그해 여름 이후, 로우리 파크는 다시 일어서고자 애를 썼다. 인력 구성도 안정화, 정상화되어야 했고, 9월에는 AZA 연례회의도 공동 주최해야 했으므로 한시가 급했다. 불과 몇 주 뒤면, 세계 각지에서 온 수백 명의 해당 분야 고위 담당자들이 탬파에 모여 로우리 파크를 둘러보고, 각 전시관에 대해 평가를 내리고, 로우리 파크가 과연 기대 수준에 부합하는지도 암묵적으로 판단할 예정이었다. 렉스를 비롯한 경영진에게 이는 미국 전역의 이목을 집중시킬 수 있는 또 한 번의 기회였지만, 직원들에게는 그저 부담스러운 또 하나의 짐일 뿐이었다. 사육사들은 일찍부터 귀빈 맞이 준비에 분주했다.

그러던 8월 22일 화요일, 폐장 시간이 다가올 즈음, 직원들은 무전기에서 치직거리며 날카롭게 새어 나오는 세 단어를 들었다.

"코드 원 타이거."

엔샬라가 도망친 것이다.

⁂ ⁂ ⁂

신입 사육사는 그날 오후 느지막이 혼자서 호랑이들을 돌보고 있었다.

사육사로 일을 시작한 지 불과 한 달밖에 되지 않은 서른세 살의 크리스 레넌은 평상시 같으면 그를 도와주는 다른 사육사와 함께 있었을 것이다. 그러나 캐리는 그만두었고, 다른 베테랑 사육사 한 명은 해고되었다. 아시아 부서를 관장하는 보조 큐레이터 팜 노엘은 그날 원래 오전 근무였지만, 아이가 학교에서 천식 발작을 일으켰다는 전화를 받고 일찍 퇴근한 상태였다. 크리스 혼자 에릭과 엔샬라와 함께 있었다.

4시 30분경, 그는 호랑이들에게 먹이를 준 다음 전시관에서 숙소로 이동시킬 준비를 했다. 저녁거리를 각자의 굴에 넣어준 뒤, 레버를 당겨 엔샬라를 건물 안으로 들여보냈다. 평소처럼 그와 호랑이 사이에는 두터운 그물망 벽이 세워져 있었다. 그리고 엔샬라는 어렸을 때부터 굳어진 습관대로 사육사가 자기 굴을 지나가기를 기다렸다가 반대편에 그가 서 있는 그물망을 향해 펄쩍 뛰어들었다.

크리스는 평소 하던 대로 일과를 계속했다. 좁은 복도에 서서 에릭이 전시관에서 나와 자기 굴로 들어가도록 준비하고 있었다. 그리고 그 순간, 크리스는 뒤를 돌아볼 수밖에 없었다. 아마 어떤 소리가 들렸던 것 같다. 뒤돌아보자 그의 눈에 처음 들어 온 것은 복도에 떨어져 있는 고기 한 점이었다. 그곳에 있어서는 안 되는 것이었다. 그리고 엔샬라를 보았다. 엔샬라가 자기 굴에서 나와 크리스가 실수로 빗장을 걸지 않은 채 둔 문을 통해 들어온 것이다. 호랑이는 아무것에도 매여 있지 않은 채 불과 몇 발자국 앞에서 크리스를 노려보고 있었다.

엔샬라가 공격을 하려 든다면, 크리스가 피할 곳은 아무데도 없었다. 유일한 탈출구라고는 전시관으로 통하는 출입문 하나였는데, 그 전시관에서는 에릭이 기다리고 있는 상황이었다.

운이 좋았다. 이유는 알 수 없지만, 어쨌든 엔샬라는 크리스를 향해 다가오지 않았다. 15년 가까이 엔샬라는 늘 인간에게 적대감을 보여왔다. 그런데 이날만큼은 신입 사육사를 무시한 채 그냥 왔다 갔다 하기만 했던 것이다. 크리스는 복도 끝으로 서둘러 뛰어가 혹시 엔샬라가 변덕을 부리더라도 자신에게는 접근할 수 없도록 숙소의 그물망 문을 닫았다. 그러고는 무선으로 코드 원을 알렸다.

엔샬라는 조용히 건물 밖으로 걸어 나와 햇살 속에 섰다. 난생처음, 자유의 몸이 된 것이다.

⁂ ⁂ ⁂

절대 이런 순간만큼은 오지 않게 해 달라고 사육사들이 늘 기도했던 바로 그런 상황이었다.

무전기들마다 경보음이 울려대자 동물원은 비상통제에 돌입했다. 4시 45분경이었다. 아직 동물원 내에 남아 있던 몇몇 관람객들은 폐쇄된 출입문 뒤 안전한 장소로 긴급 대피했다. 동물원 정문은 폐쇄됐다. 무기대응팀이 소총과 엽총을 들고 출동했다.

숙소 안에 들어간 크리스는 엔샬라가 최근까지 나부가 머물렀던 구역으로 들어갔다고 알려 왔다. 전시관 리모델링 공사 때문에 코뿔소 나부는 옮겨진 상태였다. 크리스의 목소리에서는 무전기 상으로도 뚜렷하게 전해질 만큼 충격이 묻어났다. 목소리가 떨리고 있었지만, 애써 침착하게 엔샬라의 동태를 보고했다. 엔샬라는 나부의 전시관이었던 곳에 있다가 공사장으로 움직이기 시작했다.

나부가 동물원에 오기 전인 몇 해 전까지만 하더라도 이곳은 아시아코끼리 전시관이었다. 엔샬라가 드나드는 숙소는 바로 틸리라는 코끼리가 차리 토레를 죽였던 축사였다. 엔샬라가 돌아다니던 그 뒤편 전시관 둘레로는 진창 속에 큰 부들elephant grass이 무성하게 나 있는 해자가 파여 있었다. 해자가 깊기는 했지만 폭이 넓지는 않았다. 뛰어넘지 못하는 동물인 코끼리나 코뿔소를 가둬 놓기 위한 용도로 설계된 것이기 때문이었다.

엔샬라의 위치는 동물원 정문과 가까웠는데, 정문 근처에는 날씨가 따뜻한 8월 이맘때쯤이면 어린 아이들에게 인기가 많은 매너티

분수가 있었다. 로우리 파크는 정말 운이 좋았다. 만일 관람객이 더 많이 남아 있는, 조금만 더 이른 시각에 호랑이가 탈출했더라면, 엔샬라는 해자를 가뿐히 뛰어 넘어 꼬마들을 향해 사냥을 나섰을지도 모르는 일이었다.

호랑이 관련 코드 원 규정에 따라 무기대응팀이 해당 구역을 포위했다. 소총을 소지한 보조 큐레이터가 코모도 빌딩 꼭대기로 올라갔다. 다른 한 명은 호랑이 숙소 뒤편에 자리를 잡았다. 규정상 1차적으로 엔샬라를 먹이로 달래어 자기 굴로 다시 데리고 들어가려는 시도를 해야 했지만, 이번 상황에서는 소용이 없을 공산이 컸다. 엔샬라는 배가 고프지 않은 듯 보였다. 사실, 밖으로 나올 때 이미 먹이를 그냥 지나쳐 나온 셈이었으니 말이다. 그렇다 해도 엔샬라는 여전히 위험한 존재였고, 궁지에 몰릴 경우 자기를 방어하고자 할 것이 분명했다.

무기대응팀은 머피 박사가 마취 총을 들고 오기를 기다리며 엔샬라에게 무기를 사용할 대비를 하고 있었다. 팀원들 대부분은 엔샬라를 보아온 지 수년이 되었고, 그 가운데 몇몇은 엔샬라가 갓 난 새끼였던 시절까지도 기억하고 있었다. 렉스는 엔샬라가 15년 전 동물원 안에서 태어났을 때부터 줄곧 엔샬라를 보아왔다. 엔샬라가 탈출했던 그날 오후 늦은 시각, 조수에게서 걸려온 다급한 전화가 휴대전화를 울리던 그때 렉스는 I-275를 타고 자신이 사는 파스코 카운티를 향해 차를 몰고 있었다.

"바로 돌아오십시오. 코드 원 타이겁니다."

렉스는 첫 번째 출구로 빠져나와 차를 돌려 황급히 동물원으로 돌아왔다. 그때 머피는 마취 총을 쏠 준비를 하고 있었다. 나머지 무기대응팀은 엔샬라를 주시하고 있었다. 엔샬라가 움직일 때마다 소총의 총구가 따라 움직였다. 아직까지는 아무런 공격적인 행동도 없었다. 몇 분 동안 엎드려 있다가 다시 일어나서 풀을 씹더니 햇볕을 쬐며 느긋이 쉬었다. 으르렁대거나 포효하지도 않았다. 얌전했다.

동물원으로 돌아온 렉스는 엔샬라와 분수 사이 인도 위에 세워져 있는 차 안에 몸을 숨겼다. 차 안에는 12구경 엽총으로 무장한 영장류 사육사와 리 앤 로트먼이 있었다. 무기대응팀은 머피가 엔샬라에게 마취 총을 쏘기에 가장 좋은 지점을 물색하는 중이었다. 안전한 위치인 동물원 내 스카이라이드 위로 머피를 올려 보낼 것을 고려해 보았지만, 너무 높고 거리가 멀다는 것이 문제였다.

호랑이 숙소 꼭대기 위로 올려 보내는 방법도 생각해 보았지만, 엔샬라가 머피를 보게 되면 흥분하게 될 수도 있다는 것이 문제였다. 동물원의 다른 여러 동물들과 마찬가지로 엔샬라 역시 머피를 좋아하지 않았다. 머피를 보면 자연히 마취 주사의 통증이 떠올랐기 때문이었다. 게다가 최근에는 엔샬라의 불임 원인을 찾는 검사를 하기 위해 머피가 엔샬라를 움직이지 못하게 만든 적도 있었다.

"이 고양이 녀석은 나를 아주 싫어해요." 머피가 렉스에게 말했다.

엔샬라가 의식을 잃게 만드는 방법은 위험할 수도 있었다. 영화에서 종종 볼 수 있듯이, 진정제의 효과가 즉각 나타나지 않을 때도 있기 때문이다. 진정제의 효과는 동물의 감정 상태나 투여되는 장소 등 예측 불가능한 다양한 변인에 따라 달라진다. 1974년, 녹스빌 동물원에서는 한 수의사가 우리를 탈출한 벵갈호랑이에게 마취 총을 발사한 적이 있었다. 약 8미터 정도 떨어져 있던 이 호랑이는 수의사에게 달려들어 중상을 입혔다.

"순식간에 일어난 일이었어요. 그가 미처 피할 새도 없었어요." 목격자의 증언이었다.

코드 원에 대한 소문이 퍼져 나갔다. 건물 안에 모여 있던 사람들 몇몇이 언론에 제보를 했고, 기자들이 모여들었다. 상공에는 방송국 헬리콥터들이 맴돌고 있었다. 무기대응팀은 요란한 헬리콥터 소리가 호랑이의 신경을 곤두세우지 않기를 빌 뿐이었다.

잠시 후 엔샬라가 다시 움직이기 시작했다. 전시관 가장자리로 가더니 해자 안의 키 큰 풀들 속으로 성큼 뛰어내리는 바람에 무기대응팀에서 지켜보고 있기가 더 힘들어졌다. 엔샬라가 드디어 몸을 숨길 완벽한 공간을 찾아낸 것이다.

시계는 이제 6시를 가리키고 있었다. 엔샬라는 거의 한 시간가량을 밖에 나와 있었던 셈이다. 곧 해 질 녘이 될 것이다. 엔샬라를 마취시키려면 서둘러야 했고, 그렇지 않으면 어둠 속에서 엔샬라를 놓쳐버릴지도 몰랐다. 머피가 호랑이의 눈에 띄지 않도록 조심하며 전시관 주변의 판잣길에 올라섰다. 렉스는 엽총을 들고 차에서 내려 머피를 엄호했다.

엔샬라는 아직도 해자 안에 얌전히 있었다. 명중시키기에는 위치가 애매했기 때문에 머피는 담쟁이덩굴로 덮인 플랫폼 꼭대기로 올라갔다. 여러 해 전에는 어린 아이들이 코끼리 등에 올라타곤 했던 바로 그 플랫폼으로, 2미터 정도 높이라 머피가 원하는 각도로 조준할 수가 있었다. 머피가 마취 총을 조준한 뒤 발사했다. 화살촉이 엔샬라의 목을 맞혔지만, 약물의 효과는 즉각 나타나지 않았다. 화살촉을 맞은 엔샬라는 격분했고 담쟁이덩굴을 할퀴며 뛰어올라 머피를 향해 달려들었다. 렉스가 총을 발사했을 때 엔샬라는 머피로부터 불과 몇 미터 거리에 있었다.

엔샬라가 큰 부들 속으로 떨어졌지만, 계속 움직이자 렉스가 세 발을 더 쏘았다.

마침내 호랑이는 잠잠해졌다.

14
음모 이론

그주 화요일 저녁, 캐리가 동물보호소에서 교대 근무를 마칠 즈음, 로우리 파크의 친구들로부터 이상한 메시지들이 휴대전화 음성사서함으로 밀려들었다.

"유감이야. 뉴스를 봐야 할 거다." 모두들 그렇게 말하고는 전화를 끊었다.

아무런 설명도 없는 것이 더욱 불길했다. 더 불안한 것은 그들 목소리에서 감지되는 다급한 느낌이었다. 차를 몰고 집으로 돌아오는 길에야 여유가 생긴 캐리는 동물원에 있는 친구에게 전화를 걸었다.

"무슨 일이야? 무슨 일이 일어난 건데?" 캐리가 물었다.

"말해줄게. 대신 먼저 차부터 세워." 친구가 말했다.

캐리는 차를 세울 생각이 없었지만, 친구는 고집을 꺾지 않았다. 결국 캐리는 갓길에 차를 세웠다. 두려운 느낌이 엄습했다.

"무슨 일인데? 엔샬라가 죽기라도 했어?" 그녀가 물었다.

잠시 아무 말도 없던 친구는 그렇다고 대답했다.

캐리는 비명을 지르기 시작했다.

☘ ☘ ☘

다음 날 아침, 로우리 파크는 온갖 일간지의 1면을 또다시 장식했다. 그런데도 동물원은 변함없이 문을 열었고, 깡통으로 만든 북은 여느 때와 다름없는 소리를 울려대고 있었으며, 가족이나 연인들은 매표소 앞에 줄지어 서 있었다. 한 생명의 피비린내 나는 죽음은 그저 사람들을 동물원 정문으로 끌어모으는 한 가지 요소에 지나지 않았다.

평상시와 같은 상태를 유지하려는 노력에도 불구하고, 직원들은 충격 속에 휘청거리는 모습이 확연했다. 기자회견, 눈물 어린 인터뷰, 렉스 샐리스버리의 발포에 대한 탄원 등 이미 후폭풍이 밀려들고 있었다.

로우리 파크 측에서 크리스 레넌이 신참이었고 덩치 큰 육식동물과 함께 일한 경험이 전혀 없었음을 인정하자 분노의 여론이 들끓었다. 주변인들의 말에 따르면, 크리스는 엔샬라의 죽음에 엄청난 충격을 받은 나머지, 자신의 아파트 안에 틀어박힌 채 전화도 일절 받지 않고 있었다. 로우리 파크 측은 크리스를 휴가 처리한 뒤 곧 해고했다. 주州 야생동물 감독관은 크리스에게 동물원의 야생동물을 부적절하게 관리한 과실에 대해 책임을 물어야 된다는 의견을 내놓았다. 그러나 결국 힐스버러 카운티 주 검찰청에서는 범죄 의도의 증거가 없다는 이유로 고소를 기각했다.

로우리 파크 자체도 비난의 도마 위에 올랐다. 탬파 경찰은 동물원 측에서 위험한 동물의 탈출 소식을 즉각 911에 알리지 않았다는 데 대해 불만을 표했다. 미 농무부에서 파견된 조사관은 총격 사건 이후 호랑이 숙소를 둘러본 뒤 동물원 측의 훈련 및 안전절차에 문제가 있었다고 발표했다. 신입 사육사의 경험 부족이 위험 요소였다고 조사관은 말했다. 사육사 한 명이 홀로 근무하며 위험한 동물을 전시관에서 굴로 이동시키도록 한 방침도 마찬가지였다. 조사관의 보고서는 다음과 같이 결론 내렸다.

즉각 시정 요망

동물원 밖에서는, 엔샬라의 사살로 인해 동물들을 가둬 놓고 인간이 길들이는 것의 당위성에 대한 논란이 더욱 뜨거워졌다. 많은 이들이 CEO 렉스를 '서부 황야의 렉스'라 부르며 비난했다. 그런가 하면 동물원에서 호랑이를 진정시킬 수 있는 다른 방법을 왜 찾아보지 않았는지 의문을 제기하는 이들도 있었다.

누군가가 그물을 던질 수는 없었을까?

기자들이 이 같은 질문을 던지자, 로우리 파크의 몇몇 전·현직 사육사들은 모두 동물원 측에서는 있을 수 없는 상황에서 할 수 있는 최선을 다한 것이라는 데 입을 모았다. 이들은 마취제가 효과를 나타내기까지 오랜 시간이 소요될 수 있으며, 그물로는 흥분 상태에 있는 호랑이의 이빨이나 발톱을 당해낼 수 없었을 것이라고 설명했다. 엔샬라가 뛰어오른 이상, 렉스로서는 방아쇠를 당기는 것 말고는 달리 방법이 없었던 것이라고 덧붙였다.

"그에게는 다른 선택의 여지가 없었어요." 브라이언 차닉이 말했다.

브라이언은 엔샬라가 죽기 얼마 전 아시아 부서에서 해고된 사육사였다. 그는 호랑이의 탈출을 야기한 일련의 사건들에 대해 더욱 비판적인 입장이었다. 캐리와 마찬가지로 그는 동물원이 한계에 다다른 상태에서 너무 오랫동안 방치되어 있었다고 생각했다. 그가 보기에, 신입 사육사의 실수로 엔샬라가 탈출하면서 문제가 곪아터진 것일 뿐이었다.

〈세인트 피터스버그 타임스〉 및 여타 언론매체와의 인터뷰에서 브라이언은 불만사항을 열거했다. 동물원 측이 왜 1,800여 마리나 되는 동물들에 단 한 명의 수의사만을 배치했는지 이해가 가지 않는다고 했다. 이 부분은 다른 사람들도 예전부터 지적해 왔던 사항이었다. 아울러 렉스의 끝없는 확장 욕심이 사람들을 지치게 하고 사육사들과 경영진 간의 불화를 야기한 것이라고 보고 있었다. 또한, 코끼리 새끼 타마니 같은 갓 태어난 동물들을 데려와 마케팅에 활용하려는 동물원 측의 욕심에 대해서도 비판했다.

"괜찮다 싶으면, 무조건 이용하는 거예요." 그가 말했다.

브라이언은 자신이 각종 문제를 지적하고 개선을 요구하며 목소리를 높였기 때문에 해고되었다고 말했다. 다른 사육사들 역시 현 상황에 대해 문제를 제기한 뒤 해고되었다고 했다. 이처럼 수많은 이들이 해고된 데다 캐리나 더스틴 등 여러 사람마저 스스로 동물원을 떠나자 공백이 생기고 만 것이다.

엔샬라의 죽음 이후 있었던 기자회견에서 렉스는 브라이언 차닉의 해고와 관련된 질문을 받았다.

"저희 동물원 정책상 고용문제에 대해서는 자세히 말씀 드리기 곤란합니다. 하지만 그 사육사를 해고한 데는 충분한 이유가 있었습니다." 렉스가 말했다. 그러면서도 그는 엄한 상사라는 자신의 평판에 대해서는 순순히 인정했다. "저는 요구하는 게 많은 까다로운 사람입니다. 그리고 우리 동물원이 최고가 되기를 원하죠. 제대로 일하지 않는 사람들은 남아 있을 수 없어요." 그가 말했다.

방송국 카메라 앞에서 렉스는 지금까지 여러 시장, 도지사, 대통령을 대하는 데 큰 도움이 되었던 예의 그 침착한 표정을 유지하고 있었다. 호랑이 탈출사건이 벌어진 다음 날이었지만 렉스는 차분한 표정으로 기자들을 만날 만반의 준비가 되어 있었다. 그는 로우리 파크가 탬파 경찰 측에 즉각 보고하지 않았던 이유는 동물원의 무기대응팀이 상황을 완전히 통제할 수 있었기 때문이라고 설명했다. 그러고 나서 혹시 그러한 긴급 상황이 다시 발생할 경우, 좀 더 신속하게 911에 연락을 취하겠다고 약속했다. 하지만 경찰과 관련된 그의 발언에 사과의 뜻은 전혀 담겨 있지 않았다.

"꼭 필요한 경우가 아니면 연락하지 않습니다. 동물 행동에 대해 제대로 이해하지 못하는 사람들이 총을 들고 우르르 몰려드는 것을 원치 않거든요." 그가 말했다.

그때 누군가가 다른 사람도 아니고 왜 굳이 렉스 본인이 직접 나서 엔샬라를 제압했는지 그 이유를 물었다. 왜 무기대응팀 중 한 명이 총을 쏘게 하지 않았냐는 것이었다. 렉스는 자신이 해야 할 일이라 생각했다고 답했다. 다른 누군가에게 억지로 호랑이를 쏘아 죽이는 일을 시키고 싶지 않았다는 말이었다.

기자회견이 진행되는 내내 렉스는 현 상황에 대한 자신의 감정을 가라앉히기 위해 애를 썼다. 그는 호랑이가 태어나던 순간부터 줄곧 지켜봐 온 사람이었음에도 불구하고 호랑이의 이름을 직접 언급하지 않았고, 그 효과는 씁쓸했다. 한순간에 엔샬라라는 존재는 더 이상 동물원의 여왕도 아니고, 대중과 사육사들 그리고 애타게 구애하는 수컷들을 긴장시키는 동시에 매료시켰던 아름다운 맹수도 아닌, 한낱 문제의 동물이 되어버렸다. 마치 지우개로 엔샬라를 지워버리는 듯한 느낌이었다.

렉스는 엔샬라의 때 이른 죽음은 안타까운 일이라고 말했다. 그러나 기자회견이 진행되는 동안 그는 대화의 초점을 죽은 호랑이로부터 로우리 파크가 진행 중인 사업으로 옮겨 가고자 애를 썼다.

"우리가 앞으로 계속 나아갈 수 있는 것은 바로 우리에게 어떤 도덕적 목적이 있으며, 우리가 새로운 지평을 열고 있다는 생각 때문입니다. 그리고 실제로 우리는 새로운 길을 열어가고 있다고 생각합니다." 렉스가 말했다.

그 같은 고상한 말들은 이 CEO를 향해 쏟아지는 비난의 화살을 막지 못했다. 인터넷 상에서는 그가 엔샬라를 죽인 데 대한 비판 여론이 거셌다. 리 앤은 그러한 악의적인 공격에 충격을 받았다. 그녀는 엔샬라를 총으로 쏜 이후로 렉스가 견뎌야 했던 시간을 지켜보아 온 터였다. 카메라 앞에서 렉스가 아무리 침착한 듯 보인다 해도 사실 그 사건으로 인해 그가 얼마나 충격을 받고 괴로워하고 있는지 그녀는 잘 알고 있었다. 엔샬라가 공격을 해왔을 때 과연 어떻게 했어야 하는 것일까? 엔샬라가 머피 박사를 죽이도록 놔두었어야 한다는 소리인가? 어쨌든 렉스가 상사로서 그처럼 무거운 책임을 감당하고 있는 데 대해 리 앤은 고마움을 느꼈다.

"렉스가 우리를 위해 나섰던 거예요. 이곳은 그의 동물원이고, 그는 이 동물원을 많이 아꼈어요. 그리고 어려운 결정을 해야 했고요." 그녀가 말했다.

수많은 질문의 포화 속에서, 로우리 파크의 역사가 먼 길을 돌아 다시 원점으로 왔음을 눈치챈 사람은 거의 없었다. 렉스만이 이를 알고 있었다.

기자회견이 있던 그날 오후, 렉스는 기자 두 명을 코뿔소 우리의 해자 위로 난 판잣길로 데리고 가 자신이 결국 어떻게 엔샬라에게 총을 쏘게 되었는지를 정확히 보여주었다. 그의 태도는 오만하지도, 방어적이지도 않았다. 기자들이 정확한 보도를 위해 상황이 어떻게 전개된 것인지 상세히 보여줄 것을 요청하자, 이에 순순히 응한 것이다.

TV 카메라의 조명이 멀어지고 나서야 렉스는 긴장을 풀었다. 엔샬라의 죽음은 로우리 파크에서 있었던 두 번째로 가슴 아픈 순간이었다고 그는 털어놓았다. 더 큰 충격을 받았던 사건은 바로 1993년 어느 날 아침 코끼리 틸리가 차리 토레를 죽인 일이었다. 두 가지 비극 모두 바로 같은 장소에서 일어났다. 렉스가 엔샬라를 향해 발포하던 당시, 사실 그가 서 있던 곳은 차리의 죽음을 기리는 기념 명판

였이었다. 기자들 앞에서 렉스는 명판을 가리켰다. 우연의 일치를 강조하기 위함이 아니라, 기억하기 위함이었다.

앞으로 세월이 흘러, 여러 세대의 관람객들이 동물원을 찾아와 거닐게 되겠지만, 사육사 한 명과 호랑이 한 마리가 둘 다 같은 곳에서 죽었다는 사실은 전혀 알지 못할 것이다. 전시관의 리모델링이 끝나고 나면, 외관은 완전히 달라질 테지만 역사는 여전히 저 아래서 넘실대고 있을 것이다.

13년의 간극을 사이에 둔, 끔찍한 두 날이 이제 한데 얽혀 그 사이에 낀 모든 것에 틀을 씌우고 있었다.

⁂ ⁂ ⁂

영장류 부서에서는 조각상을 세우자는 이야기가 나왔다. 사육사들은 어떤 식으로든 허먼을 기리고 싶었고, 동물원 측에서는 명판을 만들어 걸거나 침팬지 전시관 앞에 동상을 세우는 방안을 생각 중이었다. 이곳에서 보낸 시간을 기리고 앞으로도 계속 왕으로 남게 해줄 어떤 것을 통해 경의를 표할 셈이었다.

침팬지들은 완전히 회복되지 않은 상태였다. 과도기에 놓인 그들은 잠자코 다음 우두머리가 나타나 권력을 장악해 주기를 기다리고 있었다. 영장류 사육사들은 다음 우두머리는 부디 어린 알렉스만은 아니기를 두 손 모아 빌었다.

허먼이 죽은 뒤 알렉스는 온통 사방을 휘젓고 다녔다. 심지어 우두머리가 앉곤 하던 폭포 뒤쪽 우두머리 자리에 자기 영역 표시를 하며 허먼의 왕좌에 대한 권리를 주장하기까지 하는 모습이었다. 그보다 약간 아래쪽 바위에 별 불만 없이 자리잡고 앉은 뱀부는 위에 앉은 알렉스를 밀어낼 생각 따윈 아예 없는 듯했다. 그러나 여름이 지나고 가을로 접어들면서 뱀부가 우두머리 역할을 맡게 된 것이 분명해졌다. 뱀부는 허먼만큼 자신감이 넘치지는 않았지만—사실 허먼 같은 침팬지는 거의 없을 것이다—자신에게 새로 맡겨진 역할에 그럭저럭 편안히 적응한 듯 보였다. 사육사들이 보기에도 침팬지들은 어느 정도 안정을 되찾은 듯 보였다. 적어도 한동안은 말이다.

나머지 침팬지들에게 사샤를 소개시키는 작업은 허먼이 죽은 이후에도 지속되었다. 루키야는 이 새끼 침팬지의 대리모 역할을 받아들였고, 루키야와 끈끈한 유대감을 형성하게 된 사샤는 이제 어디든 루키야를 따라다녔다. 사샤는 뱀부에게도 굉장한 애착을 보였다. 어느 날 밤에는 숙소 안 뱀부의 보금자리로 올라가 이 새로운 왕 옆에서 잠을 잔 적도 있었다.

허먼을 사랑했던 이들은 허먼이 왜 위계상 가장 낮은 일원이었던 뱀부에게 당했던 것인지 이유를 밝혀내고자 여전히 애쓰고 있었다. 분명 무엇인가 집단 내에 변화가 있었는데, 사육사들이 이를 눈치채지 못했던 것이다. 그렇다면 기폭제로 작용한 것은 대체 무엇이었을까? 뱀부는 왜 자신을 존중해 주었던 허먼을 쫓아가 공격하게 되었을까? 가지지 못한 어떤 것을 손에 넣고자 했던 것일까? 먹이는 늘 있었고, 허먼은 뱀부가 암컷들과 교미하는 것을 방해한 적도 전혀 없었다. 뱀부를 움직이게 만든 것은 무엇이었을까?

시간이 어느 정도 지나서야 리 앤은 허먼의 죽음에 대해 이야기할 수 있었다. 그녀는 여전히 혼란스럽다고 털어놓으면서도 한 가지 가설을 제시했다. 입증할 길은 없었지만, 적어도 그녀에게는 가장 그럴 듯한 이야기였다. 결과적으로 벌어진 상황이 무엇이든, 루키야가 그 중심에 있었다고 그녀는 생각하고 있었다. 리 앤은 그 치명적인 공격이 벌어지기 얼마 전 뱀부와 허먼 사이에 있었던 싸움에 대해 다시 떠올려 보았다. 또 루키야가 뱀부의 털을 매만져주는 굉장히 보기 드문 광경도 기억했다. 그녀는 루키야가 허먼과 뱀부를 조종하고 이 수컷들의 공격성을 움직이고 있는 것을 보았다. 분명 루키야가 소리없이 쿠데타를 모의한 것이라고 그녀는 믿었다.

"내 생각엔 루키야가 부추긴 것 같아요. 루키야를 좋아하죠…… 하지만 싸움이 시작되는 데 결정적인 역할을 한 건 루키야였을 것이라 생각해요." 리 앤이 말했다.

리 앤이 보기에 뱀부가 혼자 힘으로 권력을 쥐게 된 것 같지는 않았다. 또 뱀부나 루키야가 허먼을 죽일 생각은 아니었을 거라 짐작했다. 몇 년 전 체스터의 도전을 받았을 때 그랬던 것처럼 허먼의 항복을 받아내려고 무력과 협박을 동원하는 과정에서 폭력을 쓰게 되었을 가능성이 높다고 본 것이다. 그러다 어느 순간 허먼이 머리를 세게 부딪쳤거나 뱀부가 힘 조절을 잘못하는 바람에 쿠데타는 급기야 죽음으로 이어지고 만 것이다.

리 앤은 뱀부가 과연 자신의 행동에 대해 제대로 이해하고 있었는지 알 수 없었다. 그날 두려움과 웃음을 번갈아 보이던 혼란스러운 뱀부의 모습을 리 앤은 기억하고 있었다. 어쨌든, 루키야는 뱀부를 움직이게 만들 방법을 찾아냈던 것이 틀림없었다. 그렇다면 루키야는 왜 허먼에 대한 자신의 충성심을 거둬들이게 되었던 것일까? 그동안 허먼은 유난히 루키야에게 다정하게 대했다. 그런데 그런 그를 제거하려고 마음먹게 만든 동기는 무엇이었을까?

리 앤은 사샤를 새로 들인 것이 이번 공격 사건을 유발한 요인이었다는 소문을 들은 바 있었지만, 그녀가 보기에 그러한 가설은 전혀 말이 되지 않았다. 당시 사샤는 침팬지 수컷들 중 누구와도 만나지 않은 상태였고 암컷들 중 어느 누구와도 같은 구역에 있었던 적이 없었다.

리 앤은 루키야가 자신의 양아들을 왕좌에 앉히기 위한 길을 닦고 있었던 것 아닌가 추측했다. 루키야는 알렉스가 왕이 되는 것을 좀 더 수월하게 만들어주려고 했다는 것이다. 루키야는 매우 영리했으므로 여러 가능성을 계산해 볼 수 있었다. 허먼이 밀려나고 나면 뱀부가 우두머리 지위를 차지하게 되는 건 예상할 수 있다. 뱀부는 집단 내에서 허먼 외에 유일한 어른 수컷이었기 때문이다. 그러나 뱀부는 노쇠한 탓에 그리 오랫동안 왕좌에 머무르지 못할 가능성이 컸고, 심각한 위기 상황이라도 벌어진다면 더욱 그러했다. 게다가 어린 알렉스는 힘이 셌고, 나날이 더 강해지고 있었다.

리 앤의 시나리오는 묘하게도 로마의 초대 황제에 관한 이야기를 담은 로버트 그레이브스Robert Graves의 고전 소설 『나는 황제 클라디우스다』를 떠올리게 했다. 이 책에서 리비아 황후—아우구스투스의 아내—는 자신의 아들인 티베리우스의 왕위 계승에 걸림돌이 되는 모든 경쟁자들을 대상으로 음모를 꾸미고 독살이나 암살을 기도한다.

리 앤의 추측이 틀린 것이고 공격을 계획하는 데 루키야가 아무런 역할을 하지 않았다 하더라도, 알렉스가 곧 왕좌를 이어받게 되리라는 상상에는 무리가 없었다.

어찌 되었든 늙은 선왕이 잊히는 일은 없을 것이다. 리 앤의 책상에는 허먼의 사진이 꽂힌 액자와 허먼의 유해를 조금 담아 놓은 작은 항아리가 놓여 있었다. 허먼을 기억하며 그녀는 자신이 허먼에 대해 사랑했던 모든 것을 적어두었다. 그 중 몇 가지는 다음과 같았다.

그는 부드러운 영혼을 가지고 있었다.

그는 손톱 손질을 하고 나면 기분 좋아했다.

그는 탱크 톱을 입은 미녀들과 노는 것을 좋아했다.

그는 싸움이 있은 뒤에는 늘 화해를 했다.

그는 굉장히 화가 나 있을 때도 언제나 경고를 먼저 했고, 교활하게 구는 법이 없었다.

그에게는 상대의 성격을 파악할 줄 아는 눈이 있었다.

⁂ ⁂ ⁂

그해 가을, 동물원 측과 비판 세력 간의 갈등이 고조되었다.

전에 근무했던 직원들 가운데 비판의 각을 세우는 이들이 늘어났고, 그 중에는 제프와 콜린 크레머 부부도 있었다. 제프는 보안 및 고객서비스팀에서 일한 적이 있었고, 콜린은 교육팀에 있다가 이후 봉사팀에서 일했다. 둘 다 언론사 인터뷰에 응했는데, 자신들은 로우리 파크를 사랑했지만 동물원의 행보에 절망을 느끼고 그만두게 되었노라고 말했다. 이들 부부는 로우리 파크 직원들의 업무량이 과다하며, 렉스의 독재자 같은 경영 방식과 끊임없는 확장 시도로 모두들 완전히 지쳐 있었다는 데 입을 모았다.

이들 부부는 엔샬라의 탈출 사건 말고도 심각한 코드 원 상황이 있었다고 주장했다. 제프가 보안경비원으로 근무하던 당시 근무교대를 하던 중 새끼 코끼리 타마니가 뛰쳐나왔던 적이 두 번이나 있었다고 했다. 이 같은 사건에다 엔샬라의 죽음까지 겹치게 되면서 크레머 부부를 비롯한 여러 직원들은 늘어만 가는 동물들을 동물원이 과연 얼마나 잘 관리하고 있는 것인지 다시 한 번 심각하게 의문을 던지지 않을 수 없게 되었다. 자신들이 우려하는 부분들을 알리기 위해, 이들 부부는 TampasZooAdvocates.com이라는 웹사이트를 개설해 허먼과 엔샬라에 대한 추억을 담았다.

크레머 부부가 특히 걱정하는 부분은 로우리 파크가 새로운 전시관을 만들면서 데려온 아프리카 펭귄 예닐곱 마리였다. 남아프리카의 따뜻한 기후에서 살던 종인 이들 펭귄은 펭귄 전시관 공사가 진행되는 동안 동물원 뒤편에서 머물렀고, 결국 그 중 두 마리가 죽고 말았다.

"이곳이 교육적 목적이나 동물들을 위한 곳이라 생각하시겠죠. 전혀 아닙니다. 목적은 한 가지, 단 한 가지예요. 바로 돈입니다." 제프가 말했다.

이 같은 비난에 대해 동물원 측은 하나하나씩 설명해가며 대응에 나섰다. 동물원의 조류담당 보조 큐레이터인 그렉 스토펠무어는 아프리카펭귄 두 마리가 죽었음을 인정했다. 댈러스에서 수년간 이들

펭귄 무리와 함께 일하기도 했던 그는 펭귄 두 마리가 모두 조류 종에 흔히 나타나는 호흡기 질병을 앓고 있었다고 말했다.

리 앤과 나머지 사육사들은 타마니가 코끼리 구역 주변에 둘러진 케이블 울타리의 열린 틈으로 순식간에 빠져나간 적이 두어 번 있었음을 인정했다. 하지만 타마니가 멀리까지 나가 돌아다닌 적은 한 번도 없었다고 말했다. 대개 울타리 건너편의 어미로부터 몇 발자국 떨어진 거리 이내에 머물렀다는 것이다.

동물들의 숙소 유지관리 문제와 관련하여, 리 앤은 사파리 아프리카 공사기간 중에는 유지보수 일정이 조금 무리였음을 시인했다. 하지만 이후로는 동물담당 부서 자체에 유지보수 인력이 따로 배치되어 필요한 작업을 하는 데 아무런 문제가 없었다고 말했다. 어찌 되었든, 동물원의 시설은 늘 안전한 상태로 유지되었다고 했다. 엔샬라 탈출 사건 직후 USDA 조사관도 호랑이 숙소에서 잠금 장치나 걸쇠, 혹은 기타 어떤 부분에 있어서도 문제점을 전혀 발견하지 못했음을 강조했다.

"동물원 상태가 엉망이었던 것은 아니에요." 리 앤이 말했다.

한편, 렉스는 엔샬라의 죽음이 로우리 파크의 과도한 확장 추진과 연관이 있다는 주장을 받아들이지 않았다.

"우리 직원 수는 부족하지 않습니다. 엔샬라가 밖으로 나갔던 것은 그저 직원의 실수였어요." 렉스가 말했다.

밀려드는 비난의 포화를 맞으면서도 렉스는 뜻을 굽히지 않았다. 로우리 파크가 탬파에서 열린 AZA 연례회의를 공동 주최한 그해 9월 말경, CEO 렉스는 멸종위기에 처한 종을 위해 쏟고 있는 동물원 측의 노력을 간략히 언급하며 당당한 자세로 연설을 했다. 청중은 온통 그의 동료들—그 수많은 생물들의 운명을 관장한다는 것이 어떤 일인지 잘 알고 있는 동물원의 남녀 직원들—이었다. 맹비난을 퍼부으려고 대기 중인 기자들이나 비판 세력은 한 명도 없었던 것이다. 오직 렉스 자신을 위한 순간이었다.

이를 잘 알고 있던 렉스는 지금껏 그토록 많은 실력자들의 마음을 얻는 원동력이 되었던 자신의 매력을 마음껏 발산하며 유창하게 연설했다. 그는 플로리다 주 법원이 미국 흰두루미, 아메리카 붉은이리, 플로리다 표범, 키사슴, 키 라르고 숲쥐, 그리고 매너티에 이르기까지 수많은 동물들을 보호하고자 애써 온 동물원의 노력을 인정해 로우리 파크를 플로리다 주의 멸종위기종을 위한 보호시설로 지정하게 된 과정에 대해서도 이야기했다. 로우리 파크의 매너티 병원이 15년여 전 문을 연 이래로, 직원들이 함께 일했던 매너티의 수는 자그마치 181마리였고 그 가운데 84마리는 야생으로 돌려보내졌다는 사실도 상기시켰다.

렉스는 오랑우탄과 코모도왕도마뱀 등 AZA의 종 보존계획 대상인 33종의 보호를 위해 로우리 파크가 어떻게 고된 노력을 쏟아왔는지에 대해서도 이야기했다. 파나마 황금개구리를 구하기 위한 프로젝트와 콩고의 야생 자연에서 진행된 침팬지 연구자금 지원, 그리고 스와질란드 동물보호구역 내 멸종위기에 처한 여러 종 및 검은코뿔소의 생존에 대한 동물원 측의 기여에 대해서도 언급했다.

"바로 이러한 일들이 우리가 해야 하는 일입니다." 렉스가 말했다.

박수갈채가 천장까지 울려 퍼졌다. 측근들의 동조와 축하 속에서 렉스는 오랜 지인들에게 손을 흔들어 보였다. 허먼과 엔샬라가 둘 다 죽고 난 여파로 동물원이 휘청거리던 한 달여 전, 렉스는 처음으로 흔들리는 모습을 보였고 자리에서도 물러날 위기에 처한 듯했다. 그러나 이제 그는 평정을 되찾았으며 그 어느 때보다도 강인해진 모습이었다. 이제 렉스가 통치하게 될 동물원의 미래가 보이는 듯했다. 옳다고 생각되는 방향으로 그는 로우리 파크를 이끌어 갈 것이다.

15

승리

폭풍우 속에서 천둥소리는 그쳤다. 여러 달이 가고, 그렇게 한 해가 지나갔다. 렉스는 계속 동물원을 이끌었다. 상황을 지켜본 사육사들은 동물원을 그만두거나—곧 자신들은 대체될 것임을 알았으므로—혹은 급여나 근무시간, 그리고 누군가의 야망으로 인한 중압감 등을 어떻게든 긍정적으로 받아들이려 애쓰며 그곳에 남았다.

동물원은 마치 식욕이 왕성한 어떤 잡식성 생명체처럼 끝없이 자라났다. 밴, 트레일러, 평상형 트럭을 타고 온 새로운 동물들의 행렬이 뒷문을 통해 꾸역꾸역 쏟아져 들어와 검사를 받은 다음 등록 파일에 차곡차곡 기록되었다. 동물 수가 하도 빠르게 급증하는 바람에 로우리 파크가 마치 모든 피조물을 태워야 하는 노아의 방주를 짓고 있는 것처럼 보일 정도였다.

비판 세력의 활동은 꾸준했다. PETA는 웹사이트를 통해 코끼리를 인간이 가두어 놓는 것에 반대하는 캠페인을 계속 진행했다. 제프와 콜린 크레머 부부는 이 사이트에 로우리 파크의 보건법규 위반 사례, 미 농무부 규정 인용, 순회 법원에 제기된 소송 건, 동물원 측의 잘못에 관한 보도기사 등을 차례대로 실었다. 이는 모두 아무런 돈을 받지 못하는 일이었지만, 이들은 중요한 일이라 생각했으므로 계속 진행해 나갔다.

캐리는 한걸음 뒤로 물러서 있었다. 동물원에서 겪은 일들에 대해 인터뷰하려고 마음먹었던 적도 있었지만, 지금은 버려진 고양이나 개를 입양시키는 보호소 일에 집중하는 편을 택했다. 이 일 역시 보수가 별로였지만, 보람 있는 일이었다. 그녀의 집은 데려다 키우는 야생동물들로 발 디딜 틈 없이 북적거렸다. 현재, 개 넷, 고양이 넷, 거북이 셋, 친칠라 둘, 뱀 둘, 푸른혀도마뱀 둘, 햄스터 하나, 타란툴라 하나가 있었고, 한편에는 위탁 양육을 하고 있는 동물들이 또 따로 있었다.

최근 그녀는 로우리 파크에서 보냈던 시간이나 엔샬라, 나부, 그리고 느림보 곰 버디에 대한 생각을 너무 깊이 하지 않으려 애쓰고 있었다. 그러나 걷잡을 수 없이 생각에 빠져들 때도 종종 있었다. 어디서부터인지 모르겠지만 무엇인가 심각하게 잘못되기 시작했다고 그녀는 생각했다. 자신이 보기에 렉스는 동물원을 비영리단체라기보다는 기업체처럼 운영하기 시작했고, 어느 순간 동물들보다 돈이 더 중요해졌다. 그 균형이 깨진 시점이 언제인지는 그녀도 확신할 수 없었다. 스와질란드에서 코끼리들이 비행기를 타고 왔던 그때였을 수도 있고, 어쩌면 훨씬 더 전이었는지도 모른다.

동물원에 관한 자세한 이야기가 나올 때마다, 캐리는 꿀 먹은 벙어리가 되었다. 그녀는 동물원에 대해서는 대화를 나누지 않으려 했고, 관련된 이야기를 물어보려는 사람들에게서 걸려온 전화는 받지 않으려 했다. 심지어 동물원 옆으로 차를 몰고 지나가는 일도 하지 않았다.

⁂ ⁂ ⁂

렉스는 자신의 왕국 벽을 향해 적진에서 미사일을 발사해도 눈 하나 깜짝하지 않을 사람이었다. 비판의 목소리나 자신의 해고를 요구하는 탄원서, 그리고 그를 살해자로 묘사하는 블로그에도 아랑곳하지 않았다. 그럴 때마다 렉스는 오히려 고대 메소포타미아 왕국 이래로 동물원은 늘 인간 문화의 일부로 존재해 왔다고 되받았다. 당분간 동물원은 사라지지 않을 것이다. 특히 렉스의 동물원만큼은.

지난 5년간, 로우리 파크는 미국 내에서 가장 빠르게 성장하는 동물원 중 하나가 되었다. 연간 입장객 수가 120만 명을 넘자 렉스가 꿈꿔오던 변화는 이제 현실이 되었다. 렉스는 자신이 로우리 파크에 왔을 때인 1987년에는 동물 수가 32마리였다고 말했다. 이제 동물원의 보유동물 수는 전 세계 각지에서 온 300여 종, 2천여 마리에 달했다.

렉스가 머릿속에 그리는 미래의 청사진에 따르면 아직도 더 많은 동물과 지속적인 성장, 그리고 관람객들을 더 많은 동물 종에게 가까이 가게 할 수 있는 더 많은 방법이 필요했다. 동물원에 대한 그의 야망이 아직도 사그라지지 않았음을 입증해 보이는 또 한 가지 행보로, 렉스는 샌디에이고 동물원과 샌디에이고 야생동물공원에서 동물관리 부책임자로 있었던 래리 킬머를 영입했다. 벌써부터 래리는 로우리 파크에 인도의 멸종위기종인 가리알악어 등 더 많은 생물종을 데려올 방안을 논의 중이었다.

로우리 파크 재단장의 핵심은 역시 어린 코끼리 새끼들이었다. 코끼리들은 이제 동물원의 공식 마스코트가 되어 동물원 연례보고서 표지나 동물원 직원들의 명함, 그리고 관람객들을 환영하는 대형 표지판을 장식했다.

최근 들어, 미국 내 몇몇 동물원들, 특히 디트로이트와 시카고 같은 북부 도시에 있는 동물원들은 동물 복지에 대한 우려와 적절한 서식 환경을 제공할 수 없는 한계를 언급하며 코끼리 전시관을 폐쇄한 상황이었다. 디트로이트 동물원 관계자들은 이러한 결정을 내리게 된 이유를 온라인상에서 설명하면서, 코끼리는 좀 더 따뜻한 기후에서 사는 동물이며 최소한 20에이커 정도는 걸어 다닐 공간이 필요하다고 판단했다는 의견을 밝혔다. 로우리 파크나 샌디에이고 동물원을 명시적으로 언급하지는 않았지만, 야생의 코끼리들을 인간이 가두어 길들이는 것 자체에 대해 의문을 던진 셈이었다.

> 수용시설에서 코끼리들이 필요로 하는 것을 충족시켜줄 수 없다면, 동물원에 전시하기 위해 야생 코끼리를 포획하는 것을 실제로 '구조'라고 볼 수 있을지 의문이 든다.

비교적 따뜻한 플로리다의 기후는 코끼리에게 적합하기는 했지만, 렉스 본인도 동물원 내 수용동물 수가 늘어나면서 향후 더 넓은 공간이 필요하게 될 것이라는 점을 인정했다. 현재로서는 로우리 파크의 코끼리들은 잘 지내는 듯 보였다. 스와질란드에서 데려 온 두 마리 수코끼리 중 하나인 스툴루는 번식을 위해 몽고메리 동물원으로 대여된 상태였고, 엘리는 로우리 파크의 코끼리 무리 속에서 여제로 군림하고 있었다.

출산 직후 불안한 시기를 보냈던 엘리는 좋은 엄마가 된 듯 보였다. 타마니는 이제 두 살이 되었고 체중은 680kg이 나갔다. 타마니는 아직 젖을 먹기는 했지만 숙모뻘인 음발리나 머체구의 보살핌을 받으며 바깥에서 시간을 보내는 일이 많았다. 코끼리 풀장에서 수영을 하고, 뿔닭을 쫓기도 했다.

비판가들의 공격에도 불구하고, 로우리 파크의 동물보호에 대한 신임은 그 어느 때보다도 두터워졌다. AZA 대변인은 로우리 파크의 보호프로그램은 "미국 최고 수준"이라고 말하기도 했다. 매너티는 여전히 커다란 전망창 앞에서 마치 리바이어던(성서에 나오는 바닷속 괴물_옮긴이)처럼 수면으로 솟아오르며 헤엄을 치고 있었다. 푸른 독개구리와 파나마 황금개구리는 지금도 레드 제플린의 강렬한 음악에 맞춰 번식을 하고 있었다.

한때 캐리를 비롯한 다른 동물애호가들과 싸운 적이 있었던 덩치 큰 댄 코스텔은 여전히 그 작은 방 안의 습기와 온도를 조절하고, 번식을 유도하는 한편, 멸종을 막고자 애쓰며 조심스레 개구리들을 돌보고 있었다. 댄과 나머지 파충류 담당 직원들은 멸종위기에 처한 또 하나의 양서류 종인 푸에르토리코 볏 있는 두꺼비와 함께 일하기 시작한 상황이었다. 최근 들어 이 두꺼비들이 올챙이들을 낳아 일부는 로우리 파크에 남게 되었고, 나머지는 야생 생태계로 돌려보내기 위해 푸에르토리코로 다시 보내졌다.

동물원 직원들이 위기에 처한 종을 살리기 위해 분투하는 동안에도, 로우리 파크는 동물원과 테마파크를 결합시켜 놓은 형태로 변해가고 있었다. 10년 전만 해도 로우리 파크 내에 설치된 탈 것이라곤 회전목마뿐이었다. 그런데 이제 스카이라이드, 조랑말 트레킹, 그리고 어린이들이 탈 수 있는 날아다니는 바나나도 생겼다. 한때 들소 다섯 마리가 살던 공간에는 게이터 폭포라 이름 붙여진 후름라이드가 새롭게 선보였다. 들소들이 사라진 자리에 꽥꽥대는 아이들이 들어찬 것이다.

여느 기관과 마찬가지로 로우리 파크는 나아갈 방향을 스스로 선택하고 새로운 수익창출 수단을 모색할 권리가 있었다. 그러나 오락과 동물보호 간의 경계가 갈수록 모호해지고 있음이 분명했다. 동물원 호랑이들에 관한 최근 상황은 상징적이었다. 수마트라호랑이 수컷인 에릭은 여전히 로우리 파크에 살고 있었지만 엔샬라가 죽고 나니 짝이 없어졌다. 로우리 파크 관계자들은 에릭의 번식 상대가 될 만한 다른 수마트라호랑이 암컷을 찾아보았지만 찾지 못했고, 현재는 다른 동물원으로 에릭을 보내는 것을 논의 중이었다.

새로운 거처를 찾을 때까지 에릭은 숙소 안의 자기 굴에 틀어박혀 대부분의 시간을 보내고 있었다. 이전에 비해 여기서 훨씬 더 많은 시간을 보내게 된 것은 동물원에서 백호 두 마리를 데려오는 바람에 한 마리씩 번갈아 가며 에릭과 전시관을 함께 쓰게 되었기 때문이었다. 백호 암컷이 새끼 세 마리를 낳으면서 가용 공간은 더욱 좁아졌다. 한 마리는 사산되었고, 나머지 두 마리는 이제 한 살이 되어 서로 힘을 겨루거나 뛰어다니기도 하며 잘 크고 있는 중이었다. 이들을 보면 엔샬라가 결국 한 번도 키워보지 못한 새끼들을 떠올리지 않을 수 없었다.

백호들은 너무 예뻤고, 사람들이 좋아하는 것도 당연했다. 하지만 이들의 흰 털 색깔은 일종의 유전자 이상으로, 열성 인자에 기인하는 것이었다. 동물원을 열렬히 지지하는 사람들조차도 백호를 전시하는 것에 대해서는 비난의 목소리를 냈다. 보존이라는 가치와는 무관하다는 것이 비판가들의 입장이었다. 백호를 전시하는 유일한 이유는 단지 돈벌이가 되기 때문이라는 것이었다.

렉스는 여기에 동의하지 않았다. 백호는 동물원에서 관심을 가질 가치가 있는 대상이며, 이들이 벌어들이는 수익이 늘어날수록 매너티나 기타 종의 보존 노력에 쓰일 기금을 마련하는 데 도움이 된다고 주장했다. 뿐만 아니라, 대중으로 하여금 이처럼 매력적인 동물을 만나볼 수 있게 해주는 일에 잘못된 것은 전혀 없다고 그는 말했다. 사람들에게 메시지를 전달하고자 한다면, 우선 사람들이 동물원 정문을 통과해 들어오게 만들어야 한다는 논리였다.

⁂ ⁂ ⁂

이것만큼은 확실했다. 렉스는 성과를 이끌어냈다.

그는 계속해서 어떤 목표를 정해두고 그 목표에 다가설 방법을 찾아내는 사람이었다. 로우리 파크에 온 지 20년이 넘었지만, 그는 자신의 뜻을 굽힌 적이 거의 없었다. 한마디로, 렉스는 주변 날씨마저 바꾸어낼 법한 사람이었다. 좋은 일이 있거나 기분이 좋을 때면 주변에 있는 모두를 감싸고도 남을 만한 기쁨을 발산했다. 그가 미소를 지으면, 다른 사람들도 함께 웃었다. 하지만 그가 오해를 받는다고 느끼거나 화를 낼 때면, 주변에도 비가 내렸다.

렉스는 한 가지 일화를 들려주며 비방하는 이들을 잠재웠다. 몇 년 전 어느 날, 조지 스타인브레너(미국 메이저리그 야구팀인 뉴욕양키스의 구단주_옮긴이)를 데리고 로우리 파크 투어를 시켜준 적이 있었다고 했다. 함께 동물원을 둘러보던 중, 양키스 구단주였던 스타인브레너는 자신이 어떻게 패배를 인정하지 않는 사람으로 알려지게 되었는지 이야기했다.

"신사답고 멋있는 패배자 누구 아는 사람 있으면 이야기 좀 해주십시오. 그럼 나는 여기 평범한 패배자의 모습을 보여줄 테니." 렉스의 기억으로는 스타인브레너가 그렇게 말했다.

렉스는 미소를 지으며 스타인브레너의 말에 동조했다.

"그럼요, 맞습니다. 저도 늘 이기는 것에 익숙해져 있어서, 이기지 않고는 못 배겨요."

이제 허먼은 떠나고 없었지만, 로우리 파크의 진정한 일인자는 여전히 건재한 모습으로 동물원이 앞으로 나아갈 길을 그리고 있었다. 렉스는 위기가 있을 때마다 살아남았고, 자신의 퇴진을 요구하는 적수들을 지략으로 제압해왔다. 사람들이 공격하는 걸 대수롭지 않게 여기며 그물망 틈새로 빠져 나오곤 했던 것이다. 늘 그렇듯, 렉스는 사과한 적이 없었다. 그에게 있는 것이 있다면 넘쳐흐르는 자신감뿐이었다.

지역에서 발행되는 잡지인 《매덕스 비즈니스 레포트》에서는 렉스의 리더십 하에 괄목할 만한 성장을 보이고 있는 로우리 파크를 주제로 그를 인터뷰했다. 렉스는 표지 사진을 위해 사파리 모자를 쓰고 기린 옆에서 포즈를 취했고, 로우리 파크의 세금 의존도는 제로에 가깝다는 사실을 누차 자랑스레 강조했다. 재정 면에서 신중을 기하지 않는 경영진은 그 누구도 남아 있을 수 없다고도 했다.

렉스의 들뜬 기분은 새로운 모험을 계획하고 있다는 사실에 기인한 것이기도 했다. 이 새로운 계획은 그를 지금까지보다도 더 큰 논란의 중심에 세워 놓을 만한 한층 대담한 일이었다. 1년 반 전쯤 그는 지역 내 수의사 한 명과 파트너로 손을 잡고 플로리다 중심부의 좁고 긴 I-4 지대의 바로 위 북쪽에 있는 레이크랜드 외곽 지역 258에이커의 땅을 매입했다. 소리 없이 대규모 동물보호구역을 조성하고 있었던 것이다.

프로젝트가 아직 비밀에 부쳐져 있던 그해 12월 어느 금요일 아침, 렉스는 로우리 파크 이사회 임원들 대부분에게도 알리지 않은 채, 당시 〈세인트 피터스버그 타임스〉 기자였던 나를 불러 현재 진행 중인 프로젝트를 깜짝 공개했다. 렉스는 아내 엘레나와 래리 킬머를 랜드로버에 함께 태우고 끝없이 펼쳐진 무성한 바히아그라스(목초의 일종_옮긴이)의 녹음을 헤치며 달렸다. 진흙을 온몸에 바른 인도코뿔소 한 마리가 귀를 쫑긋거렸다. 근사하게 구부러진 왕관 같은 뿔을 단 와투시 소들이 육중한 몸으로 터덜터덜 자동차를 향해 다가왔다. 걸을 때마다 늘어진 목덜미가 덜렁덜렁 흔들렸고, 꼬리는 햇살 속에 홱홱 내둘렀다.

모든 일이 계획대로만 된다면, 사파리 와일드는 이듬해 개장하여 하루 500명 이하의 관람객들을 대상으로 소규모 집단 투어를 할 예정이었다. 렉스는 투어를 할 차량으로 태양전지 방식을 쓸지 혹은 다른 어떤 것을 쓸지 아직 결정하지 않은 상태였지만, 어쨌든 관람객들은 동물들을 가까이서 볼 수 있게 될 것이고, 그러고는 여기저기에 자랑을 하고 다니게 될 것이 틀림없었다.

"파격적이기는 하지." 그가 말했다.

뒷좌석에서 귀를 기울이고 있던 엘레나가 자신의 무릎 위에서 분홍빛 혓바닥을 내밀며 기분 좋은 듯 할딱거리고 앉아 있는 웨일스테리어 종인 피피를 쓰다듬었다.

렉스가 자신의 계획을 늘어놓자, 엘레나가 얼굴을 찌푸리며 몸을 앞으로 숙이더니 지금 나누는 대화는 당분간 오프 더 레코드로 해야 한다고 말했다. 렉스가 엘레나를 힐끗 뒤돌아보고는 금세 표정이 굳었고, 차 안의 시간은 마치 멈춰버린 느낌이었다. 잠시 후 기분이 좀 누그러진 렉스는 이것만을 짚고 넘어가야겠다는 듯, 인터뷰는 대부분 온 더 레코드이고, 자신은 사파리 와일드에 대한 기대로 부풀어 있다고 아내에게 차분히 말했다. 자신이 하고 있는 작업을 일반 대중에게 알리고 싶다는 것이었다. 엘레나는 털썩 기대어 앉으며 먼 산을 바라보았다. 래리는 마치 아무 말도 못 들었다는 듯 가만히 있었다. 피피는 반짝거리는 갈색 눈으로 사람들을 번갈아 쳐다보며 분위기를 살폈다.

계속해서 렉스는 사파리 와일드가 천여 마리의 외래종 및 멸종위기종을 보유하게 될 것이라고 설명을 이어갔다. 꼬리에 고리 무늬가 있는 여우원숭이와 기린, 그리고 치타까지 데려오고 싶어 했다. 그는 치타가 한때 이 땅을 누비고 다닌 적도 있는 생물종으로, 아시아와 아프리카로 이동하기 전에 북미 지역에서 처음 진화했다는 화석 증거가 있다는 설명을 덧붙이기도 했다.

"주된 먹이는 지각영양枝角羚羊이에요. 지각영양이 그토록 빨리 달릴 수 있는 이유죠."

각 기관과 여러 나라에서 데려올 예정인 피조물 목록을 읊어 가면서 그는 점점 말투가 빨라지고 들뜬 모습이 되었다.

검은 영양과 긴칼뿔오릭스. 캐나다두루미, 흑백목도리 여우원숭이. 진동칠면조, 털목도리황새, 관머리떠들썩오리 등의 조류.

여러 종의 이름이 입에서 술술 나오는 동안, 마치 들뜬 어린애 같은 표정과 욕심 많은 어른의 표정이 묘하게 뒤섞인 듯한 그의 얼굴은 발갛게 달아올랐다. 그는 아시아에서는 영장류를 데려오고 싶어 했다. 오랑우탄 몇 마리, 혹은 긴팔원숭이도 몇 마리 데려올 수 있을지 모른다고 했다. 바로 그날 아침, 사파리 와일드에는 본래 북아프리카 산간지역에 서식하는 야생종 바바리양이 실려 왔다고 했다. 그러더니 자기 농장의 개인 소유 동물들에게 뛰어가 액시스 사슴 50마리를 데려왔다. 털 전체에 점박이가 흩뿌려져 있는 눈부시게 아름다운 사슴이었다. 이들은 스리랑카 자생종이었지만, 수사슴의 뿔은 어쩐지 그림 형제가 만들어냈을 법한 모양을 하고 있었다.

렉스는 흰코뿔소 세 마리를 사파리 와일드로 데려오기로 로우리 파크 측과 계약을 체결할 예정이었다. 그는 로우리 파크는 현재 갖춰진 공간의 수용능력 이상으로 빠르게 성장하고 있다고 말했다. 그리고 넘쳐나는 동물들을 부지 밖에서 수용할 시설이 필요하며, 이를 위해 코뿔소를 비롯한 여러 동물들을 옮겨 문제를 해결하려고 했다. 사파리 와일드에서는 이미 게이터 폭포에서 밀려난 들소들을 돌보고 있었다. 당시 그는 재빨리 숨기로 유명한 아프리카 종 파타스원숭이 몇 마리를 비행기로 데려오는 계획을 마무리하는 단계에 있었다. 원숭이들이 밖으로 빠져 나오지 못하도록 해자를 넓게 판 인공섬을 조성 중이었다. 중요한 것은 적합한 종을 고르는 것이라고 그는 말했다. 탄탄한 동물 보유 컬렉션을 갖추기 위해서는 안목과 선택의지가 필요하다는 것이었다.

"우리는 위험을 피하지 않습니다." 뒷좌석에서 래리가 거들었다.

스와질란드로부터 코끼리를 데리고 오면서 겪은 그 모든 우여곡절에도 불구하고, 렉스는 코끼리를 몇 마리 더 들이고 싶어 했다. 어디서 데려오고, 어떻게 그 모든 요식을 통과해 허가를 얻을지는 알지 못했다. 단지 코끼리를 데려오고 싶을 뿐이고, 지금까지 자신은 원하는 것은 대부분 손에 넣었다는 사실이 그가 아는 전부였다.

"코끼리들이 여기 있으면 참 좋겠군요." 렉스는 마치 세상에서 가장 쉬운 일쯤이나 되는 듯 말했다.

그러고 나서 그는 자신의 농장을 구경시켜 주며, 비장의 무기들을 선보였다. 조금 전까지만 해도 눈짓으로 아내의 말을 가로막는 완고한 모습을 보이더니, 이제는 열린 마음으로 세상의 신비를 수호하는 노아가 된 듯했다. 렉스의 자신감 넘치는 모습 때문에 랜드로버 안이 금세 환해졌다.

그때까지 거의 말이 없던 래리는 사파리 와일드가 동물들에게 안전하고 합리적인 안식처를 마련해 줌으로써 로우리 파크에 큰 도움이 될 것이라는 이야기가 나오자 말문을 열었다. 래리는 동물원들이 과다한 번식이나 잉여 동물 관리를 지나치게 우려하는 경향이 있다고 말했다. 그는 과감하게 접근해야 한다고 했다.

"동물원은 지속가능 개체수sustainable population에 대해 준비되어 있어야 해요. 초과 부분을 관리하는 거예요. 만일 그게 두렵다면, 이 바닥을 떠나야죠." 그가 말했다.

과감한 이야기들이 쏟아져 나오자 기분이 좋아진 엘레나는 다시 미소를 지었다. 그녀는 이 야생동물 보호구역은 야생 생태계가 야생 본연의 모습일 수 있는 곳으로, 동물들이 좀 더 여유롭게 움직일 수 있는 공간이자 본연 그대로의 모습으로 있을 수 있는 곳이라고 설명했다. 그녀는 피피를 꽉 끌어안으며 자연을 조작하려는 인류의 노력을 비판하고 나섰다.

"우리가 개입하려 하면 할수록, 더 망치게 되는 거예요. 인간이 아무리 애써도 대자연보다 잘할 수는 없거든요."

동물원 CEO의 아내 입에서 나왔다고 보기에는 놀라운 주장이었다. 렉스는 평생을 자연세계를 정비하고 또 재정비하는 데 바쳐온 사람이었으니 말이다. 그는 코끼리도 날 수 있게 만들 법한 사람이었다. 사파리 와일드 자체가 이미 자연에 대한 급진적인 재구성이었다. 물론, 광활한 공간이기는 했지만, 결국 전 세계 각지에서 잡아

들여온 각종 동물들—인간들이 멋대로 끌고 오지만 않았다면 결코 만 마일 거리 내에는 같이 있을 리 없는 그런 생물종들—로 들어차게 될 것이다. 엘레나의 무릎 위에 편히 앉아 있는 작은 강아지야말로 자연 조작의 전형적인 예가 아니었던가? 피피는 한때 늑대였지 않았던가?

렉스나 래리가 엘레나의 주장이 앞뒤가 맞지 않는다는 것을 눈치챘는지는 몰라도, 아무도 이를 내색하지 않았다. 아마 그 같은 모순점들은 동물원의 두 책임자가 생각하기에는 너무 벅찬 것이었을 수도 있다. 이들은 렉스가 차를 몰아 붉은 물소들이 그늘에서 고개를 빠끔 내밀며 쳐다보고 있는 삼나무 숲과 얼룩말들이 힝힝 콧소리를 내며 발길질을 하고 서 있는 눈부신 푸른 들판을 지나는 내내 미소만 짓고 있었다.

위로는 청명한 파란 하늘이 펼쳐져 있고, 참나무 사이로 서늘한 바람이 속삭이고 지나가는 아름다운 날이었다. 새로운 피조물들로 북적대는 새로운 왕국을 자랑하며 보여주기에는 더할 나위 없이 완벽한 날이었다.

사파리 와일드에 대한 이야기를 들으면 렉스에게 너무 태양 가까이로 다가가 날고 있는 것 아니냐고 경고하는 사람들도 있었다. 지금까지의 모험들이 모두 성공을 거두었다고 해서 그가 늘 천하무적이리라는 보장은 없었기 때문이었다. 주변사람들은 그에게 동물원과 야생동물 보호구역 간의 경계를 허물지 않고서는 이번 도박이 성공을 거두기 어려울 것이라고 조언했다. 이번만은 아무리 좋은 취지라 해도 그가 다칠 수도 있다고 모두들 입을 모았다.

그러나 언제나처럼 렉스는 그러한 우려에 신경 쓰지 않았다. 불과 몇 주 전 렉스는 사파리 와일드와 동물원 사이에는 경쟁관계를 형성하지 않는다는 내용을 담은 양해각서를 로우리 파크의 이사회 집행위원회와 체결한 상태였다. 그는 이 양해각서를 다음 달 회의 때 이사회 전원 앞에서 공개할 계획이었다.

대화 내내 렉스는 로우리 파크와 사파리 와일드 간의 여타 관계로부터 자신은 어떠한 수익도 취하지 않을 것이며, 이해관계가 충돌하지 않도록 최대한 주의를 기울일 것이라고 강조했다. 이번 결정은 로우리 파크와 사파리 와일드 양쪽 모두에 긍정적으로 작용할 것이라는 얘기였다.

"저희는 동물원 감사관들에 의해 운영됩니다. 회계에 만전을 기해야죠." 그가 말했다.

"돈이 중요한 게 아니거든요." 엘레나가 말했다.

"모두에게 진정한 혜택을 주는 일이죠." 래리가 말했다.

비영리 시설인 동물원과 이익추구 시설인 사파리를 렉스가 함께 운영하려는 것에 이들 세 명이 과연 진심으로 아무 의문을 품지 않는 것인지는 알 수 없었다. 멀리 떨어져 있는 두 기관 사이를 동물들이 오가는 일이 얼마나 골치 아픈 일일 수 있는지 그들은 정말 몰랐을까? 언론에서는 그 일이 어떻게 다루어질지 상상도 못해 봤을까?

렉스는 그러한 불안감을 전혀 내비치지 않았다. 사파리 와일드 투어를 마치면서 그는 목초지에 랜드로버를 세우고 동물원의 집행위원장인 파실 가브리메이엄에게 전화를 걸어 이번 계획에 대해 이야기할 수 있도록 스피커폰으로 통화를 했다. 가브리메이엄은 탬파 포트 지역당국의 국장으로 재직했고 현재는 애틀랜타 연방준비은행 잭슨빌 지점의 지점장으로 있는 금융가이자 사업가인 저명인사였다. 전화를 받은 그는 렉스의 전문성과 동물에 대한 애정, 그리고 뛰어난 리더십에 대해 이야기했다. 그리고 로우리 파크와 사파리 와일드의 관계는 미래지향적이라는 설명을 덧붙였다.

"우리는 계속 변화하고, 성장하고, 서비스의 품질을 유지해야 합니다. 그러기 위해서는 부지가 좀 더 필요하죠." 그가 말했다.

동물원과 야생동물 보호구역에 관한 계획을 이야기하는 렉스의 모습이 마치 모험가 같았다고 한다면, 계약을 성사시켰던 파실은 외교관에 더 가까워 보였다. 그는 절제된 말투로 나지막하게 로우리 파크의 전략적 설계와 자산 건전성, 그리고 주어진 임무를 수행하는 데 필요한 미묘한 균형에 대해 이야기했다.

"저는 이곳을 미국 최고의 동물원, 더 나아가 세계 최고의 동물원으로 만들고 싶습니다." 파실이 말했다.

통화가 끝날 무렵, 파실은 잠시 말이 없었다. 로우리 파크와 사파리 와일드 간의 관계는 아직 걸음마 단계라며 그는 신중하게 단어를 선택하며 말을 이어갔다. 가능하다면, 렉스와 집행위원회 측이 동물원 이사회에서 정식으로 제안을 할 때까지는 이 대화—사실상 사파리 와일드에 관한 일체의 언급—가 신문지상에 언급되지 않는 편이 가장 좋을 것 같다고 그는 말했다. 신중하게 듣고 있던 렉스는 조금 전에 아내에게 했던 것과는 달리 즉각 나서서 반박하지는 않았다. 대신, 본인의 생각에 대해서는 명확히 밝히지 않은 채 파실에게 감사 인사를 전했다. 전화를 끊은 뒤 렉스는 파실과의 의견차를 적당히 얼버무리며 뉴스가 신문에 나기 전에 이사회 일정이 마무리될 것이라고 했다.

불과 한 시간여 만에, 신뢰하는 두 사람인 엘레나와 파실이 그에게 일말의 충고를 던진 셈이었다. 하지만 렉스는 굴하지 않았다. 그저 들떠 있을 뿐이었다. 사파리 와일드는 자신의 전략적 설계 속에서 일단 한걸음을 내디딘 것뿐이라고 말했다. 5년 내에 동물원이 훨씬 넓은 부지를 확보할 수 있기를, 가능하다면 탬파 외곽 어딘가에 2천 에이커 이상을 확보할 수 있기를 바라고 있었다. 그는 기존 동물원을 보완할 좀 더 넓은 보호구역을 로우리 파크가 진화할 다음 단계로 보고 있었다.

"아직 끝난 게 아닙니다. 저희는 이제 막 시작한 거예요." 그가 웃으며 말했다.

렉스는 가속페달을 밟고 거침없이 나아갔다.

16

패배

진짜 문제는 렉스의 섬에 있던 원숭이들이 헤엄치기로 마음을 먹으면서부터 시작되었다.

역사에 길이 남을 만한, 저항 의지가 담긴 원숭이들의 단체 다이빙은 2008년 4월 19일에 있었다. 사파리 와일드에 도착한 파타스원숭이 15마리는 불과 이틀 만에 섬에 유배된 상황이었다. 이때까지만 해도 원숭이들은 우리 안에 있었다. 원숭이들이 밖으로 나올 수 있었던 것은 렉스가 이들을 밖으로 꺼내주어 섬의 탁 트인 공간을 마음껏 즐길 수 있게 해주고 싶어 했기 때문이었다. 몇몇 사람들이 렉스에게 파타스원숭이는 헤엄을 칠 수 있는 종이라고 경고했지만, 렉스는 설령 그렇다 해도 18미터의 해자 정도면 이들을 붙잡아 두는 데 충분하다고 생각했다.

그주 토요일 아침, 렉스의 부하직원 하나가 원숭이들을 우리 밖으로 풀어주었다. 이 원숭이 종의 능력을 확실히 알 수 없었던 탓에 섬에 풀어 놓을 때 한 마리씩 보낼지 아니면 한꺼번에 보내도 되는지를 두고 논쟁이 있기도 했다. 결국 한꺼번에 풀어주는 것으로 논쟁은 일단락되었다. 렉스의 부하직원이 지켜보는 동안 암컷 한 마리가 잽싸게 물로 뛰어들어 첨벙대기 시작했고, 나머지 14마리도 순식간에 그 뒤를 따랐다.

직원은 즉각 렉스에게 전화를 걸었다.

"녀석들이 문제를 일으켰습니다." 그는 애써 침착함을 유지하며 말했다.

원숭이들 중에 주도자가 있었는지, 혹은 사전 계획이 있었는지, 아니면 단지 떠날 때가 되었다고 충동적으로 결정을 내린 것인지는 분명치 않았다. 그 가운데는 새끼도 두 마리 있었으니, 둘 다 물에 빠져 죽지 않으려고 엄마 목에 바싹 매달려 있었을 것이다. 발이나 꼬리를 잡는 원숭이들도 있었는지 모른다. 결국 15마리 모두 무사히 물을 건너 반대편에 있는 2.5미터 높이의 벽을 타고 오른 뒤 주변 습지로 달아나버렸다.

"녀석들이 한 수 위였죠. 그냥 동물원 원숭이가 아니라 세상 물정을 다 아는 녀석들이었던 겁니다." 후에 렉스는 그렇게 말했다.

파타스원숭이는 본래 아프리카 자생종이지만, 이들 원숭이 15마리는 푸에르토리코에서 건너왔다. 그곳에서 파타스원숭이 종은 야생 자연으로 전해져 인간의 통제가 불가능할 정도로 불어났다. 그리고 파인애플이나 플랜테이션 작물을 습격해 망쳐놓는 등 말썽을 부리는 통에 정부에서는 사살하거나 새로운 거처를 찾아 보내야 한다는 의견을 내놓기도 했다. 이미 죽음이냐 포획이냐의 공식에 익숙해져 있었던 렉스는 원숭이도 몇 마리 구하는 동시에 자신의 동물보호 구역에서 독특한 종을 보유하게 될 절호의 기회라고 생각했다.

인간의 눈에 파타스원숭이는 약간 우스꽝스럽게 보인다. 녹슨 듯한 털 색깔에, 프로이센 스타일의 구레나룻처럼 두 뺨에 길쭉하게 나 있는 흰 털들 때문에 마치 옛날 영화에 나오는 반백의 구레나룻을 넓고 길게 기른 성질 고약한 대령들과 꼭 닮아 있다. 덩치가 그다지 큰 편은 아니지만—대개 수컷은 12킬로그램, 암컷은 6.5킬로그램 정도 나간다—포식자의 이빨로부터 스스로를 보호하는 방어체계가 정교하게 발달되어 있었다. 시속 56km로 달릴 수 있고, 그레이하운드처럼 날렵하고 길쭉한 몸을 가진 이들은 지구상에서 가장 빠른 원숭이 종으로 알려져 있다.

또한, 함께 모여 사는 사회성 강한 종이기는 하지만, 변덕이 심하고 쉽게 집단을 이탈하는 경향이 있다. 누군가에게 쫓길 때에는 회피 전술을 써서 두 집단으로 갈라져 움직이는 경우가 많다. 한 마리가 유인책 역할을 해 나머지 원숭이들을 위험 상황에서 빠져나오게 돕는 경우도 있다. 밤에는 눈에 띄지 않도록 한 마리씩 나무 위에 올라가서 잠을 잔다.

그럼에도 불구하고 렉스는 호언장담을 계속했다. 그는 특유의 자신감을 내보이며 15마리 모두 1주일 이내에 포획하여 다시 사파리 와일드로 돌아오게 하겠다고 약속했다.

원숭이들은 쉽게 발견되었다. 적어도 처음에는 말이다. 그러나 렉스의 지시로 원숭이를 잡으러 나선 이들이 원숭이들의 은신처로 다가갈 때마다 원숭이들은 번번이 달아나버리고 말았다. 사과, 바나나

등 먹이를 미끼로 넣어 둔 상자 안으로 유인해 보려고도 했지만, 그런 식으로 잡기에는 원숭이들이 너무 똑똑했다.

얼마 뒤 렉스와 동물원, 플로리다 해양보호단체로 기자들이 전화를 해대기 시작했다. TV 방송국 밴이 사파리 와일드를 향해 조용한 시골길을 달려왔다. 그러던 어느 날 사파리 와일드 상공에 방송국 헬리콥터가 한 대 나타났다. 달아난 원숭이 가운데 한 마리를 공중에서 쫓고 있는 모양이었다. 헬리콥터의 소음은 상황을 더욱 악화시켰고, 겁먹은 원숭이들이 습지대로 더 깊숙이 숨어들어버렸다.

5월 초, 15마리 가운데 처음으로 암컷 하나와 새끼 한 마리가 잡혔다. 6월 중순에는 세 마리가 더 포획됐다. 그러나 10마리는 여전히 행방이 묘연했다. 40킬로미터 떨어진 데이드 시티 부근에서까지 목격담이 보고되었다. 그러던 어느 날 밤, 습지대 반대편에 살고 있는 한 여성이 도망친 원숭이들 가운데 세 마리가 자신의 집 밖 나무들 사이에 숨어서 찍찍 소리를 내고 있는 모습을 본 듯하다며 여동생에게 전화를 걸었다.

"우리 집 뜰에 원숭이들이 있어." 그녀가 말했다.

수화기 저 너머에서 그녀의 여동생이 잠시 후 되물었다.

"뭐? 원숭이?"

"그래."

여동생은 인터넷으로 파타스원숭이에 대한 정보를 검색했고, 푸에르토리코에서 농작물들을 훔쳐 먹는다는 이야기를 읽었다.

"신선한 파인애플을 좀 갖다 줘봐, 언니." 그녀가 조언했다.

"신선한 파인애플 같은 게 없는데!"

이 여성은 부엌을 뒤져 바나나 한 개를 찾아 나뭇가지 위에 걸쳐 놓았다. 잠시 후, 그녀가 창밖을 다시 내다보았을 때, 바나나는 이미 없어진 상태였다.

사파리 와일드 인근 주민들은 도망친 원숭이들을 혹시 보게 되지 않을까 기대하면서 쌍안경을 들고 숲 속을 이리저리 살펴보았다. 그런가 하면 어떤 이들은 우연히 먼발치에서 원숭이들을 본 뒤 헛것을 본 게 아닌가 하고 고개를 갸웃거리기도 했다. 원숭이들은 풀밭을 뛰어다니고, 나무들 사이로 밖을 엿보기도 하고, 먹이를 찾아 이리저리 뒤지고 다니기도 하는 모습이었다. 원숭이들이 어느 농장으로 몰래 들어가 트랙터 두 대의 손잡이와 스위치를 만지작거리는 바람에 배터리가 방전되기도 했다. 농장 주인은 어스름이 질 무렵 작은 발자국이 나 있는 것을 발견하고서야 비로소 상황을 파악했다. 농장 주인의 손자가 원숭이들을 향해 총을 쏘아 보라고 권했지만, 그는 원숭이들을 다치게 하고 싶지 않았다.

"너무 귀엽잖아요." 그가 말했다.

사슴 먹이통에서 옥수수가 사라지기 시작하자, 농장 주인은 동작 감지 카메라를 설치했다. 그저 가까이서 지켜볼 요량이었다. 그는 먼저 농장 내에서 원숭이들의 뒤를 밟았지만, 100미터도 채 접근하기도 전에 원숭이들은 자취를 감춰버렸다.

원숭이들은 카메라 따위에는 신경 쓰지 않았다. 농장 주인은 옥수수 먹이통 위로 기어 올라온 원숭이들을 찍은 사진 수십 장을 보여주었다. 원숭이들은 우리 안으로 손을 뻗어 옥수수 낱알을 내보내는 장치를 돌리기도 하고, 자신들을 잡으려 놓아 둔 올가미에 잡혀 있는 너구리를 물끄러미 보기도 하는 모습이었다. 그는 원숭이들의 여유롭고 대담한 모습에 깜짝 놀랐다.

"녀석들은 영리해요. 아주 똑똑하다고요." 그가 말했다.

각종 신문사와 TV 방송국에서 달려들었다. 기자들에게 원숭이들의 집단 탈출은 엔샬라의 갑작스런 죽음보다도 훨씬 구미가 당기는 흥미진진한 사건이었다. 물론, 호랑이의 탈출도 큰 화제였지만 그 상황은 불과 2시간도 안 되는 사이에 종료됐고, 아무런 진전도 없었으며, 사람들의 격한 감정도 금세 식었다. 이에 반해, 원숭이들의 돌출 행동은 계속되었고, 새로운 일이 생길 때마다 점차 발전된 양상을 띠었다.

처음 몇 달간은 관련된 모든 이야기—프로이센 스타일의 구레나룻, 원숭이들이 추적자들을 따돌리는 요령 등—가 그저 흥미로웠다. '원숭이'라는 단어에는 독특한 힘이 있어서 헤드라인마다 활기를 불어넣고, 뉴스 프로그램마다 흥미를 더했다.

그러나 이 같은 언론보도를 이끄는 원동력에는 다른 것도 있었다. 물 밑에서 무엇인가가 올라와 서서히 수면 위로 떠오르고 있었던 것이다. 새로운 소식이 들려올 때마다 독자와 시청자들은 동물원 책임자—엔샬라를 총으로 쏴 죽인 바로 그 남자—가 지금 골칫덩어리 원숭이 일당에게 당하고 있는 중이라는 생각을 자꾸 하게 되었다. 계속되는 언론보도를 통해 두 사건 사이에 전개된 과정을 따라가다 보면 어떤 만족감 혹은 통쾌함이 커져만 갔다. 이제 이는 더 이상 단순한 원숭이 이야기가 아니었다. 마침내 인과응보를 치르게 된 렉스를 구경하는 일이 된 것이다.

⁂ ⁂ ⁂

그해 가을, 두 번째 공개적인 망신이 있었다.

기자들이 압력을 가해오기 시작했다. 파타스원숭이들의 집단 탈출은 지금까지 언론의 큰 관심을 받은 적이 사실상 없었던 사파리 와일드로 이목을 집중시켰다. 기자들은 렉스, 그리고 로우리 파크와 사파리 와일드의 관계에 대해 질문을 던지기 시작했고, 어떻게 한 사람이 80킬로미터 떨어진 곳에 위치한 비영리 시설인 동물원과 영리 시설인 야생동물 보호구역을 함께 조성해 운영할 수 있는지에 대해서도 물었다. 그동안 주변사람들이 렉스에게 경고해 왔던 것들이 이제 TV 뉴스 프로그램이나 신문지상에서 연일 문제로 제기되기 시작했다.

엄청난 속도로 폭로가 잇따랐고, 상충되는 이해관계도 하나둘 밝혀지기 시작했다. 렉스가 동물원과 보호구역, 그리고 자신의 농장을 오가며 동물들을 이동시키며 교환하고, 일정 가격에 동물원으로 동물을 판매한 뒤 달라진 가격으로 동물원으로부터 다시 사들인 것이나, 동물원에서 렉스의 농장으로 이동되었던 기린과 영양이 그곳에서 어떻게 죽게 되었는지 등에 관한 이야기도 쏟아져 나왔다.

또한 급료 일부를 세금에서 충당하여 받았던 로우리 파크 직원들이 사파리 와일드에 축사 두 개를 지었고, 게이터 폭포 자리를 마련하느라 동물원에서 밀려난 들소 다섯 마리가 단순히 보호구역으로 옮겨진 것이 아니라, 동물원 측에서 이를 수용하는 대가로 동물보호구역 측에 매월 600달러를 납부하고 있었던 것으로 드러났다.

이 밖에도 쏟아져 나오는 문제들은 끝이 없었다.

한동안 렉스는 스스로를 방어하고 나섰다. 자신은 이와 같은 거래를 통해 어떤 이익도 취한 적이 없으며, 단지 넘쳐나는 동물들을 위한 공간을 마련함으로써 동물원이 성장하기를 바랐을 뿐이라고 주장했다. 자신은 숨길 것이 아무것도 없다고 말했지만, 오해와 판단 실수가 있었음은 인정했다.

"내가 정치적으로 좀 더 소질이 있었다면 좋았겠지요. 하지만 나는 정치적인 사람이 아닙니다." 그가 말했다.

납득하기 힘든 발언이었다. 지난 수년간 렉스의 행보를 보면 정치 논리를 잘 알고 이를 로우리 파크에 이득이 되는 방향으로 움직일 만한 결정을 내릴 줄 아는 노련한 정치인의 모습이었기 때문에, 그의 발언은 솔직하지 못한 것으로 들릴 수밖에 없었다. 기업 경영진, 각 분야의 전문가 집단, 갑부들은 말할 것도 없고, 지방자치 의원, 시장, 행정가 및 입법가들의 마음을 사는 재능이 없었다면 그가 동물원을 그런 식으로 변화시키는 것이 불가능했을 것이다.

그러나 렉스의 말은 한때 그에게 어떤 정치적 소질이 있었든지 간에, 그 소질은 이제 온데간데없이 사라져버렸음을 보여준 발언인 것만은 분명했다. 자신의 실책에 본질적인 문제는 없고 단지 정치적 차원의 문제만 있다는 의중을 내비침으로써 그의 선의를 믿으려던 이들마저 등을 돌리게 만들고 말았던 것이다.

예전부터 렉스는 인터뷰할 때마다, 본인 자신과 동물원 간의 부적절한 거래 여부에 대해서는 이미 철저한 검증이 이루어지고 있음을 강조하곤 했다. 결과적으로, 그가 로우리 파크의 이사회 집행위원회와 양해각서를 체결한 것은 지금과 같은 비난을 모면하고자 한 것이기도 했다. 분명한 사실이었다. 그러나 이후 여름 동안 양해각서를 검토한 동물원 이사회는 심각한 우려를 표명하며 계약내용 해지를 고려하기도 한 것으로 밝혀졌다.

한편 동물원과 야생동물 보호구역 사이의 수많은 거래를 승인했던 파실 가브리메이엄이 사파리 와일드의 정관에 보호기금 책임자로 이름이 올라 있음이 확인되면서 렉스를 둘러싼 상황은 악화되었다. 게다가 로우리 파크가 사파리 와일드 측에 임대했던 흰코뿔소 두 마리는 새끼를 가진 상태였고, 원 계약상 코뿔소의 첫째 새끼는 동물원에 주고 둘째는 보호구역에 주기로 했다는 것이 밝혀지면서 렉스의 입지는 더욱 좁아졌다.

이즈음 탬파의 시장인 팜 이오리오가 분개하며 끼어들었다. 이오리오는 동물원이 탬파 시의 감독 하에 운영되고, 시가 임대한 것이므로 동물원에 속한 토지나 동물들은 모두 시 소유임을 렉스에게 상기시켰다. 그녀는 로우리 파크와 사파리 와일드 간의 거래에 대한 감사를 지시하며, 동물원과 야생동물 보호구역은 모든 상호 관계를 끊어야 하며, 사파리 와일드가 아직 보유하고 있는 동물원 측 동물이 있다면 모두 돌려주어야 한다고 주장했다.

처음에 렉스는 이오리오 시장과 논쟁을 해보려 했다. 그러나 자신이 질 것이 뻔하다는 것을 직감적으로 알 수 있었다. 결국 그는 침묵을 택했고, 시장의 요구를 대부분 수용하기로 했다. 그리고 시 당국에서 감사를 진행하는 동안 휴가를 떠나 있겠다고 공표했다.

두어 달쯤 뒤, 동물원 감사 결과는 엄청난 핵폭탄급 파장을 몰고 왔다. 렉스는 엘레나와 함께 남아프리카에서 열린 국제회의 참석 후 돌아오는 길에 3일간 머무른 파리 여행 일정에 대한 명목으로 약 4천 달러를 동물원 측에 청구한 것으로 감사 보고서에서 드러났다. 또한 보고서에서는 렉스의 경영 방식으로 인해 갈등이 빈번했음이 언급되었고, 직원들이 의견을 표출하기 꺼리게 만드는 분위기를 조성했다는 사실이 동물원 직원들과의 인터뷰를 통해 확인됐다. 그러나 가장 심각한 부분은 바로 광범위한 이해상충 관계였다. 보고서에서 밝힌 핵심은 렉스의 부적절한 거래 방식으로 인해 동물원 측이 20만 달러 이상의 비용을 부담했다는 사실이었다.

> 근본적으로, 렉스 샐리스버리는 로우리 파크 동물원과 수익 사업인 사파리 와일드, 그리고 자신이 거주하는 농장의 운영을 모두 하나로 취급한 것으로 판단되었다. (중략) 그는 동물원 CEO로서의 역할과 자신의 사업 및 개인 소유 농장에서의 역할을 구분하지 못한 듯하다. (후략)

감사 보고서는 60페이지 분량이었다. 이오리오 시장은 감사 내용을 보고 받은 뒤, 렉스에게 퇴임 및 20만 달러 상환을 요구했으며, 이번 사건을 사법당국에 일임하여 형사처벌 대상에 해당되는지 여부를 판단할 필요가 있다는 감사당국의 의견을 재청했다.

더 이상 침묵하지 않기로 결심한 렉스는 개인 변호사를 통해 성명서를 냄으로써 반격에 나섰다. 그는 시당국의 감사관들이 자신의 입장은 완전히 무시하고 자신들을 시장의 '하인' 취급했다고 불만을 토로했다. 무상 혹은 할인된 비용으로 동물들을 수용하고, 본인 소유의 동물들을 동물원 측에 대여했던 것과 관련하여 동물원 측이 실제로는 자신에게 403,117달러를 지불해야 한다고 말했다. 또한 다가오는 이사회에서 자신의 자리를 지키기 위해 최선을 다할 것이라고 공표했다.

렉스의 유임 여부에 대한 최종 결정은 이제 시장이 아닌 이사회의 손에 달려 있게 되었다. 감사 결과에 대한 이사회 임원들의 반응을 볼 때, 렉스에게 희망은 별로 없어 보였다. 임원 하나가 그에게 한마디 조언을 건넸다. "자비를 구하시오."

이 처참한 상황은 이미 렉스와 동물원 양쪽 모두를 흠집내고 있었다. 여러 사실들이 잇달아 폭로되면서, AZA에서는 지난 20년간 유지해 왔던 로우리 파크에 대한 승인을 잠정 보류 상태로 돌려놓았다. AZA의 공식 승인이 취소되자, 가족을 위한 미국 최고의 동물원은 불명예의 나락으로 곤두박질쳤다. 공인 상태를 유지해야 한다는 시 당국과의 임대계약도 파기될 처지에 놓였고, 공인 유예 상태가 지속되는 한, 동물원은 다른 인증기관과 동물을 교환할 수도 없었다. AZA는 렉스 개인의 회원 자격도 정지시켰다. 그는 공식적으로 페르소나 논 그라타(외교 관계상 기피인물을 뜻함_옮긴이)가 된 것이다.

렉스는 손쉬운 표적이 되고 말았다. 다년간 그는 다른 이들의 질타를 대수롭지 않게 넘겼고 자신의 강인한 성격을 좋아하는 추종 무리를 거느려 온 인물이었다. 그가 동물원을 아꼈던 것은 명백한 사실이지만, 그의 애정이 가져온 결과는 늘어난 수익뿐 아니라 절망도 있었다. 그는 창조자인 동시에 파괴자였던 것이다.

그렇다 하더라도, 로우리 파크에서 일어난 모든 문제가 렉스의 잘

못만은 아니었다. 렉스가 권한을 마구 휘둘러도 되는 것으로 착각을 해온 것도 사실이지만, 현실적으로 그는 로우리 파크 이사진의 판단에 맞추어 움직였다. 이사회 임원 30여 명이 마냥 손 놓고 있었던 것은 아니었다. 이사진 가운데는 플로리다 전 주지사와 전 탬파 시장도 있었고, 그 밖에 공무원, 기업가, 고위 법률가 등도 포함되어 있었다. 결코 소극적인 집단이 아니었다는 뜻이다.

분명 그들 가운데는 직원들의 근무 분위기와 관련된 우려의 목소리를 들었던 이들도 있었다. 동물원에서 가장 유명한 동물 두 마리가 갑자기 비참하게 죽었다는 사실에서도 틀림없이 느낀 바가 있었을 것이다. 임원 중 누구든 안락한 자기 자리에서 일어나 직접 동물원을 거닐며 직원들에게 조용히 이야기를 건네 볼 수도 있었을 것이다. 그리고 자신들이 파악한 사항들이 마음에 들지 않는다면 언제든 CEO를 해고할 권한을 가지고 있었다.

렉스에게는 분명 자신의 미래를 손에 쥐고 있는 이 일인자들을 현혹시키는 재주가 있었다. 경청해야 할 시점과 칭찬을 퍼부어야 할 시점, 그리고 멸종위기의 흐름에 맞서는 동물원의 사명에 관한 설교를 통해 다시 한 번 좌중을 감동시킬 시점을 그는 알고 있었다. 지난 수년간 렉스는 케냐와 탄자니아 여행에 동물원의 핵심 후원자들 여럿을 초청해왔다. 그들을 스와질란드로 데려가 나무들을 헤치고 풀을 뜯으며 걷는 코끼리들을 구경시켜 주었으며, 에티오피아 왕궁에 데리고 가 남아 있는 황실 사자들을 보여주기도 했다. 지금까지는 이 방법이 통했다. 사파리 와일드와의 거래도 파실 가브리메이엄과 나머지 이사회 집행위원회에서 승인한 것이었다. 렉스가 그들에게 승인을 요청하면, 그들은 그 요청을 받아들였다. 그런데 이제 그가 희생양이 된 것이다.

물론, 렉스로 인해 야기된 피해를 생각하면 그를 동정할 수만은 없었지만, 그렇다 해도 이상한 상황이었다. 파실은 이미 조용히 사임한 상태였는데, 왜 나머지 집행위원들은 함께 떠나지 않았는지 이해하기 어려웠다. 만일 사파리 와일드 측과 체결한 양해각서가 공분을 일으킨 핵심이었다고 한다면, 그 양해각서에 찬성표를 던졌던 이들이 어떻게 자리를 지키고 있는 것일까?

사실, 렉스와 관련된 대부분의 감사 결과는 그다지 놀랍지 않은 것이었다. 렉스의 사파리 와일드 조성 계획과 그로 인해 예상되는 논란의 가능성이 〈세인트 피터스버그 타임스〉에 보도된 것은 원숭이 탈출 사건 등의 문제가 불거지기 몇 개월 전의 일이었다. 또한, 렉스가 동물들을 개인 소유의 농장과 동물원을 오가며 이동시키곤 한다는 것도 비밀이 아니었다. 그는 수년째 공식석상에서 관련된 이야기를 해왔고, 동물원 직원들은 렉스가 트레일러를 몰고 동물원 부지 내로 들어와 자신의 농장에서 데려온 얼룩말이나 혹멧돼지를 수레로 운반하는 모습을 자주 보았다. 그의 행동을 되짚어보면 이 같은 자신의 행동들에 전혀 잘못된 부분이 없다고 여겼던 것 같다. 감사 보고서에 따르면, 렉스는 동물원의 동물들과 자기 농장의 동물들, 그리고 야생동물 보호구역 내의 동물들을 모두 커다란 순회 집단에 속한 것으로 보았던 것 같다.

흰코뿔소의 이동조차도 공개적으로 이루어졌다. 이오리오 시장은 이를 일컬어 코뿔소게이트Rhinogate라고 했지만, 스캔들이 터지기 몇 개월 전까지만 해도 코뿔소들의 이동 과정은 이오리오 본인의 케이블TV 쇼프로그램인 〈시장과의 만남〉The Mayor's Hour에서 방송을 타기도 했다. 4월 방송 분량에서는 사파리 와일드로 이동시키기 위해 흰코뿔소 한 마리를 넣은 상자를 크레인으로 들어 올려 평상형 트럭 뒤편으로 옮기는 모습을 보여주기도 했다. 새로 머물 곳으로 코뿔소들을 데려다주기 위해 트럭이 떠나는 모습을 보며 렉스는 카메라를 향해 미소를 지으며 손을 흔들어 보였다.

이제 렉스는 궁지에 몰렸고, 이오리오는 각종 인터뷰를 통해 어떻게 그토록 많은 일들이 잘못되어 가는 동안 아무도 경고 메시지를 보내지 않을 수 있었는지 이해가 가지 않는다고 이야기했다. 그러나 수년 전, 허먼과 엔샬라가 죽은 뒤 각종 언론보도와 크레머 부부의 웹사이트에서 이미 그러한 위험 신호를 공개적으로 내보낸 바 있었다. 분명, 이오리오는 동물원 내의 상황에 대해 주의를 기울이지 않았던 것이고, 이는 자신의 TV 쇼프로그램 상에서도 마찬가지였다.

여러 해 동안 이오리오 시장과 수많은 공무원, 지역 전문가들은 렉스 옆에 붙어서 그가 코끼리를 데려오는 것을 즐겁게 지켜보고, 화려한 모금행사에서 그와 함께 줄지어 콩가 춤을 추고, 건물 신축을 축하하며 리본 테이프를 자를 때 렉스 옆에 서서 방송국 카메라를 향해 미소를 지어 보였다. 카라무 갈라에서 이오리오는 얼룩말 무늬 재킷까지 입고 나타났었다.

스캔들이 터지기 불과 몇 달 전만 해도 부유층과 권력층에서는 렉스를 도시의 황태자처럼 대했다. 그런데 하루아침에 그를 공격하고 나선 것이다. 그가 비난을 받아 마땅한지와는 별도로, 이런 식의 대반전은 잔인한 구석이 있었다. 감사 결과나 양해각서와는 무관한 원색적인 비난까지 쏟아졌다. 한때 렉스는 힘을 지닌 인물이었고, 그때는 자신들의 목적에 쓸모가 있었던 것이다. 그랬던 그가 만신창이가 되어 피를 흘리며 풀숲을 지나고 있는 지금, 사자떼는 그의 숨통을 끊어놓으려 호시탐탐 노리고 있었다.

☘ ☘ ☘

렉스를 향한 비난이 쏟아지기 시작하던 그해 9월 즈음, 원숭이 다섯 마리의 행방은 아직도 오리무중이었다. 나머지 원숭이들은 생포되어 다시 인간의 품으로 되돌아갔다. 사파리 와일드 섬은 좋은 생각이 아니었음이 분명해졌으므로 이 원숭이들은 안전하게 보호하기 위해 로우리 파크로 보내졌다. 당시만 해도 여기에 별다른 문제는 없어 보였다.

그 다음 스토리 전개를 이어받게 된 것은 바로 〈세인트 피터스버그 타임스〉의 벤 몽고메리 기자였다. 사파리 와일드 인근에 사는 한 농장 주인이 어느 날 아침 자신이 기르던 소들에게 먹이를 주러 나가느라 트럭을 타고 있었는데 멀리서 무엇인지 알 수 없는 동물 한 마리를 우연히 보았다며 몽고메리에게 알려왔다. 트렌트 메더는 덩치가 크고 불그스름한 그 동물이 코요테가 아닐까 생각했다. 그는 트럭을 멈추고 소총을 꺼내어 잡았고, 상대를 유심히 관찰했다. 동물은 야생 야자나무 뒤에 숨어 자신을 마주 바라보고 있는 듯했다. 메더는 동물의 얼굴에 흰 털이 난 것을 보고는, 코요테가 아니라 너구리라고 판단했다. 그는 방아쇠를 당기고 나서 사체를 가지러 가 꼬리를 잡고 들어 올렸다. 그런 다음 사체를 사료 주머니에 담아 트럭 뒤 칸에 싣고 아내에게 전화를 걸었다.

"뭘 쐈다고요?" 아내가 물었다.

"원숭이를 쐈다고." 그가 말했다.

"설마요."

메더는 주머니 안에 든 증거물을 아내에게 보여주면서, 자신이 원숭이를 죽인 것이 문제가 되지는 않을까 하는 생각이 들었다. 그는 이름을 밝히지 않은 채 해양보호단체에 전화를 걸었다.

"만일 그 원숭이 중 한 마리를 보고 총으로 쏘게 되면, 혹시 처벌을 받게 되나요?" 그가 물었다.

결론적으로, 그렇지는 않았다. 파타스원숭이는 외래종이기 때문에 보호대상이 아니었다. 부과되는 벌금 같은 것은 없었다.

그 뒤, 메더는 원숭이 사체를 냉동 보관했다. 가끔 꺼내어 휴대전화의 카메라로 사진을 찍었다. 그가 사진들을 여러 지인에게 보여주는 바람에 죽은 원숭이 좀 보여 달라며 여기저기서 전화가 걸려오기 시작했다.

누군가가 그에게 죄책감 같은 것은 없느냐고 물었다.

"전혀 없습니다. 녀석들 이빨 봤어요? 2.5cm도 훨씬 넘는다고요."

결국 그는 원숭이 사체를 박제사에게 맡겼다. 자기 오락실 벽에 걸어두고 싶었기 때문이었다.

마지막 남은 도망자 넷은 여전히 잡히지 않은 상태였다. 가장 재

빠르고 가장 똑똑한 녀석들일 것이다. 이제 이들의 행적은 전설이 되었다. 그해 여름과 가을이 지나는 동안 이 원숭이들은 자신들을 쫓는 모든 인간을 바보로 만들었다. 그리고 다른 생물종에 대한 인간의 우위에 대해서도 비웃은 셈이었다. 자유를 얻기 위한 이들의 도발은 자신들을 잡아 가두려던 사람에게 굴욕을 안겼다. 목격담이 드물어지면서, 이들은 마치 어둑어둑할 때 습지변에 나타나는 장난꾸러기 유령처럼 생각되기 시작했다.

잔디를 가꾸는 농부인 렉스 브라운은 처음에는 그 유명한 도망자들이 뒤쪽 현관 너머 들판에서 기웃거리고 있다고 자꾸만 주장하는 십장의 말을 무시했다.

"형씨! 원숭이! 원숭이가 나타났소!" 십장이 소리를 질렀다.

"엉터리 같은 양반, 그거 너구리일 거요." 브라운이 말했다.

하지만 십장은 주장을 굽히지 않았다.

"아니에요, 원숭이, 원숭이라고요, 원숭이 말이요." 그는 농장주에게 말했다.

마침내 그 농부는 차를 몰고 십장의 집으로 가 목초지 너머를 쳐다봤고, 돌아다니는 원숭이 네 마리를 발견했다. 농부는 두 눈으로 보면서도 그 광경을 믿을 수 없었기 때문에—잘못 본 것일지도 몰랐다—그와 십장은 오렌지를 비롯한 과일 몇 개를 남겨두고 어떤 일이 벌어지는지 지켜보기 시작했다. 과일이 자취를 감추고 나서야 브라운은 믿기 시작했다.

원숭이라고? 농장에?

처음 겪는 일이었다. 애초에 실수로 원숭이들을 도망치게 만든 장본인의 이름과 자기 이름이 똑같다는 사실도 흥미로웠다. 농부는 원숭이들이 사이프러스 나무 수풀 아래 숨기도 하고 자신의 잔디밭을 가로질러 서로 꽁무니를 쫓아 뛰어 다니거나 옥수수 사료통 위로 기어오르는 모습을 쌍안경으로 지켜보았다. 덩치 큰 수컷 한 마리와 몸집이 좀 작은 수컷 한 마리, 그리고 어미와 새끼 한 마리가 있었고, 덩치 큰 수컷이 망보는 역할을 하고 있었다. 브라운이 원숭이들 쪽으로 차를 몰고 갈 때마다 그 수컷이 주의 신호를 보내면 모두 제각각 흩어지곤 했다. 이는 원초적인 경보 시스템이기는 했지만, 효과가 있었다. 농부의 트럭은 원숭이들 근처에 가보지도 못했다.

처음에는 이 모든 것이 즐겁기만 했다. 그러던 12월 어느 일요일 아침, 브라운은 원숭이 몇 마리가 자신의 존 디어 트랙터에 똥을 싸 놓은 것을 발견했다. 그는 원숭이들이 장차 심각한 유해동물이 될 수도 있음을 깨달았다. 만일 누군가가 제지하지 않는다면, 원숭이들은 번식을 할 것이고 곧 원숭이들이 마구 새끼를 낳고 요리조리 빠져나가며 자신이 아끼는 존 디어 트랙터를 더럽히는 등 온갖 말썽을 부리고 다닐 것이 분명했다.

"전쟁이었죠." 그가 말했다. 그의 이웃에는 트렌트 메더가 살고 있었고, 메더가 이미 원숭이 한 마리를 쏴 죽인 적이 있음을 알고 있었다. 하지만 브라운은 원숭이들을 죽일 생각은 없었다. 대신, 좀 더 효과적인 원숭이 올가미를 설치하기로 마음먹은 그는 커다란 개집에 낙하식으로 된 작은 문을 달고 안에는 미끼로 청포도 한 송이를 달아 두었다. 안으로 들어선 원숭이가 포도를 손에 넣기 위해서는 파이프 위에 올라서야 할 테고, 그 무게로 인해 문이 쉬익, 쾅, 하고 내려와 닫힐 것이다. 그가 파이프를 용접해 다는 동안 모터 그레이더 위에 옹기종기 모여 앉은 목표물 네 마리가 멀리서 그의 작업을 유심히 살펴보았다.

"저 원숭이들 당신은 못 잡을 거예요." 그의 아내 디나가 말했다.

브라운은 올가미를 그날 느지막이 설치했다. 다음 날 아침, 덩치 큰 수컷이 개집 안에서 흥분한 듯 찍찍거리며 춤추듯 움직이고 있었다. 벽을 따라 더듬으며 빠져나갈 구멍을 찾는 모양이었다. 승리감에 젖은 브라운은 디나에게 아래와 같은 문자메시지를 보냈다.

원숭이 포획 성공 #1

이들은 원숭이에게 클라렌스라는 이름을 붙여주고 나머지를 유인하기 위해 그대로 남겨두었다. 다음 날 다른 수컷인 캐스퍼가 잡혔다. 그 다음으로는 헤이젤과 헤이젤의 새끼 롤라가 잡혔다.

개집 안에 네 마리를 붙잡아 두는 것은 위험했다. 이 원숭이들은 이미 수영을 잘하는 것으로 확인된 데다, 이제 빠져나가기 위해 앞발로 쉴 새 없이 땅을 파기 시작하는 모습까지 볼 수 있었다. 브라운과 다른 농부들이 파손된 곳을 임시방편으로 손보기는 했지만, 원숭이들은 잘 버티는 중이었다. 원숭이들은 그물망의 구석구석을 꼼꼼하고 집요하게 살피며, 밀고 나갈 만한 약한 부분은 없는지 일일이 시험해보고 있었다. 클라렌스는 마치 프로레슬링 선수처럼 열정적인 몸짓으로 문을 향해 자신의 몸을 던지며 쿵쿵 계속 찧어대고 있었다.

디나는 원숭이들을 열심히 보살폈다. 비가 오면, 원숭이들이 있는 개집 위로 판초를 덮어 비에 젖지 않게 해주었다. 말린 크랜베리와 다른 음식들을 부엌 찬장에서 꺼내다 주었고, 원숭이들이 그물망 틈새로 가느다란 손가락을 뻗어 그녀의 손바닥에 올려둔 음식을 가져가게 했다. 마치 아기들을 다루듯이 정성을 쏟았다.

특히 원숭이들에게 먹이 주는 것을 무척 좋아해서 식료품점으로 일부러 장을 보러 나가기까지 했다. 그녀는 보통 퍼블릭스Publix(미국 대형 유통업체_옮긴이)에서 장을 봤지만, 원숭이들을 위해 장을 볼 때는 윈 딕시Winn-Dixie(미국의 식료품 체인점_옮긴이)로 갔다. 아는 사람을 만나게 되어 왜 쇼핑카트가 온통 바나나와 포도로 가득 차 있느냐는 질문을 받고 싶지 않았기 때문이었다. 새로 맡은 임무에 온통 정신이 팔린 그녀는 원숭이들의 집 옆에 앉아 원숭이들이 자기 행동을 흉내 내는 모습을 즐겁게 구경도 하고 원숭이들과 수다를 떨기도 했다. 자기 손가락을 원숭이들이 잡게 해주기도 했다.

"가만히 들여다보면 원숭이의 눈은 고양이나 개와는 또 달라요. 어떤 교감 같은 것이 있어요." 그녀가 말했다.

디나가 원숭이들에게 느끼는 애정은 각별했다. 그리고 이는 동물원들이 꿈꾸는 바로 그런 연대감—동물과 관람객이 서로에게서 무언가를 읽어내는 바로 그 순간 느끼는 감정—이었다. 디나는 원숭이들을 계속 데리고 있거나 아니면 다시 자연에 풀어주기를 원했다. 하지만 남편이 반대했다.

"우리 소유의 원숭이들이 아니잖소." 남편이 말했다.

그렇게 12월 15일이 되자 그는 네 마리의 원숭이를 이동시키기 위해 트럭에 실었다. 자유를 찾아 헤엄쳐 나온 지 8개월 만에 최후의 도망자들은 그렇게 사파리 와일드로 다시 보내졌다.

렉스 샐리스버리의 운명을 결정지을 이사회 날짜가 사흘 앞으로 다가와 있었다.

17

도태

플로리다답지 않게 갑자기 눈부시게 맑고 따뜻해진 그주 목요일의 날씨는 계절과도 어울리지 않는 느낌이었다. 숙명적인 어떤 정의감 같은 것이 따가운 햇볕 아래 일렁이고 있었다. 평생을 다른 동물들을 가두어 길들이며 살아온 렉스가 이제 사냥감이 된 것이다.

신문 사설마다 그의 해고를 요구했다. 독자들이 보낸 편지들에는 엔샬라를 죽인 일에서부터 야생 코끼리를 사바나로부터 무자비하게 끌고 온 것에 이르기까지 그가 자연에 대해 저지른 범죄행위들이라며 줄줄이 나열한 내용을 읽을 수 있었다. 이미 이오리오 시장은 형사 기소 가능성을 제기해 둔 상태였으며, 때문에 사람들은 동물원 책임자가 결국 철창에 갇히게 된다는 충격적인 이미지를 떠올릴 수밖에 없었다.

렉스는 사형장에 초대받은 기분이었다. 그럼에도 불구하고 그는 굴복하지 않을 생각이었다. 그날 아침, 그는 나머지 실력자들의 비판에 맞서기 위해 옷을 차려 입고 면도를 하고 마음의 준비를 단단히 하면서 자기 성격의 강점을 인정받을지 혹은 완전히 거부를 당하게 될지 아직 가능성은 반반이라고 믿고 있었다. 자신이 완전히 걸려든 이 덫에서 기적처럼 빠져나갈 수 있을지 모른다는 생각이 조금이라도 있지 않았다면, 이사회 앞에 서서 자기 의견을 밝힐 이유가 없었다. 그가 그 덫을 스스로 놓았는지는 중요치 않았다. 렉스는 이번 감사가 엉터리였으므로 자신이 법정에 서는 일은 절대 없을 것이라고 주장했다. 그는 자신이 억울하게 비난과 오해, 핍박을 받고 있다고 생각했다. 자신을 변호할 시간이 필요했다.

렉스와 엘레나는 너무 낡고 빛이 바래서 원래 금색이었는지도 분간하기 힘든 92년식 닛산 패스파인더를 타고 함께 탬파로 향했다. 이번 외출에는 자그마한 잡종 테리어 그루브와 함께 피피도 동행했다. 아마도 자신들을 변함없이 사랑해주는 두 생명체로부터 위안을 얻고 싶은 마음이 간절했기 때문이었는지도 모른다. 렉스는 사소한 질문들에 대꾸할 기분이 아니었으므로 이러한 이야기까지는 구구절절 하지 않을 참이었다. 다시는 전화하지 말라고 말할 때 이외에는 기자들의 전화도 더 이상 받지 않았다. 그가 말해야 할 내용이 무엇이든 이사회 자리에서만 이야기할 생각이었다.

⁂

이사회가 열리는 공항 근처 호텔 앞에는 TV 방송국 기자들이 몰려들어 있었다. 이사회는 대개 어린 학생들이 수업을 듣거나 캠프에 참가하는 동물원 부속학교 건물에서 개최되었지만, 몰려드는 언론 때문에 아이들에게 피해가 가는 것을 막기 위해 이사회 회장이 내린 결정이었다.

동물원 측에서는 언론과 일반 청중에게 이사회 참석을 허용해야 할지를 두고 의견이 분분했다. 로우리 파크가 부분적으로나마 공적 자금으로 운영되었다는 점을 지적하며 이오리오 시장 및 여타 공무원들은 반드시 이번 이사회는 공개적으로 열려야 한다고 주장했지만, 로우리 파크에서는 이를 계속 거부했다. 동물원의 이미지 문제에 대한 책임을 렉스에게만 물을 수는 없음을 확실히 하기 위해 동물원 측에서는 제복 차림의 힐스버러 카운티 보안관 다섯 명을 고용하여 기자들의 이사회장 출입을 통제시켰다. 이러한 결정은 로우리 파크가 숨길 것이 많다는 인상을 더욱 부각시키는 결과를 낳았고, 동물원에서 어떻게 세금까지 써가며 일반 시민을 제지하도록 경비원을 고용할 수 있느냐는 비판의 단초까지 제공했다.

이사회가 시작되기도 전에 호텔의 광경은 이미 한 편의 희극이 되어버렸다. 억지로 미소를 짓고 있지만 눈은 잔뜩 겁을 먹고 있는 여성 대변인이 보도기자 및 사진기자들을 위층에 있는 방으로 데리고 가기 위해 그들 사이로 비집고 들어갔다. 우리에 가둬두려는 속셈임을 알아챈 기자들은 그녀의 말을 무시했다. 기자들은 렉스가 화려하게 등장할 때까지 지키고 서 있을 계획이었고—결정적인 장면이 필요했다—지금은 눈에 띄지 않게 호텔 안으로 들어가려는 이사회 임원들에게 큰 소리로 질문을 던지는 중이었다.

상황은 통제가 점점 더 힘들어지고 있었다. 자신들을 한곳으로 몰아넣으려는 시도에 인내심은 바닥이 나고 있었고, 렉스가 도착하기까지 얼마나 더 시간이 걸릴지 몰라 초조해진 기자들의 공세는 강도를 더해갔다.

우리는 먹이를 기다리는 상어 같아. 어느 여기자가 중얼거렸다.

✤ ✤ ✤

호텔 입구 상황에 대해 이야기를 전해 들었을 때 렉스와 엘레나는 이동 중이었다. 그들은 급히 후문 쪽으로 차를 돌렸다. 렉스는 차에서 내려 후문을 지키고 있던 한두 명의 기자들을 무시한 채 성큼성큼 안으로 걸어 들어갔다. 제복을 입은 보안관들 때문에 렉스를 따라 들어가는 것은 현실적으로 불가능한 일이었다.

달리 방법이 없어진 일부 기자들은 어쩔 수 없이 언론실로 물러나 커피를 들이켰다. 보안관이 문 밖에 서서 기자들이 이사회가 열리는 방 근처를 기웃거릴 수 없도록 막았다. 몇몇 보도기자들은 슬며시 주차장으로 돌아가 엘레나가 혹시 뭔가 이야기를 꺼내거나 부인하지는 않을까, 아니면 욕이라도 중얼대지 않을까, 하는 일말의 기대를 품어 보았다. 그렇기만 한다면 먹이를 찾아 헤매는 야수처럼 매일같이 뉴스거리를 찾아다니는 자신들에게 빌미가 될 것이다. 어쨌든 아무 일도 벌어지지 않는 호텔 복도보다는 나을 터였다.

엘레나는 패스파인더를 주차한 뒤 푸석푸석하고 신경이 곤두선 모습으로 아무런 말도 하지 않은 채 서둘러 기자들 곁을 지나갔다.

차에 가까이 다가간 기자들은 자동차 앞 범퍼에 붙인 스티커를 발견했다. "소고기를 더 많이 먹읍시다."

안을 들여다보니, 뒷좌석에 놓인 렉스의 사파리 모자가 보였고, 옆에는 낯선 이들을 향해 창문 옆에서 시끄럽게 짖어대는 그루브와 피피가 있었다.

"이럴 수가. 차 안에 개들이 있어요." 기자 하나가 말했다.

햇볕이 바람막이 창 위로 부서지는 푹푹 찌는 한낮이었다. 땀을 흘리던 기자들은 테리어들을 보았고, 드디어 한 건 잡았음을 직감했다. 플로리다에서는 뜨거운 차 안에 놓아둔 개들이 죽는 경우가 비일비재했다. 동물원 최고 책임자의 아내라면 그 사실을 모를 리 없었다.

호텔 안에 있던 누군가가 엘레나에게 기자들이 패스파인더 근처를 기웃거리고 있다고 귀띔해주었기 때문에, 그녀는 다시 밖으로 나와 몇 블록 떨어진 거리에 있는 주차장에 차를 옮겨 세웠다. 엘레나는 렉스의 이사회 연설을 듣고 싶었고, 차는 참나무 아래에 세워 둔데다 창문도 몇 인치 정도 내려 두었기 때문에 피피와 그루브는 괜찮으리라 생각했다. 지칠 줄 모르는 기자들은 주변을 맴돌며 개들을 계속 지켜봤다. 그리고 편집장에게 각자 전화를 돌렸고, 금세 온라인 뉴스로 소식이 전해졌다. 피피와 그루브가 걱정이 된 한 독자는 힐스버러 카운티 동물관리소에 전화를 걸었다.

"심각한 상황은 아닐 겁니다." 전화를 받은 대변인이 대답했다.

호텔 안에는 렉스의 변론을 듣는 것은 물론이고 회의장 밖에서 렉스와 함께 앉아 있는 것조차 제지를 당한 엘레나가 낙담한 채 있었다. 기자들과 마찬가지로 그녀 역시 이사회 장소에 들어갈 수 없었다. 결국 그녀는 포기하고 한참을 걸어 패스파인더와 개들이 있는 곳으로 돌아왔다. 동물관리 조사관이 그녀를 기다리고 있었다. 피피와 그루브가 한두 시간 정도 차 안에 갇혀 있었던 것이다. 개들은 숨을 좀 헐떡이기는 했지만, 심각한 문제는 없어 보였다.

조사관이 엘레나 앞을 막아섰다.

"당신 아기라면 창문이나 좀 열어놓고 차 안에 두고 가겠습니까?"

엘레나는 아기에게는 개목걸이를 걸거나 중성화 수술을 시키지도 않을 것이라고 쏘아붙이고 싶은 마음이 굴뚝같았지만, 조사관을 바라보며 대답했다. "맞는 말씀이십니다. 죄송해요."

그녀가 기억하기로는 감옥으로 가지 않는 걸 다행으로 생각하라고 조사관이 말했던 것 같다. 엘레나가 조금만 더 뜨거운 열기 속에 개들을 놓아두었더라면, 강제로 차 안으로 들어가 동물들을 구조해내고 그녀를 체포할 수밖에 없었을 것이라고 조사관은 말했다. 주변의 흥분된 분위기는 고조되었다. 필요 시 엘레나를 구인하기 위해 보안관보가 도착했고, 기자들이 몰려들었다. TV 카메라맨은 엘레나가 굴욕을 겪는 순간을 녹화했다. 피피와 그루브가 계속 짖어댔다.

"보세요." 엘레나가 차 문을 열며 조사관에게 말했다.

조사관은 온도계를 이용해 SUV 차량 안의 온도가 섭씨 32도에 육박해 있었음을 확인했다. 조사관이 엘레나에게 개에게 물을 주라고 말했다. 하지만 그녀가 물을 챙겨서 돌아왔을 때 피피와 그루브는 카메라에 더 관심이 쏠려 있었다. 조사관은 엘레나에게 부적절한 동물 감금을 이유로 위반 딱지를 끊어주었고, 백신 접종기록 그리고 꼬리표가 없는 데 대한 딱지를 두 개 더 발급했다. 엘레나는 딱지를 받아 들고 개들을 태운 뒤 차를 몰고 주차장을 떠났다. 남편이 자리를 지키기 위해 안에서 분투하고 있는 동안, 그녀는 동물학대 죄목으로 비난을 받고 있었던 것이다.

기자들은 각자 편집장들에게 다시 전화를 걸었다. 언론을 입막음하려던 로우리 파크의 노력이 역효과를 낳은 것이다. 곤경에 처한 것은 렉스와 엘레나뿐만이 아니었다. 지난 20여 년간 렉스를 고용했던 기관 차원의 문제였다. 학대와 관련된 소식이 뉴스 사이트에 대서특필되면서 전 세계 동물애호가들과 동물원 반대론자들에게 퍼져나갔다.

마치 이런 날을 기다렸다는 듯한 분위기였다.

☘ ☘ ☘

긴 오후였다. 언론실 안에 갇혀 있는 것이나 다름없던 기자들이 항의하고 나섰다. 기자 한 명이 화장실만큼은 사용하게 해 달라고 요청했고, 어떤 기자들은 이사회 임원들이 들어가고 나가는지 확인하기 위해 강당 안으로 머리를 들이밀었다. 그리고 회의장에 들어가 있는 관료들에게는 새로운 소식을 알려 달라고 간곡히 부탁하는 문자메시지를 보냈다.

회의장 안에서 일어나는 모든 일—주장, 반론, 그리고 표결 결과—은 비밀에 부쳐질 예정이었다. 그러나 정보가 조금씩 새어 나오는 것을 막을 도리는 없었다. 시 당국 감사관은 회계관리상에 있었던 렉스의 수많은 과실을 상세히 언급했다. 지금까지 이 CEO를 긍정적으로 생각하려 했던 마지막 한 명의 이사회 임원마저 가차 없는 고발 내용에 크게 당황했다. 시장은 렉스가 중도 퇴진하지 않을 경우 동물원이 직면하게 될 위험천만한 상황에 관한 불길한 예상들을 대변인을 통해 내놓기도 했다. 보험중개 회사의 사장을 지냈던 한 이사회 임원은 렉스를 변호하며, 비난 일색으로 치닫는 것에 대해 우려를 표명했지만 발언 도중 자신의 말을 경청하는 임원은 단 한 명도 없음을 깨달았다.

이 모든 과정이 진행되는 동안 렉스는 근처 다른 방에서 홀로 결과를 기다렸다. 형사재판에서조차도 피고는 재판장 내에 앉아 자신의 미래에 불리하게 작용할 각종 증언과 증거들을 듣는 것이 허용된다는 점을 생각하면, 이는 이상한 조처였다. 마침내 이사회에서 렉스를 회의장 안으로 들어오도록 허락했을 때, 그가 마주한 것은 자신을 뚫어져라 쳐다보며 줄지어 앉아 있는 수많은 얼굴들이었다. 렉스가 자리를 비운 사이 어느새 다들 무심한 표정으로 돌변해 있었다. 굉장히 화난 얼굴을 하고 있는 이들도 있었다. 한때 자신과 친구처럼 지내던 임원들도 있었으므로, 방 안에 들어서기에 앞서 렉스는 부디 몇 명만이라도 동물원에서 함께 만들어가던 그 세상을 기억해주기를 마음속으로 빌었다.

렉스는 나름의 주장을 펼칠 생각이었다. 시 당국의 감사보고서에서 언급된 고발 내용을 반박하는 서류를 잔뜩 준비해왔고, 분명히 임원들 앞에도 한 부씩 올려두었다. 렉스는 이 서류를 한 줄씩 읽어

내려가며 감사 내용을 박살낼 준비가 되어 있었던 것이다. 하지만 그곳에 선 그는 이사회 임원 대부분이 자신의 서류에는 눈길조차 주지 않았으며, 그럴 생각이 아예 없다는 사실을 깨달았다. 작금의 상황 가운데 본인과 연관된 부분에 대해서는 임원들의 눈을 쳐다보며 사과했지만, 모든 책임이 오로지 자신에게만 전가되고 있다고 주장했다. 그리고 예나 지금이나 한결 같은 자신의 소망은 중요한 역할을 담당하는 동물원을 짓는 일이었다고 그는 말했다.

"지난 한 해만 가지고 저를 판단하지 말아 주십시오. 제가 쏟아부은 21년 세월 전부로 판단해 주십시오." 렉스가 말했다.

카라무 갈라에서 그와 함께 춤을 추기도 했던 이사회 여성 임원 하나가 비수 같은 질문을 그의 급소에 대고 겨누었다.

"지금까지 당신에게 반대 의사를 표한 사람이 한 명이라도 있던가요?" 그녀가 질문했다.

"물론입니다." 렉스가 말했다.

질의응답이 끝나고 렉스는 퇴장했다. 이제, 그가 조심스럽게나마 품었던 모든 희망은 사라져버리고 없었다. 청문회는 잘 짜인 한 편의 연출 작품이었지만, 결과는 이미 한참 전부터 정해져 있었음이 분명했다. 설상가상으로, 엘레나가 개들과 관련하여 벌인 소동에 관한 이야기가 호텔 내에 퍼진 상황이었다. 렉스가 자리를 지킬 희망이 정말 조금이라도 남아 있었다 하더라도, 동물학대 혐의로 인해 산산조각이 나고 말았다. 렉스는 이제 자기가 키우는 애완견조차 제대로 지킬 줄 모르는 사람이 되어버린 것이다. 이사회에서 과연 그를 믿고 방주의 키를 맡길 수 있을까?

그럴 리 없었다. 렉스 스스로 내려오든가, 아니면 이사회가 렉스를 해고하든가, 둘 중 하나였다. 표결은 익명으로 이루어졌다. 렉스를 옹호하고 나섰던 사람조차도 분위기대로 따라 갔다. 그것이 친구의 존엄을 지킬 수단이기 때문이었다. 의장은 렉스가 자신의 거취를 고민하고 있는 방으로 건너갔다. 렉스는 사임에 동의했다. 굳은 얼굴로 말없이 호텔을 나선 렉스는 차를 잡아타고 개들과 소환장, 그리고 또 하나의 불명예를 안고 엘레나가 기다리고 있는 친구의 집으로 갔다.

그들이 다시 동물원에 초대받을 일은 없어 보였다.

해질 무렵

렉스가 추방당한 이듬해, 어그러졌던 일들의 그림자에서 빠져 나오기 위해 로우리 파크는 안간힘을 썼다. 부회장으로 동물원에 여러 해 재직했던 크레이그 푸가 임시 CEO를 맡아 동물원의 각종 방침 개선을 지휘했다. 이듬해 봄 무렵, 동물원은 AZA의 공식 인증을 다시 취득함으로써 명성을 되찾기 위해 반드시 필요한 첫걸음을 내디뎠다.

2009년 9월, 동물원은 새로운 CEO 물색에 나섰지만, 무성의하다고밖에는 설명이 되지 않는 방식이었다. AZA 웹사이트에 간소한 구인 광고를 게재하기는 했으나, 이상하게도 광고에는 로우리 파크의 이름은 물론이고 동물원이라는 사실조차 정확히 언급하지 않았다. 대신, 구인 기관은 "교육 및 종 보존 분야의 웨스트 센트럴 플로리다 비영리 기관"이라고만 언급했다.

왜 로우리 파크는 그렇게 이상한 방식으로 구인광고를 냈을까? 그토록 많은 문제를 드러냈던 동물원에 지원하는 사람이 아무도 없을 것을 우려했던 것일까? 조용히 사람을 구해서 지원자 수를 가능하면 적게 하여 내부 인물을 앉히기 쉽게 하려는 것이었을까? 동물원 측에서 말해줄 리 없을 것이다. 사실, 경영진은 지난 몇 년간의 일들에 대해 더 언급하기를 꺼렸다. 비공식적인 대화 자리에서조차도 사람들은 렉스라는 인물이 아예 존재한 적이 없었던 것처럼 행동했다.

몇 달 뒤, 이사회에서는 익명 투표를 통해 크레이그 푸를 상근직 CEO로 임명했다. 언론보도에서 이사회 의장은 새로운 리더의 '조직을 이끌어 나가는' 능력을 칭찬하고 나섰다. 푸는 로우리 파크가 동물들이 있는 위락시설인 동시에 자연을 보존하는 데 헌신적인 노력을 다하는 기관이라는 점을 강조했다. "두 개의 브랜드를 가진 기업인 셈이죠." 그는 그렇게 표현했다.

로우리 파크가 그간 견뎌낸 그 모든 혼돈의 시간을 생각해보면, 쉼 없이 전진하려는 열망도 이해할 만했다. 그러나 동물원은 과거의 특정 부분을 너무도 쉽게 지워내버린 듯했다. 공식적인 자리 그 어디에서도 엔샬라 그리고 엔샬라가 사람들에게 신비한 아름다움을 과시하며 군림했던 시간들에 대한 이야기를 들을 수 없었다.

허먼을 기리는 조각상도 세워지지 않았다. 그저 '모두에게 다정한 영혼이자 친구'였던, 죽은 왕을 기리는 명판이 침팬지 전시관 근처 바위에 붙은 것이 전부였다. 리 앤이 작성한 이 문구야말로 허먼의 생애를 제대로 압축한 것이었지만, 관람객들 대부분은 무심히 지나쳤다.

동물원 측은 새로운 동물들의 탄생에 이목을 집중시키는 데 훨씬 더 관심이 많았다. 정문에서 배포하는 지도에는 갓 난 새끼가 있는 전시관마다 '베이비!' 라는 표시가 되어 있었다. 새 생명을 이용한 완벽한 마케팅이었다.

전화상의 자동응답 내용도 한층 세련되게 바뀌었다. 각종 잡지에서 매긴 아이들과 가족을 위한 동물원 부문의 순위는 더 이상 녹음 내용에 언급하지 않았다. 새로운 메시지는 더 간결했다.

"미국 최고 동물원으로 선정된 탬파 로우리 파크 동물원에 전화 주셔서 감사합니다."

☘ ☘ ☘

리 앤은 기억하고 있었다. 가끔씩 그녀는 동물원 전체를 자기 안에 품고 다니는 듯 보였다. 그녀가 하루 일과를 마치고 몰려오는 피로에 눈을 비비고 있으면 모든 것이 다 얼굴에 쓰여 있는 듯했다. 이루 말할 수 없이 사랑했던 동물원에 대한 희망과 절망. 과거와 현재, 찬란했던 순간과 끔찍했던 순간. 왔다가 떠나갔던 수많은 사육사들. 이 울타리 안에서 태어나고 죽어갔던 동물들. 그 모든 유령들이 그녀 안에서 살아 숨 쉬고 있었다. 동물원의 동물들에 대한 이야기를 할 때면, 그녀 역시 동물원에 갇힌 신세이며, 끝도 없는 기쁨과 슬픔을 영영 떠나보낼 수 없게 되었음을 분명히 알 수 있었다.

허먼이 쓰러진 뒤 침팬지들에게 일어난 일들을 이야기할 때면 그녀의 목소리는 유독 잦아들었다.

"이 얘기는 정말 하지 않을 생각이었는데." 그녀가 말했다.

뱀부는 3년 동안 우두머리로 군림했다. 노쇠하긴 했지만, 여전히 건재했다. 그는 알렉스의 과시행동에도 당황하지 않았다. 뱀부는 루키야를 비롯한 여러 암컷들과 사이좋게 잘 지냈고, 특히 사샤와 친했다. 빠른 속도로 성장 중인 암컷 사샤는 양엄마인 루키야에게 아직도 의지하고 있었다. 하지만 사샤는 뱀부를 아빠로 여겼다. 밤이면 뱀부의 자리에 기어 올라가 그의 곁에서 잠드는 경우가 많았다. 뱀부와 루키야는 서로 돌아가며 그녀를 보호했다. 사샤에게 마음을 빼앗긴 뱀부는 사샤에게 과일을 주기도 하고, 무릎 위에 앉히기도 했다. 뱀부는 사샤에게 맹목적인 사랑을 퍼부었고, 사샤는 그런 뱀부를 끔찍이도 따랐다. 그 유대감 속에서 뱀부는 최고의 자아를 발견한 것이다.

그러던 어느 여름 날, 사육사들은 숙소 안에 웅크리고 있는 왕의 시신을 발견했다. 뱀부는 세월을 거스르지 못했다. 울혈성 심부전을 앓았고, 폐에는 물이 찬 상태였다. 그 뒤 나머지 침팬지들이 하나씩 왕의 굴 안으로 들어와 작별 인사를 했다. 침팬지들은 손을 뻗어 몸을 만져보고는 그가 정말 떠났음을 확인했다.

허먼이 죽은 뒤 얼마 지나지 않은 시점에 찾아온 뱀부의 죽음이라 더욱 힘겨웠다. 하지만 그보다도 고통스러운 것은 사샤의 갑작스런 죽음이었다. 사샤는 세 살밖에 되지 않았고 건강해 보였다. 금요일까지만 해도 사샤는 뛰놀고 있었는데, 다음 날 보니 먹이도 먹지 않고 기분이 좋지 않은 듯한 모습이었다. 하루가 더 지난 다음 날 아침, 사샤는 의식을 잃었고, 사육사들은 진료소로 사샤를 데리고 갔다. 머피가 사샤를 살려내려 애써 보았지만 소용이 없었다. 바이러스성 심장 감염으로 사샤는 영영 일어나지 못했다.

사샤를 아기처럼 안아 키우며 기쁨을 느꼈던 리 앤은 죽은 사샤를 숙소로 데리고 가 나머지 침팬지들에게 사샤의 죽음을 알리고자 했다. 머피가 부검을 시작하기 전이었기 때문에 동물원 측에서는 무엇 때문에 사샤가 죽었는지 아직 정확히 모르고 있었다. 사샤에게서 병이 옮을 수 있음을 우려한 리 앤은 굴 안에 사샤를 두지 않고 그물망 쪽으로 걸어가 죽은 사샤를 들고 나머지 침팬지들에게 보여주었다.

침팬지들 전체가 격렬한 비탄의 감정에 휩싸였다. 루키야는 훌쩍대다가 큰 소리로 울부짖었다. 그러더니 화가 난 모습으로 믿을 수 없다는 듯 쿵쿵대며 왔다 갔다 했다. 이윽고 루키야가 잠잠해졌다. 다른 침팬지들이 그물망 쪽으로 다가와 틈새에 손가락을 밀어 넣어 사샤의 몸을 만져보는 사이, 루키야는 자기 굴 구석으로 들어가 벽을 보고 앉았다. 생명을 잃은 채 리 앤의 품에 안겨 있는 자기 딸을 차마 볼 수가 없었던 것이다. 루키야는 어느 누구도 볼 수가 없었다.

여러 날 동안 루키야는 사샤의 죽음을 받아들이기 힘들어 했다. 리 앤이 루키야의 상태를 확인하기 위해 숙소로 돌아오면, 루키야는 더 심하게 흥분하곤 했다. 사샤를 데리고 갔던 인간들이 그녀를 다시 되돌려줄 수 있을지도 모른다는 희망을 붙잡고 있는 듯했다.

가장 나이 많은 구성원과 가장 어린 구성원의 죽음이 한꺼번에 몰아닥치자 나머지 침팬지들은 큰 충격을 받았다. 뱀부는 그들의 리더였고, 어린 사샤는 새로운 활력과 목적의식을 불어넣어주는 존재였다. 그 후 침팬지들은 너무도 침울하게 가라앉았고, 이런 침팬지들의 모습에 리 앤은 깜짝 놀랐다. 때로는 기이하게 느껴질 정도로 모두들 자포자기한 듯 미동도 없이 있을 때도 있었다.

일 년쯤 지났지만 알렉스는 우두머리가 되기에는 아직 완전한 어른이 아니었다. 암벽을 따라 점잖게 걸으며 왕처럼 행동했지만, 그의 과시 행동이 지나치다 싶을 때는 루키야가 제지하고 나섰다. 다른 침팬지들은 별다른 관심을 보이지 않았다. 뭔가 활력소가 필요했다. 리 앤은 모두를 휘어잡을 수 있는 좀 더 나이 많은 수컷이나 다른 새끼를 데려오는 방안을 생각 중이었다.

침팬지의 미래를 걱정하는 일은 리 앤이 깨어 있는 동안 해야 하는 수많은 업무 중 하나에 불과했다. 자그마치 매너티 17마리가 재활훈련 풀장에서 헤엄치고 있었고, 인도코뿔소 나부와 제이미에게는 어린 새끼가 있었다. 사파리 아프리카에서는 북미지역 최초로 부화한 넓적부리황새 한 쌍이 갓 태어난 새끼를 돌보고 있었다.

리 앤은 렉스를 잊지 않고 있었다. 그녀는 렉스가 새로운 길을 찾아 잘 지내기를 빌었다. 그가 있던 시기에 잘못된 일들을 꼬치꼬치 따지는 것에는 조금도 관심이 없었다. 그녀에게는 한시도 눈을 뗄 수 없는 동물원이 있었다. 불완전하기 짝이 없는 동물원 말이다. 너무도 행복한 날도 있었고, 미칠 것 같은 날도 있었다. 하지만 어쨌거나 현재를 걱정하는 것은 그녀의 몫이었다.

☘ ☘ ☘

엘 디아블로 블랑코El Diablo Blanco(하얀 악마라는 뜻으로, 머리가 흰 렉스의 별명_옮긴이)는 불꽃 속을 뚫어져라 쳐다보았다. 바람이 떡갈나무 사이를 사각거리며 지나갔다. 저 멀리 렉스의 개인 농장 구릉 너머로 얼룩말들이 풀을 뜯고 혹멧돼지들은 산책을 하고 있었다. 저 높이 구름 한 점 없는 하늘에는 독수리들이 원을 그리며 날고 있었다.

"칠면조수리로군." 렉스가 단번에 새의 종류를 알아맞히며 말했다. 계절에 맞지 않게 싸늘한 일요일 오후의 한기를 쫓아 보고자 그는 방금 피운 모닥불 앞으로 몸을 숙였다. 그러고는 사파리 모자를 벗고 작업용 장갑을 한 손가락씩 빼서 벗더니 자신의 적군들과 아군인 줄 알았던 사람들이 어떻게 자신을 무너뜨렸는지 이야기했다.

"나는 정치적인 사람이 아닙니다." 익숙한 레퍼토리를 또다시 읊으며 그가 말했다. "난 영업가 스타일이지요. 근데 그것도 문제였어요. 그래서 그런 가차 없는 모욕을 당했던 거지요."

한참 침묵이 흘렀다.

"각종 규칙이나 규정에 따라 모든 일을 하기만 하면 되는 줄 알았으니까요."

엘레나가 곁에 와 앉으며 끼어들었다. "그이는 자기 일을 했을 뿐이에요. 온몸으로 부딪혀야 하는 스포츠 같은 정치판에는 한 번도 관심 둔 적이 없었으니까요."

2010년 2월의 마지막 날이었다. 몇 개월 전, 렉스와 로우리 파크는 금전상의 관계를 매듭지었다. 본래 동물원 측이 렉스에게 20만 달러를 상환할 것을 요구했지만, 그와 관련된 모든 상황에 지친 동물원 측에서는 2,212달러만 받기로 합의했다. 그리고 바로 전날 플로리다 주 법무실에서 렉스의 변호사 측에 다음과 같은 서신을 보내옴으로써 한 가지 근심을 더 덜게 되었다.

경찰 보고 및 증거, 증인의 진술 등을 종합적으로 검토해본 결과, 추가적인 기소는 없음이 결정되어 알려드립니다. 샐리스버리 씨가 취한 조처들로 인한 이해 충돌이 있었던 것은 명백한 사실이나, 범죄 의도를 입증할 근거는 불충분합니다.

렉스가 사기꾼이라는 시장의 주장에 대해서는 이쯤에서 접기로 하자.

엘레나와 렉스가 모닥불을 쬐며 몸을 녹이고 있으려니, 마지막 이사회가 있었던 날 패스파인더 안에 갇혀 있었던 바로 그 개 두 마리가 따라 나왔다. 킁킁 냄새를 맡으며 여우원숭이를 따라다니고, 기린을 향해 짖어대느라 노곤했던 그루브가 곁에서 꾸벅꾸벅 졸았다. 피피는 엘레나의 무릎 위에 올라앉았다. 이 조그만 테리어는 뜰에 있던 수수두꺼비와의 불쾌한 만남 때문에 아직도 몸이 좋지 않았다. 수수두꺼비는 우윳빛 독성물질—변온동물의 전형적인 보복 방식이다—을 분비하는데, 피피가 너무 가까이 다가가는 바람에 거의 숨을 못 쉴 정도의 독성물질을 삼키고 말았다.

"지금 얘는 아무것도 못 들어요." 렉스가 말했다.

"별세계에 있는 기분일 거예요." 엘레나가 말했다.

이 자그마한 테리어는 어떤 상황—두꺼비 독, 푹푹 찌는 차 안, 몰려드는 기자들—에서도 살아남는 놀라운 재주가 있었다. 하지만 그보다도 믿기 힘든 것은 자신은 정치적인 적이 한 번도 없다는 렉스의 주장이었다. 모든 일이 잘못되기 전, 그는 시청의 절반을 자기 편으로 만들어버리지 않았던가?

렉스는 어깨를 으쓱하더니, 자신은 한 번도 정치인의 탈을 쓸 줄 몰랐다고 말했다.

"그냥 원래 내 성격대로 했어요. 무엇이든 되려고 애쓰는 사람은 아니었어요. 단지 내가 하는 일에 사람들이 흥미를 보이게 만들 줄 알았을 뿐입니다." 당시 자신의 열정은 늘 진심에서 우러나온 것이었다고 했다. "진심에서 우러나오는 믿음만 있으면, 괜찮은 정치인이 되는 것이라 믿었어요. 하지만 내 자신이 세일즈맨이라는 생각은 못했지요. …… 한 번도 가장해야 할 필요성을 느낀 적이 없었으니까요."

범죄 수사가 기각되자 렉스는 자신의 결백이 입증된 것이라고 주장했다. 그리고 로우리 파크와 사파리 와일드 간의 관계는 동물원 집행위원회에서 승인한 것임을 다시 한 번 강조했다. 시장도 동물원 이사회도 그를 몰아세울 때 이 부분에 대해서는 신경도 쓰지 않았다.

"난 어떤 것도 숨기려 한 적이 없습니다. 내가 한 일은 모두 위에서 승인을 받은 것이었으니까요."

렉스가 보기에 이 모든 과정은 마녀사냥이었다. 시장이 자신을 해고시키고자 나섰던 것은 그가 시장 자신보다 더 많은 수입을 올린 것에 화가 났고, 어느 정도 힘자랑을 해 보일 필요가 있었기 때문이라고 믿고 있었다. 자신을 반박하는 목소리들을 듣고 있는 것은 물론 고역이었지만, 결과적으로 그러한 깨달음 덕분에 진실이 드러날 수 있었다고 렉스는 말했다. 그토록 많은 사람들이 그렇게 순식간에 자신에게서 등을 돌린 것에 대해서는 여전히 충격이 가시지 않은 모양이었다. 하지만 그는 복귀하고 싶은 생각은 추호도 없었다.

"누구나 자신의 행동에 책임을 지고 살아야 해요. 그들에게도 양심이 있다면 아마 내가 어떤 식으로 말하거나 행동으로 보여줄 수 있는 것보다도 각자 자신에게 혹독하게 대할 수밖에 없을 거예요."

동물원을 떠나는 것은 혹독한 일이었다. 하지만 그는 여전히 자신의 농장에서, 그리고 사파리 와일드에서 동물들과 함께 일하고 있었다. 지금은 복잡한 행정절차나 인가문제로 씨름을 하고 있었지만, 야생동물 보호구역을 1년 내에 개장할 수 있었으면 하는 바람을 가지고 있었다. 또한, 아내 엘레나와 함께 농장의 동물들을 구경시켜 주는 투어를 시작할 계획도 세워두었다.

나무 꼭대기 위에 걸린 태양이 기울기 시작했다. 캐나다두루미들이 커다란 회색 날개로 훽훽 날갯짓을 하며 머리 위로 날아와 주택 건물 뒤편의 습지 그늘에 내려와 앉았다. 두루미 2백 마리는 여러 날 밤을 물가에서 묵었다. 두루미 지저귀는 소리가 주변 공기를 가득 채웠다.

두루미 소리를 듣지 못하게 된 피피가 엘레나의 무릎 위에서 잠에 빠져 들었다. 이 테리어는 자신이 푹푹 찌는 주차장 열기 속에 남겨져 있었던 그날에 대해 아무런 원망도 없는 것이 분명했다.

"우리가 논리적으로 생각을 못했던 거죠." 렉스가 말했다.

"우리가 멍청했어요." 엘레나가 말했다.

하지만 엘레나는 이제 "전 국민이 아는 동물학대자"가 되어버렸다고 렉스가 말했다.

엘레나는 자기는 집에서도 하루 종일 피피와 그루브와 떨어지기 싫어했던 사람이며, 그렇게 호텔 안에 오래 머물게 될 줄 미처 예상치 못했다고 설명했다. 위기에 놓인 렉스에게 그녀는 힘이 되어주고 싶었다. 하지만 문제는, 그녀가 시간이 얼마나 흘렀는지 전혀 감을 못 잡은 데 있었다. 그리고 개들에게 꼬리표가 달려 있지 않은 것에 대해서는 동물원을 통해 이미 허가가 나 있는 상태라고 생각했기 때문이었다고 했다. 그녀를 가장 괴롭히는 것은 남편이 로우리 파크에 남을 가능성을 결과적으로 자신이 망쳐 놓았을지 모른다는 자책감이었다. 렉스도 그 소동이 도움될 것은 없었다고 동조했다. 하지만 그가 엘레나에게 더 화가 났던 것은, TV에서까지 개 학대 문제로 비난을 받는다는 것이 얼마나 끔찍한 일인지 깨달았기 때문이었다.

"지옥 같은 하루였어요." 그가 말했다.

모닥불이 사그러들고 있었다. 추위가 엄습했다.

렉스가 이 모든 일을 겪으며 얻은 교훈은 무엇이었을까?

렉스는 주저하지 않고 대답했다. 자신은 돈으로 환산할 수 없는 선물, 다시 말해 전국적인 명성과 세계 최고 수준의 동물 컬렉션, 그리고 100배 증대된 수익을 이 도시에 선사했다고 했다. 그런데 그에 대한 보답으로 권력층은 자신을 무너뜨리고 감옥에까지 집어넣으려 했다는 것이었다.

"탬파는 자기 새끼를 잡아먹는답니다." 그가 말했다.

☘ ☘ ☘

그 누구도 렉스가 겸손하지 않다고 비난할 수는 없다. 렉스의 굽힐 줄 모르는 바로 그 기질 때문에 사람들은 렉스를 좋아하거나 혹은 아주 싫어했다. 하지만 그가 뉘우치지 않았다고 해서 그가 완전히 틀렸다고 볼 수는 없는 노릇이었다.

렉스의 몰락 과정을 돌이켜보면, 그 모든 상황이 어느 정도는 조직적인 히스테리였다는 걸 부인할 수 없었다. 여러 해 동안 렉스는 수많은 탄환을 적군에게 공급한 셈이었다. 허먼과 엔샬라가 죽은 뒤 동물원 직원들의 침울한 분위기를 생각해보면, 이사회에서 파타스 원숭이들이 섬을 탈출하기 훨씬 이전에 이미 강제로 렉스를 내보낼 구실을 마련할 수도 있었다. 하지만 사파리 와일드에 대한 분노는 동물원이나 야생동물 보호구역 내 동물들의 안위와는 아무런 상관이 없었다. 폭풍 같은 감사가 몰아쳤지만, 자금유용 문제 같은 것이 드러나지도 않았다. 만일 그랬다면, 시 당국과 동물원은 각자 손실을 메우기 위해 더 강하게 몰아붙였을 것이다.

결국, 문제는 소수의 선택된 영장류들 간의 힘의 균형에 있었다. 말하자면, 앞으로 누가 동물원을 이끌 것인가, 수용할 수 있는 것과 없는 것을 누가 결정할 것인가, 하는 것이 문제의 핵심이었다. 공개적으로 위협하고 제스처를 취하는 인간들을 보면, 침팬지 전시관에 있는 허먼이나 과장된 몸짓의 암컷들이 소리를 지르고 자기 가슴을 쿵쿵 두들기며 위협하거나 서로 빙빙 돌며 쫓고 쫓기는 모습과 다를 바가 없었다.

이 모든 것은 로우리 파크가 어떤 유형의 동물원이 되어야 할지, 어떻게 진화할지, 그리고 미래의 지구 생태계 속에서 다른 기관들과 함께 어떤 역할을 담당해 나갈지를 묻는 좀 더 진지한 질문들로부터 주의를 분산시키는 한 편의 사이드쇼(서커스 등에서 손님을 끌기 위해 따로 보여주는 간단한 공연_옮긴이)였다. 탬파 시 당국은 렉스를 공격하는 법적 공방에 도대체 얼마나 많은 비용을 쏟아 부었을까? 그 돈이면 매년 사라져 가는 생물종 하나를 살리기 위해 어떤 일을 할 수 있을지는 상상에 맡긴다.

⁂ ⁂ ⁂

렉스의 잘못으로 인해 생긴 문제가 무엇이든 간에 오늘날 인간이라는 종이 이 지구상의 야생 생태계에 입히고 있는 피해와는 비교도 되지 않을 것이다. 자신의 저서 『생명의 미래』에서 지구상의 수많은 생물종에 불어 닥치고 있는 멸종의 바람에 대해 다룬 저명한 생물학자 에드워드 윌슨은 호모 사피엔스를 "생물권의 연쇄살인자"라고 표현했다.

지구 온난화. 극지방 만년설의 해빙. 대기오염과 해양오염. 아마존을 파괴하는 화재. 그리고 수백만 명의 우리 인간들은 아이를 학교에 데려다 줄 때도, 장을 보러 갈 때도, 일하러 갈 때도 자동차를 운전한다. 이 밖에도 수많은 다른 이유들로 인해, 로우리 파크에 와 있는 수많은 생물종이 야생 생태계 속에서 멸종위기에 처해 있다. 일부 종은 이미 벼랑 끝에서 떠밀렸다.

파나마 열대우림의 황금개구리는 거의 사라진 상태다. 한곳에 잔뜩 몰려 있는 모습이 관찰되곤 하던 집중 서식지나 연구원들이 '개구리 천 마리 강'이라는 별명으로 불렀던 계곡에서조차 한 마리도 볼 수 없었다.

"이제 기억 속의 존재가 될지도 모르겠군요." 황금개구리를 비롯한 전 세계의 양서류 종을 구하기 위한 노력에 앞장서 온 생물학자 케빈 지펠이 말했다. "이제 정말 거의 사라진 것 같아요."

2005년 1월, 케빈과 더스틴 일행이 협곡을 따라 내려가던 그날 아침 본 것이 야생의 자연에서 볼 수 있는 마지막 황금개구리였을 것이다.

⁂ ⁂ ⁂

아프리카 역시 시간이 얼마 남지 않았다.

믹 레일리와 그의 가족은 여전히 코끼리, 검은코뿔소, 사자, 그리고 스와질란드의 야생동물 보호구역 내 특별구역에 있는 다른 여러 생물종들을 지키고 있다. 믹의 아버지 테드는 지난 40년간 이 땅의 야생 생태계를 보존하고자 애써 왔다. 믹은 어려서부터 늘 아버지와 함께 동물들 사이에 있었다. 믹이 아장아장 걸음마를 시작할 무렵 덤불 속에 서서 코뿔소 한 마리를 내려다보고 있는 사진도 있었다.

믹은 이제 서른아홉이다. 지금껏 그와 아버지는 평생 스와질란드 왕과 더불어 동물을 보호하는 일을 해왔다. 1990년대 초반 보호구역 내에 들어와 기관총으로 코뿔소들을 쏴 죽이고 뿔을 베어낸 뒤 피 흘리는 사체들을 흙 위에 버려두고 간 도살자, 밀렵꾼, 정치인들과 싸워왔다.

스와질란드에서 가장 심각한 멸종위기에 처한 종들을 위해 마련된 이곳 음카야에는 도살당한 코뿔소들의 두개골이 하얗게 빛바랜 채 줄지어 놓여 있으며, 총상 자국이 아직도 선명했다. 믹과 테드와 함께 랜드로버를 타고 구불구불한 길을 따라 달리며 오후 한나절을 보내다 보면, 그들이 지금껏 지키기 위해 싸워온 모든 것들과 우리 인간들이 지금도 잃어가고 있는 것들을 볼 수 있을 것이다. 위버의 둥지가 마치 종이봉투처럼 나무에 걸려 있었고, 독수리들은 푸른 하늘을 돌고 있었다.

믹은 사바나에 대해 환상을 심어주지 않았다. 그는 종종 여행자들이 눈을 휘둥그레 뜨고는 생태계의 자연적 평형에 대해 환상을 덧입혀 말하는 것을 들을 때가 있었다.

"그런 건 없어요. 예전에도 없었고요. 평형 같은 건 없어요, 늘 변화하는 상태니까요." 랜드로버 핸들 앞에 앉아 믹이 말했다.

그는 동물들 사이를 헤쳐 나가며 가뭄, 홍수나 질병으로 그들을 없애버리는 자연의 위력에 대해 이야기했다. 인간이 자행하는 파괴는 말할 것도 없다. 이런 이야기를 들려주는 동안 얼룩말 무리가 그의 등 뒤 지평선을 따라 질주했고, 그 뒤를 영양들이 따랐다.

"자연은 편파적이지 않아요." 아버지가 늘 썼던 표현이라며 믹이 말했다.

⁂ ⁂ ⁂

코끼리 11마리를 샌디에이고와 탬파로 보낸 지 7년째 되는 2010년 오늘, 나머지 코끼리들은 여전히 스와질란드 야생동물 보호구역의 수용 한계를 위협하고 있다. 더 많은 새끼들이 태어났고, 밀렵꾼들에 대한 통제는 여전했다. 현재 보호구역 내에는 37마리의 코끼리가 있다. 11마리를 미국으로 보내던 2003년과 거의 동일한 숫자에 육박한 셈이다. 그때와 마찬가지로, 코끼리들은 보이는 나무마다 엉망으로 만들어 놓고 있었다. 이 가운데는 3백 년 된 나무들도 있었다. 나무는 죽고 나면, 쉽게 대체되지 않는다.

"인간의 수명주기 안에 저 나무들이 회복되기는 힘들 겁니다." 테드가 말했다.

레일리 가족은 또다시 이러지도 저러지도 못하는 상황이 되었다. 코끼리들이 계속해서 그 많은 나무들을 파괴하게 내버려둘 수는 없다는 것을 그들도 알고 있었다. 하지만 단 한 마리도 강제로 죽게 하고 싶지는 않았다. 그래서 피임에 관한 실험을 하는 중이었으며, 코끼리 정관절제술에서는 최근 어느 정도 성과가 있기도 했다. 바로 지난 해, 디즈니 동물왕국에서 온 전문가가 수의사 팀과 협력하여 음카야와 흘레인 출신의 수코끼리 일곱 마리에게 불임 시술을 시켰던 것이다. 레일리 가족은 이 같은 상황에 조심스레 희망을 걸고 있었다. 또한, 코끼리들을 잘 돌봐줄 미국 동물원으로 코끼리들을 더 보낼 가능성도 열어 놓고 있는 중이었다.

믹과 아버지는 다시는 논란에 휘말리고 싶지 않았다. 그저 어느 정도 납득이 갈 만한 대답을 듣고 싶을 뿐이었다.

어느 늦은 오후, 둘은 함께 경비대원이 모는 차를 타고 음카야 시내의 흙길을 달리고 있었다. 코끼리들은 아무데도 보이지 않았다. 해야 할 일들은 잠시 저만치 미뤄둔 듯했다. 믹과 테드는 하루 중 끝자락의 금쪽같은 시간을 충분히 즐기는 중이었다. 덤불 사이로 황급히 달아나는 혹멧돼지가 지나가고, 풀숲에는 방금 새끼를 낳은 코뿔소 암컷도 보였다.

해 질 무렵, 그들은 하마들이 보랏빛 물속을 떠다니며 요란한 소리를 내고 있는 물웅덩이 앞에 멈추어 섰다. 점점 짙어지는 어둠 속, 침묵 가운데 둘러싸인 채 아버지와 아들은 귀를 기울였다.

이제 떠날 시간이다.

"추베카(계속 갑시다)." 믹이 운전수에게 말했다.

"태양을 따라 갑시다." 테드가 말했다.

01 새로운 세상

20쪽. "제저벨이라는 지프를 타고"
Kessler, Cristina. *All the King's Animals: The Return of Endangered Wildlife to Swaziland*, p.21.

26쪽. "코끼리 소변은 금속을 부식시킬 만큼 독했기 때문이었다."
Holly T. Dublin and Leo S. Niskanen, editors of "IUCN/SSC AfESG Guidelines for the in situ Tranlocation of the African Elephant for Conservation Purposes," p. 38.

29쪽. "하지만 코끼리 도태는 오래전부터 …… 행해지고 있었다."
아프리카 국가들에서 행해진 코끼리 도태의 역사 및 방법은 다음 자료를 참고했다. *Elephant Management: A Scientific Assessment for South Africa* by R. J. Scholes and Kathleen Mennell 중 Rob Slotow 외, "Lethal Management of Elephants"; *Elephants and Ethics: Toward a Morality of Conscience* editied by Christen Wemmer and Catherine A. Chiristen ; *Elephant Reflections* by Dale Peterson ; *The Living Elephants: Evolutionary Ecology, Behavior and Conservation* by Raman Sukumar ; *Battle for the Elephants* by Iain and Oria Douglas—Hamilton ; *Silent Thunder* by Katy Payne ; *Elephant Memories* by Cynthia Moss

30쪽. "30년 동안 …… 잔인한 도태법은 진화에 진화를 거듭했다."
크루거 국립공원에서 행해진 코끼리 도태법에 대한 자료로는 다음을 참고했다. *The Kruger Experience: Ecology and Management of Savanna Heterogeneity* edited by Johan T. Du Toit and Kevin H. Rogers ; *The Kruger National Park: A History* by Salomon Joubert ; "Assessment of Elephant Management in South Africa" powerpoint presentation authored by elephants researchers on 2008.2.25

31쪽. "결국 스콜린 사용은 금지되었다."
"Elephant Culling's Cruel and Gory Past," article posted on International Fund for Animal Welfare's Web site.

32쪽. "제게 이걸 즐기느냐는 질문은 하지 마십시오."
"5000 Elephants Must Die. Here's Why," *Sunday Herald*, October 24, 2004.

33쪽. "동족의 사체를 …… 덮어준다는 것을 알고 있었다."
Cynthia Moss, *Elephant Memories*, pp.73~74, 270~271 ; Mary Battiata, "The Imperiled Realm of the Elephant: Africa's Thinning Herds, Locked in a Struggle for Survival," *Washington Post*, March 15, 1988.

34쪽. "이 코끼리는 도태 지역에서 …… 머무르곤 했다."
Dale Peterson, *Elephant Reflections*, p.244.

34쪽. "짐바브웨에서는 도태 현장에서 …… 도망쳐 숨었다고 한다."
Cynthia Moss, *Elephant Memories*, pp.315~316; "Lethal Management of Elephants," p.298; Battiata, "The Imperiled Realm of the Elephant: Africa's Thinning Herds, Locked in a Struggle for Survival," *Washington Post*, March 15, 1988.

34쪽. "코끼리는 수백 마일 밖에서도 …… 들을 수 있다고 한다."
코끼리들이 장거리 커뮤니케이션하는 능력을 묘사한 부분은 다음 자료를 참고했다. Katy Payne's *Silent Thunder*; Joyce Pool's *Elephants*; Caitlin O'

Connell's *The Elephant's Secret Sense*; "Elephant Communication" by W. R. Langbauer in the journal *Zoo Biology* ; "Unusual Extensive Networks of Vocal Recognition in African Elephants" by Karen McComb and others in the journal *Animal Behaviour* ; "African Elephant Vocal Communication I : Antiphonal Calling Behaviour among Affiliated Females" by Joseph Soltis and others in the journal *Animal Behaviour* ; "Rumble Vocalizations Mediate Inter—partner Distance in African Females, Loxodonta Africana" by Katherine A. Leighty and others in the journal *Animal Behaviour* ; 조이스 풀과 페터 그랜리가 운영하는 웹사이트 www.elepahntvoices.org와 코넬대 조류학 연구소의 웹사이트는 http://www. birds.cornell.edu/brp/elephant 정말 많은 도움이 되었다.

34쪽. "공기 중에 울려 퍼지는 고동 소리"
Katy Payne, *Silent Thunder*, p.20.

35쪽. "머리를 앞뒤로 흔들고 …… 정보에 귀를 기울일 것이다."
코끼리는 초저주파음을 들을 때 이런 행동을 보인다. "African Elephants Respond to Distant Playbacks of Low—Frequency Conspecific Calls" by William R. Langbauer Jr. and others in the Journal of *Experimental Biology* ; "Responses of Captive African Elephants to Playback of Low—frequency Calls" by Langbauer and Payne and others in the *Canadian Journal of Zoology*.

36쪽. "그로부터 몇 년이 지난 후 …… 문제를 일으켰다."
Charles Siebert's "An Elephant Crackup?" *New York Times*, October 8, 2006.

39쪽. "그러는 사이 초빙된 독일인 …… 초음파 검사를 실시했다."
이 부분은 레일리와의 인터뷰 그리고 다음을 참고했다. "Reproductive Evaluation in Wild African Elephants Prior to Translocation," Thomas B. Hildebrandt, Robert Hermes, Donald L. Janssen, James E. Oosterhuis, David Murphy, and Frank Goeritz—from the proceedings of a 2004 joint

conference of the American Association of Zoo Veterinarians, the American Association of Wildlife Veterinarians, and the Wildlife Disease Association, pp.76~77.

40쪽. "동물권리 보호단체들이 …… 못하도록 하고 있었다."
동물권리보호단체 연합이 스와질란드 코끼리들을 미국 동물원으로 데려오는 것을 반대했다는 내용은 다음을 참고했다. "The Swazi 11: A Case Study in the Global Trade in Live Elephants" 2004년 베이징에서 개최된 제 19회 국제동물학회(the International Congress of Zoology)에서 Adam M. Roberts and Will Travers 발표 논문; "Experts Oppose Importing Elephants to American Zoos" 2004년 7월 3일자 〈탬파 트리뷴〉 기사; "4 Elephants from Africa Arrive at Zoo" 2004년 8월 23일자 〈세인트 피터스버그 타임스〉 기사.

41쪽. "PETA는 코끼리들을 …… 비용을 부담하겠다고 제의했다."
Memorandum Opinion in the United States District Court for the District of Columbia, Civil Action No. 03—1497 ; Plaintiffs—Appellants' Emergency Motion for an Injunction Pending Appeal, filed in the United States Court of Appeals for the District of Columbia Circuit, Case No. 03—5216

02 창의적인 피조물들

47쪽. "로우리 동물원은 우리 인간의 …… 살아 있는 책이었다."
이런 나의 아이디어는 아래 책에서 영감을 얻었다. Baratay, Eric, and Elisabeth Hardouin—Fugier, *Zoo: A History of Zoological Gardens in the West*, pp.7~13.

53쪽. "엄청난 양의 말 분뇨를 바닥에 쏟아 부었다."
James Steinberg, "Heavy Security Awaited Elephants," *Los Angeles Times*, August 23, 2003; 웹사이트 10News.com에 2003년 8월 22일에 게재되었던 "PETA Protests Pachyderms with Poo"도 참조.

56쪽. "금발에 파란 눈 …… 로버트 레드포드를 닮았다."
Jeff Klinkenberg, "Wolf Pact: Endangered Red Wolves Find a Haven at Lowry Park Zoo," *St. Petersburg Times*, March 11, 1990.

57~58쪽. "명실상부한 스타였던 쉐나는 …… 무료였다."
"Animal Parade a Fun Idea," *St. Petersburg Times*, June 23, 1965.

58쪽. "쉐나가 받아먹을 …… 던졌다."
"Lowry Park Safeguards Its Guests," *St. Petersburg Times*, July 5, 1966.

58쪽. "행복한 운전과 함께하는 예절바른 도로"
"Kids Do Driving on 'Polite Boulevard,'" United Press International article, Published in the *St. Petersburg Times*, November 28, 1966.

58쪽. "어린이들의 천국"
"Nature Trail: Stark Contrast," *Evening Independent*, May 31, 1965.

58쪽. "왕년의 스타 쉐나는…… 죽었다."
"Elephant Dies of Heart Attack," *St. Petersburg Times*, January 30, 1986.

59쪽. "쥐구멍처럼 좁고 지저분한 곳이었죠."
Christopher Goffard, "Zoo Will Add a World of New Life," *St. Petersburg Times*, May 29, 2001.

65쪽. "허먼의 어린 시절은 …… 가득했다."
허먼의 삶과 여정을 다룬 이 부분은 저자가 수년 동안 관찰한 내용과 더불어 에드 슐츠와 로저 슐츠 그리고 로우리 파크의 영장류 부서 사람들과의 인터뷰 내용을 토대로 쓴 것이다.

70쪽. "자유의 황야"
Ted Hughes, "The Jaguar."

73쪽. "사람들은 엔샬라가 원래 …… 늪림 대신"
Tiger of the World, edited by Ronald L. Tilson and Ulysses S. Seal, p.86.

74쪽. "사육사는 동물원의 양심이다."
Phillip T. Robinson, *Life and the Zoo*, p.59.

03 한밤의 호송

77쪽. "자정 직전, 스와질란드 일레븐은 …… 도착했다."
이 부분은 브라이언 프렌치, 리 앤 로트먼, 렉스 샐리스버리, 헤더 맥킨 그리고 공항과 이송 과정에서 일했던 많은 사람들과의 인터뷰를 토대로 쓴 것이다. 또한 다음도 참고했다. Kathy Steele, "Elephants Are Slipped into Zoo After Dark," *Tampa Tribune*, August 23, 2003.

77쪽. "어떤 회원은 샌디에이고 동물원에 …… 협박했고"
James Steinberg, "Heavy Security Awaited Elephants," *Los Angeles Times*, August 23, 2003

78쪽. "경찰은 이들 세 명을 …… 기소했다."
Tampa Police report 03`359730; Tamara Lush, "Trio of Protesters Arrested at Zoo," *St. Petersburg Times*, August 15, 2003; Kathy Steele, "Importation of Elephants Protested at Zoo, Embassy," *Tampa Tribune*, Aug 15, 2003.

78쪽. "FBI 샌디에이고 지부는 …… 알려주었다."
2003년 8월 20일에 씌어진 FBI 메모와 www.aclu.org/spyfiles/jttf/288.pdf.에 게재된 글을 참조했다.

79쪽. "마치 동료 원숭이처럼 …… 위로해 주었다."
Kari K. Ridge, "I'm just one of the mandrill troop now," *St. Petersburg Times*, December 23, 1996.

79쪽. "몇 년 전에는 머피 박사가 …… 그만 죽어버렸다."
Amy Herdy, "Wallabies Die after Trip in Ryder Truck," *St. Petersburg Times*, July 2, 2002.

79~80쪽. "일례로, 어느 동물원에서는 …… 있는 것을 발견했다."
Murray Fowler, *Restraint and Handling of Wild and Domestic Animals*, pp.7, 73; Murray E. Fowler and Susan K. Mikota, *Biology, Medicine, and Surgery of Elephants*, pp.86~87.

84쪽. "이 수치는 미 연방 노동부에서 …… 세 배나 높은 것이다."
John Lehnardt, "Elephant Handling: A Problem of Risk Management and Resource Allocation," *the Journal of the Elephant Managers Association*, 1991.

85쪽. "젊은 사육사 차리 토레가 …… 목숨을 잃는 사고"
차리 토레의 죽음에 대해서는 차리 토레의 가족, 렉스 샐리스버리와의 인터뷰를 토대로 작성했으며, 아래 자료도 참고했다. Marty Rosen, "Elephant Kills Young Trainer at Tampa Zoo," *St. Petersburg Times*, July 31, 1993; Marty Rosen, "Elephant Had Challenged Her Trainer Before," *St. Petersburg Times*, August 7, 1993.

86쪽. "자유접촉 때와는 달리 …… 벌을 받지 않았다."
자유접촉(free contact) 및 보호접촉(protected contact) 관련 부분은 다음 자료를 참고했다. Eric Scigliano, *Love, War, and Circuses: The Age—Old Relationship Between Elephants and Humans*, pp.280~286; Fowler and Mikota, *Biology, Medicine, and Surgery of Elephants*, pp.52~55; 미국 수의학협회 동물복지 분과에서 발행한 기사 "Welfare Implications of Elephant Training", "No Rules on Handling Elephants" (1993년 7월 31일자 *St. Petersburg Times* 기사)

91쪽. "사자가 말할 수 있다고 해도 …… 이해할 수 없다"
Wittgenstein, *Philosophical Investigations*, p.241.

04 바다 요정의 노래

99쪽. "매너티는 참다못해 수컷 거북과 싸우기도 했다."
Jennifer Young Harper and Bruce A. Schulte, "Social Interactions in Captive Female Florida Manatees," *Zoo Biology*, 2005, pp.137~139.

104쪽. "이 새끼 매너티는 …… 이름을 붙여주었다."
어린 버튼우드를 살리기 위한 직원들의 노력에 대해서는 에드먼즈와의 인터뷰 그리고 이메일 자료에 근거하여 서술하였다. 또한 다음 자료도 참고했다. Shari Missman Miller, "Newborn Manatee Rescued, Coddled," *St. Petersburg Times*, May 15, 2003; Rob Brannon, "Orphaned Manatee Delights Fans," *St. Petersburg Times*, July 6, 2003.

105쪽. "사육사들은 유아식과 …… 효과가 없었다."
"Zoo Puts Foundling Manatee on Display," *St. Petersburg Times*, May 26, 2003.

106쪽. "사니가 버튼우드에게 …… 기대했던 것이다."
"Despite a Couple of Setbacks, Buttonwood Is Getting Better," Shari Missman Miller, *St. Petersburg Times*, July 6, 2003.

106쪽. "조그마한 회색 몸이 둥둥 더 있는 것을 발견했다."
Cory Schouten, "Facing Long Odds, Buttonwood Dies At Zoo," *St. Petersburg Times*, July 12, 2003.

107쪽. "주변이 더 조용했다면 …… 들을 수 있었을 것이다."
저자는 로우리 파크의 사육사들이 매너티들이 우는 소리를 들을 수 있다고 처음 말한 더스틴 스미스와 인터뷰를 하고 이메일을 주고받았다. 매너티들의 소리에 대한 것은 로드아일랜드 대학 해양학과 그리고 협력관계에 있는 마린어쿠스틱 Inc.가 운영하는 웹사이트에 있다. www.dosits.org/gallery/marinemm/31.htm에 가면 사우스플로리다 대학의 데이비드 만에 제공한 오디오클립 등 정보를 볼 수 있다.

110쪽. "로우리 파크는 어린 자녀가 있는 …… 자긍심을 가지고 있었다."
Sue Carlton, "Renovated Zoo Will Roar with Excitement," *St. Petersburg Times*, October 18, 1987.

119쪽. "15년 전, 아시아코끼리에 대한 …… 페인트와 시너를 끼얹었다."
Jane Fritsch, "Animal Activists Deface Homes of Dunda's Keepers" *Los Angeles Times*, October 15, 1988.

119쪽. "황금사자 타마린은 흥미로운 예였다."
"On the Brink of Extinction: Saving the Lion Tamarins of Brazil," *The Encylopedia of Mammals*, pp.342~343.

121쪽. "야생으로 되돌려 보낸 …… 생각조차 하지 않았다."
Vicki Croke, *The Modern Ark*, p.195.

121쪽. "보르네오 오랑우탄은 …… 전문가들도 있다."
"Orangutans on 'Fast Track to Extinction,'" *Independent*, July 6, 2008.

05 왕과 왕비

128쪽. "2009년 코네티컷 스탬퍼드에서는 …… 사건이 일어났다."
Andy Newman, "Pet Chimp Is Killed After Mauling Woman," *New York Times*, February 16, 2009; Stephanie Gallman, "Chimp Attack 911 Call: 'He's Ripping Her Apart,'" CNN.com, February 18, 2009; Anahad O'Connor, "Woman Mauled by Chimp Has Surgery, and Her Vital Signs Improve," *New York Times*, February 18, 2009; John Christoffersen, "Brothers: Victim of Chimp Attack Feared Animal," *Associated Press*, June 28, 2009.

131쪽. "동물원에서 입장을 거절당한 뒤 …… 시를 상대로 고소했다."
Shannon Behnken, "Tuskegee Airman Demanded Equality," *Tampa Tribune*, August 14, 2007.

131쪽. "우리 안으로 면도칼이 날아들었고"
David Smith, *Evening Independent*, August 31, 1976.

131쪽. "물개들은 관람객이 …… 쓰러졌다."
"Kindness Kills Old Sea Lion," Associated Press article published in the *St. Petersburg Times* on June 6, 1963.

132쪽. "하도 어이가 없어서 대꾸도 안 했어요."
Richard Danielson, "Lowry Park Zoo Has Record Number of Visitors," *St. Petersburg Times*, December 6, 1966.

132쪽. "동물원 사자를 훔쳐 …… 사람도 있었다."
"3 Charged in Lion Theft," *St. Petersburg Times*, February 19, 1976.

133쪽. "언제나 즐거움을 주는 …… 흙을 세게 던졌다."
"Mayor Greco Gets a Hand," Associated Press article published in the *St. Petersburg Times*, Sept. 27, 1972.

135쪽. "제인 구달은 …… 아끼지 않았다."
제인 구달이 허먼과 로우리 파크에 대해서 언급한 것들은 다음 자료를 참조했다. Mary Dolan's "Noted Expert on Primates Visits ChimpanZoo Site," *St. Petersburg Times*, May 7, 1987; Sue Calton's "Primate Expert Touts Zoo Project," *St. Petersburg Times*, May 9, 1990.

135쪽. "어느 날은 걸스카우트에서 …… 인사하기도 했다."
Dong—Phuong Nguyen, "A Girl's Curiosity Nurtured Expertise," *St. Petersburg Times*, March 23, 2005.

136쪽. "곰베 국립공원에 있는 침팬지들처럼"
Jane Goodall, *In the Shadow of Man*, pp.35~36.

136쪽. "흰개미집도 진짜가 아니었다."
Vicki Croke, *The Modern Ark*, p.39.

136쪽. "예전부터 사람들은 …… 갇혀 있는 모습을 싫어했다."
Baratay and Hardouin—Fugier, *Zoo: A History of Zoological Gardens in the West*, p.237.

136쪽. "가짜 새똥을 그려 넣어"
Phillip T. Robinson, *Life at the Zoo*, p.90.

136쪽. "모조된 자유"
Baratay and Hardouin—Fugier, *Zoo: A History of Zoological Gardens in the West*, p.244.

138쪽. "네덜란드에 있는 아른헴 동물원에서는 …… 공모하기도 했다."
Frans de Waal, *Chimpanzee Politics*, pp.211~212.

138쪽. "이 사건을 가리켜 '암살'이라고 표현했다."
Richard Wrangham and Dale Peterson, *Demonic Males*, p.128.

138쪽. "한때 제인 구달이 …… 전쟁을 되풀이했다."
Jane Goodall, *Through a Window*, pp.98~111

138~139쪽. "수컷들은 다른 집단의 암컷과 …… 사지를 절단하기도 했다."
Jane Goodall, *Through a Window*, pp.104~108; Wrangham and Peterson, *Demonic Males*, pp.17~19.

144쪽. "야생에서 살건 동물원에서 살건 호랑이는 자신만의 고유한 성격이 있다."
Lee S. Crandall, *A Zoo Man's Notebook*, p.133.

146쪽. "더치가 몸집이 더 컸지만, …… 풀이 죽어 숨어버렸다."
Mary Jo Melone, "Tigers Take Time Breaking the Ice," *St. Petersburg Times*, June 28, 1989.

146쪽. "셔 칸은 발버둥 치다 끝내 질식사하고 말았다."
Kathleen Ovack, "Tiger Kills Rare Cub as Visitors Watch," *St. Petersburg Times*, May 6, 1990.

148쪽. "마이애미 메트로 동물원에 근무하던 …… 목숨을 잃었다."
"Fatal Mauling a Metrozoo Mystery," *Miami Herald*, June 7, 1994; "In the Zoo World, a Mistake Can Be Lethal," *Boston Globe*, June 11, 1994.

148쪽. "사자가 그녀의 손을 물어뜯었고 팔꿈치까지 잘려나갔다."
Logan Mabe, "Lion Bites Off Worker's Arm," *St. Peterburg Times*, May 13, 2002; Kathryn Wexler, "Zoo Keeper Put Fingers in Lion's Cage," *St. Petersburg Times*, May 14, 2002.

150쪽. "새끼들은 금세 동물원의 명물로 떠올랐지만"
Marty Rosen, "Tiger Kittens Make Debut," *St. Petersburg Times*, November 27, 1991.

152쪽. "그러던 어느 날 정오 무렵, …… 싸움이 시작됐다."
Janet Shelton Rogers, "Zoo's Female Tiger Dies after Fight with Mate," *St. Petersburg Times*, March 12, 1994; "Crushed Windpipe Killed Tuka," *St. Petersburg Times*, March 16, 1994.

06 냉혈동물

169쪽. "관람객들이 유독 파충류 전시관은 …… 빨리 지나쳐버린다는 사실"
Vicki Croke, *The Modern Ark*, p.97.

07 인간과 동물 사이

179쪽. "도쿄에 있는 우에노 동물원에서는 …… 탈출에 대비하고 있다."
At the Ueno Zoo in Tokyo: Phillip T. Robinson, *Life at the Zoo*, p.77; Vicki Croke, *The Modern Ark*, p.105.

180쪽. "1992년, 허리케인 앤드루가 …… 폐허가 되고 말았다."
Tai Abbady, "Miami's Zoo Teems with New Life 10 Years after Hurricane Andrew," Associated Press, 2002; 마이애미 동물원 웹사이트 www.miamimetrozoo.com/about—metro—zoo.asp?Id=93&rootId=8.

182쪽. "샌프란시스코 동물원은 크리스마스를 맞아 …… 부상을 입었다."
이 부분은 〈샌프란시스코 크로니클〉의 수많은 기사 그리고 AZA소속의 조사관들이 쓴 15쪽짜리 보고서를 참고했다. 조사관들은 공격사건을 목격한 많은 샌프란시스코 동물원 직원들을 인터뷰했으며, 당시 사건의 일지를 광범위하고 세세하게 보여주고 있다. 조사관의 보고서는 〈샌프란시스코 크로니클〉의 웹사이트에(www.sfgate.com/ZCTQ) 2008년 3월 게재된 글에 상세하게 나와 있다.

182쪽. "무슨 말씀이죠? 내 동생이 지금 죽어가고 있다고요."
911에 건 전화내용은 〈샌프란시스코 크로니클〉 2008년 1월 16일자에서 따왔다.

185쪽. "호랑이가 탈출한 날 밤 …… 긴급전화를 받았다."
Justin Scheck and Ben Worthen, "When Animals Go AWOL, Zoos Try to Tame Bad PR," *Wall Street Journal*, January 5, 2008.

185쪽. "동물원을 비참한 감옥으로 매도하고 …… 언론에 공개하는 동물보호단체들"
"Zoos: Pitiful Prisons," PETA의 웹사이트(www.peta.org/mc/facesheet_display.asp?ID=67) 2009년 7월 10일.

186쪽. "샌프란시스코 동물원의 …… 첫 사고였다."
"When Animals Go AWOL," *Wall Street Journal*, January 5, 2008.

187쪽. "나는 이제 사자다!"
Lawrence Wright, *The Looming Tower*, p.231.

187~188쪽. "2008년, 한 남성이 …… 크누트에게 가까이 다가가려 했다."
"Lonely Man Jumps Into Cage With Polar Bear Knut," *Associated Press*, December 22, 2008.

188쪽. "몇 개월 후, 어느 실직 여교사는 …… 첨벙거리며 헤엄쳤다."
"Woman Is Mauled by Polar Bear after Jumping into Berlin Zoo Enclosure," Associated Press article published in the *Los Angeles Times*, April 15, 2009.

188쪽. "리스본 동물원에서는 …… 목숨을 잃기도 했다."
"Lioness Kills Man Who Jumped into Zoo Pit," *Reuters*, January 25, 2002.

189쪽. "한 사육사가 …… 그녀의 시체를 발견했다."
이 부분은 〈워싱턴 포스트〉의 기사를 토대로 쓴 것이다. Avis Thomas-Lester's "Autopsy Says Lion Attack Killed Woman; Police Try to Establish Identity of Woman Found in Lion's Den," March 6, 1995; Phil McCombs' "In the Lair of the Urban Lion," March 7, 1995; Toni Locy's "Lion Victim Spent Final Day at Court; Clerk Says Woman Wanted to File Suit for Custody of a Daughter," March 10, 1995. Kay Redfield Jamison, *Night Falls Fast: Understanding Suicide*, pp.154~159.

191쪽. "오랑우탄은 우리를 탈출하는 데 쓸 도구를 직접 만들기도 한다."
Eugene Linden, *The Octopus and the Orangutan*, p.96.

193쪽. "딸이 죽기 전날 밤 …… 저와 얘기를 했어요."
차리 토레의 죽음과 관련된 이야기는 차리 토레의 가족, 렉스와의 인터뷰를 토대로 썼다. 탬파 경찰의 관련 보고서(#93-050287)와 아래의 〈세인트 피터스버그 타임스〉 기사도 참조했다. Marty Rosen, "Elephant Kills Young Trainer at Tampa Zoo," July 31, 1993; Marty Rosen, "Elephant Had Challenged Her Trainer Before," August 7, 1993.

194쪽. "아시아코끼리는 …… 평소에는 더 유순하게 행동한다."
M. Gore, M. Hutchins, and J. Ray, "A Review of Injuries Caused by Elephants in Captivity: An Examination of Predominant Factors," *International Zoo Yearbook*, 2006, p.60.

194쪽. "코끼리의 기분과 성격을 …… 공격을 당하기 쉬운 대상이다."
Amy Sutherland, *Kicked, Bitten, and Scratched*, p.270.

194쪽. "틸리는 동물원에서 지낸 지 …… 파악하는 데 이력이 나 있었다."
코끼리의 역사에 관한 좀 더 상세한 것은 다음을 참조. *The North American Regional Studbook—Asian Elephant*, p.51.

195쪽. "샌디에이고 야생동물공원은 …… 학대한다는 추문이 퍼지자"
샌디에이고에서 있었던 코끼리와 관련한 논쟁은 1988년 5월에서 12월 사이에 〈로스앤젤레스 타임스〉에 게재된 제인 프리쉬의 기사를 참조했다.

195쪽. "범고래를 훈련시키는 방식을 본떠 …… 자유접촉과는 달랐다."
보호접촉 시행 관련 부분은 다음 자료를 참고했다. Gary Priest, "Zoo Story" (1994년 10월 www.inc.com 기사); Priest and others, "Managing Elephants Using Protected Contact" (*Soundings* 1998년 봄호 기사); "Protected—Contact Elephant Training" (1991년 AZA conference에서 발표된 자료) ; 그 외 www.activeenvironments.org 기사 다수.

196쪽. "동물원에서는 코끼리의 발을 관리 …… 업무 중 하나다."
Gary Priest, "Zoo Story," and Ian Redmond, *Elephant*, p.16.

197쪽. "치코는 화가 단단히 날 때면 …… 번쩍 치켜들었다."
Tim Desmond and Gail Laule, "Protected—Contact Elephant Training,"

pp.4~5.

198쪽. "베테랑 사육사들은 행동 전문가의 승용차를 파손했다."
Amy Sutherland, *Kicked, Bitten, and Scratched*, p.271.

199쪽. "저는 비슷한 규모를 가진 …… 가장 뛰어나다고 생각합니다."
Jennifer Orsi, "Tampa's Lowry Park Zoo: From Bad to Best," *St. Peterburg Times*, March 3, 1994.

199쪽. "틸리의 경고 행동은 …… 직후부터 시작되었다."
Larry Dougherty, "Zoo Cleared in Elephant Handler's Death," *St. Petersburg Times*, April 3, 1997.

201쪽. "우리를 위해 슬퍼하지 …… 죽음을 맞는 이들에게 애도를"
토레의 가족이 차리가 가지고 다니던 쪽지를 보여주었다. 내용은 미국의 고전 SF TV 드라마 〈트와일라이트 존〉(Twillight Zone) 중 "The Star"라는 에피소드에 나온 대사이다.

08 베를린 보이즈

204쪽. "능숙하게 도구를 이용할 줄 아는 동물이었다."
코끼리들이 갖추고 있는 다양한 능력과 도태 작업을 막아내는 모습 등에 관한 자세한 이야기는 *Animal Behaviour* 46권, 210쪽에 실린 Suzanne Chevalier—Skolnikoff의 "Tool Use by Wild and Captive Elephants"의 기사에서 볼 수 있다.

204쪽. "추상화 몇 점은 크리스티에서 경매에 부쳐지거나"
Hillary Mayell, "Painting Elephants Get Online Gallery," *National Geographic News*, June 26, 2002. 코끼리들의 예술 작품은 http://www.novica.com/search/searchresults.cfm?searchtype=quick&txt=1®ionid=1&keyword=elephants&keywordsubmit=.에서 감상 및 구매 가능하다. 각

그림마다 해당 작품에 관한 기사가 곁들어져 있으며, 조련사가 코끼리의 붓놀림을 주도하는 경우와 코끼리 스스로 자유롭게 붓을 움직여 그린 경우의 차이점도 살펴볼 수 있다.

205쪽. "전기 울타리에 큰 바위를 던지거나"
Jocye Poole, *Elephants*, p.36.

205쪽. "버마라는 코끼리가 …… 합선이 일어났고 …… 나갈 수 있었다."
"Elephant Escapes after Dropping Log on Electric Fence," *New Zealand Herald*, January 23, 2004; Peter Calder, "One Morning Out Walking an Elephant Crosses My Path," *New Zealand Herald*, January 24, 2004.

207쪽. "음숄로와 나머지 코끼리들은 …… 다르게 행동했다."
코끼리들의 행동이나 성격에 대한 이 부분의 설명은 저자가 브라이언 프렌치와 스티브 르파브를 인터뷰한 내용을 바탕으로 하고 있다.

208쪽. "코끼리의 얼굴은 해부학상"
코끼리의 감정 표현에 대한 해석은 다음을 참조할 것. Murray E. Fowler and R. Eric Miller, *Zoo and Wild Animal Medicine*, p.44.

212쪽. "코끼리 통제장비라는 불쾌한 이름의 장치"
저자는 사육사들이 코끼리 혈액 채취나 박피에 ERD를 사용하는 경우도 보았다.

217쪽. "코끼리 축사 안에서는 …… 결합되는 중이었다."
인공수정 장면은 저자가 브라이언 프렌치와 스티브 르파브를 인터뷰한 내용과 토머스 힐데브란트 박사와 전화 및 이메일로 대화한 내용을 바탕으로 재구성한 것이다. 또한 다음 자료를 포함해 코끼리의 인공수정에 관한 다수의 논문 및 기사도 참고했다. "Successful Artificial Insemination of an Asian Elephant at the National Zoological Park," published in *Zoo Biology*, volume 23, pp.45~63.

218쪽. "이는 본래 하반신 마비인 …… 개발된 방법이다."
Vicki Croke, *The Modern Ark*, p.167.

218쪽. "그러나 헝클어진 …… 일과일 뿐이었다."
Gretchen Vogel, "A Fertile Mind on Wildlife Conservation's Front Lines," *Science*, November 9, 2001, pp.1271~1272.

219쪽. "코끼리의 생식 특성상 수컷의 질내 삽입은 불필요하다."
Hildebrandt, Goeritz, and others, "Aspects of the Reproductive Biology and Breeding Management of Asian and African Elephants," *International Zoo Yearbook*, 2006.

09 짝짓기

223쪽. "어둠 속 하늘 끝에서"
매너티에 대한 위성 추적을 다룬 도입부 내용은 모니카 로스와의 인터뷰 내용을 바탕으로 하고 있으며, NOAA 및 NOAA의 위성을 사용해 매너티를 추적하는 기업인 CLS 아메리카 측에서 제공한 정보를 참고하였다.

10 인간 전시

244쪽. "사기 행동 및 그에 대한 방어 행동"
Anne E. Russon, "Exploiting the Expertise of Others," a chapter in *Machiavellian Intelligence II*, edited by Andrew Whiten and Richard W. Byrne, pp.193~194.

249쪽. "렉스는 시장이나 주지사의 마음을 얻는 법을 터득해야 했다."
샐리스버리의 과거사와 경영스타일에 관해 언급한 이 부분은 저자가 다년간 관찰한 내용과 샐리스버리 본인 및 주변인들을 인터뷰한 내용을 바탕으로 작성한 것이다.

262쪽. "관련 기사에서 이 잡지는 …… 높이 평가했다."
Maureen P. Sangiorio, "The 10 Best Zoos for Kids," *Child*, June—July 2004, pp.112~122.

12 역류

289쪽. "그리고 마케팅 팀에서는 …… 알고 있었다."
"Ellie's Big Bundle of Joy," by Alexandra Zayas, *St. Petersburg Times*, November 11, 2005.

290쪽. "클리어워터의 프런티어 초등학교 2학년생이 …… 승자가 되었다."
"Elephant Calf Christened at Lowry Park," by Alexandra Zayas, *St. Petersburg Times*, December 22, 2005.

13 자유

303쪽. "사랑 받는 터줏대감"
Rebecca Catalanello, "Fight Kills Lowry Park Chimp," *St. Petersburg Times*, June 8, 2006.

304쪽. "영장류 수컷은 …… 충분히 이해할 만했다."
허먼이 죽은 다음 날 저자는 〈세인트 피터스버그 타임스〉 편집진 회의에 참석한 자리에서 어느 편집자가 이러한 가정을 기정사실화하는 발언을 하는 것을 들었다. 그는 암컷이 좀 더 보살피는 성향이 있기 때문에 루키야는 싸움을 말리고 "돕기 위해 노력"했다고 주장했다.

306쪽. "뱀부에게 벌을 주어야 …… 나오기도 했다."
이 문제에 대한 논쟁을 저자는 여러 차례들은 바 있었다. 허먼이 죽은 다음 날 있었던 〈세인트 피터스버그 타임스〉 편집진 회의에서도 이와 관련한 대화가 오고 갔다.

15 승리

336쪽. "디트로이트 동물원 관계자들은 …… 의견을 밝혔다."
http://www.detroitzoo.org/News%10Events/In_the_News/Elephants_Questions_and_Answers/

339쪽. "보존이라는 가치와는 …… 비판가들의 입장이었다."
수많은 인터뷰와 각종 기사에서 백호 전시에 반대하는 의견을 찾아볼 수 있다. 가장 적극적인 반대의사를 피력하고 나선 것은 미네소타 동물원의 보존업무 담당자이자 다양한 호랑이 아종亞種에 관한 세계적인 전문가 로널드 틸슨이다.

341쪽. "렉스는 표지 사진을 위해 …… 포즈를 취했고"
Bob Andelman, "A Wild Thing: How Lowry Park Zoo Scratched Its Way from Worst to First," *Maddux Business Report*, October 2008.

347쪽. "불과 몇 주 전 렉스는 …… 양해각서를"
해당 문건은 〈세인트 피터스버그 타임스〉 2007년 12월 16일자 "Zoo Story"에서 저자가 처음으로 공개했다. 이듬해, 로우리 파크 동물원 및 사파리 와일드를 좀 더 자세히 다룬 보도기사가 〈세인트 피터스버그 타임스〉와 〈탬파 트리뷴〉 등에 실리면서 이 양해각서에 대한 집중 분석이 이루어졌다.

16 패배

353쪽. "인간의 눈에 파타스원숭이는 …… 보인다."
Tom Lake, "Fastest Monkeys on Earth Won't Be Easy to Capture," *St. Petersburg Times*, April 24, 2008.

353쪽. "덩치가 그다지 큰 편은 아니지만 …… 발달되어 있다."
파타스원숭이에 대한 정보는 위스콘신 대학 영장류 정보넷 웹페이지(http://pin.primate.wisc.edu/factsheets/entry/patas_monkey)에서 볼 수 있다.

353쪽. "누군가에게 쫓길 때에는 …… 경우가 많다."
Kelly Benham and Don Morris, "Escape from Monkey Island," *St. Petersburg Times*, February 1, 2009.

354쪽. "우리 집 뜰에 원숭이들이 있어."
Erin Sullivan, "Seeing Monkeys? You're Not Bananas," *St. Petersburg Times*, August 30, 2008.

355쪽. "원숭이들이 어느 농장으로 …… 방전되기도 했다."
Baird Helgeson, "Escaped Monkeys Make Mischief on Ranch," *Tampa Tribune*, October 25, 2008.

358쪽. "내가 정치적으로 좀 더 소질이 있었다면 좋았겠지요."
Alexandra Zayas, "Iorio Says Zoo Didn't Keep City Informed," *St. Petersburg Times*, September 16, 2008.

359쪽. "그러나 이후 여름 동안 …… 것으로 밝혀졌다."
이 논쟁에 대한 상세한 내용은 탬파 시의 동물원에 대한 감사 내용을 토대로 썼다. 2009년 3월 최종보고서가 공개되었으며 www.tampagov.net/dept_Internal_Audit/files/09/0901.pdf에서 볼 수 있다. 더불어 감사내용은 많은 언론사와 신문기사를 통해서 공개되었다.

361쪽. "자비를 구하시오."
Alexandra Zayas, "Zoo Leader Takes Issue with Audit," *St. Petersburg Times*, December 16, 2008.

363쪽. "렉스와 관련된 대부분의 …… 놀랍지 않은 것이었다."
렉스 샐리스버리가 강제 퇴출당하기 전 2년여 동안 로우리 파크가 안고 있는 수많은 문제점들은 이미 여러 차례 공개적으로 드러난 바 있었다. 크리에이티브 로핑(Creative Loafing)의 알렉스 피켓은 로우리 파크 동물원이 처한 상황에 대해 여러 차례 경고 메시지를 던진 바 있으며, 2006년 10월 25일자 잡지에는 "멸종위기 종: 로우리 파크 동물원은 얼마나 안전한가?"(Endangered Species:

How Safe Is Lowry Park Zoo?)라는 제목으로 장편의 폭로 기사를 싣기도 했다. 제프와 콜린 크레머 부부는 스캔들이 터지기 한참 전부터 여러 언론 매체의 기자들과 수차례 인터뷰를 가지고, 자신들이 운영하는 tampaszooadvocates.com 웹사이트에 동물원의 문제점을 상세히 언급하기도 했다. 한편, 이 책의 저자는 2006년 10월 1일 〈세인트 피터스버그 타임스〉에 "왕과 여왕의 죽음에 바치는 애가"라는 글을 통해 엔샬라와 허먼의 죽음을 자세히 다루었으며, 렉스의 다혈질적인 경영 스타일과 동물원 내 직원들의 사기 문제를 사파리 와일드의 이해 상충 가능성 문제와 함께 2007년 12월 9부에 걸쳐 연작으로 게재했다.

363쪽. "직원들은 렉스가 트레일러를 몰고 …… 자주 보았다."
저자도 이러한 모습을 수차례 보았고, 동물원 직원들도 늘 있는 일처럼 이야기하는 것을 들은 바 있었다. 또한, 2003년 10월에 참석했던 도슨트 회의의 경우도 마찬가지였다. 이 회의에서 리 앤 로트먼은 동물원의 얼룩말 네 마리를 샐리스버리의 농장에서 데리고 왔음을 밝히기도 했다

364쪽. "케이블TV 쇼프로그램인 〈시장과의 만남〉에서 방송을 타기도 했다."
Alexandra Zayas, "City of Tampa TV Showed Rhinos' Delivery to Private Zoo," *St. Petersburg Times*, October 23, 2008. 이 기사에 따르면 두 마리의 코뿔소가 사파리 와일드로 옮겨지는 사진을 아직도 탬파 시 웹사이트 (http://tampafl.gov/dept_Cable_Communication/programs_and_services/city_of_tampa_television/_behind_the_scencs/behind_the_scenes37.asp.에서 볼 수 있다.

365쪽. "트렌트 메더는 …… 코요테가 아닐까 생각했다."
메더가 탈출한 원숭이 중 한 마리를 사살한 것에 대해서는 벤 몽고메리의 기사에 많이 의존하고 있다. "The Real Fate of Monkey No.15," *St. Petersburg Times*, January 30, 2009.

369쪽. "저 원숭이들 당신은 못 잡을 거예요."
렉스와 디나 브라운이 마지막 원숭이 네 마리를 잡은 이야기는 켈리 벤햄이 쓰고 돈 모리스가 일러스트레이션을 담당한 "원숭이 섬으로부터의 탈출"이라는

멀티미디어 프로젝트 수상작을 바탕으로 한 것이다. 이 작품은 〈세인트 피터스버그 타임스〉 2009년 2월 1일자에 실리기도 했다. 존 코빗과 데지레 페리가 참여한 양방향 애니메이션은 웹사이트 www.tampabay.com/specials/2009/reports/monkey—island/에서 볼 수 있다. 브라운 부부와의 인터뷰 전문에 관한 자세한 내용은 벤햄의 배려로 듣고 이 글에 녹여낼 수 있었다.

17 도태

373쪽. "플로리다답지 않게 ……느낌이었다."
이 장은 동물원 이사회에 대한 수많은 뉴스 기사와 샐리스버리, 셰파 그리고 당일 투표를 했던 로우리 파크의 이사회 멤버 두 명을 인터뷰한 것을 기초로 썼다. 특히 다음 기사를 많이 참고했다. Alexandra Zayas "Lowry Park's Longtime Chief Forced to Resign," *St. Petersburg Times*; Baird Helgeson, "Lowry Park Zoo Director Announces Resignation," *Tampa Tribune*. 이 두 기사는 모두 2008년 12월 19일자 기사다.

378쪽. "당신 아기라면 …… 가겠습니까?"
이 장면은 엘레나 셰파, 마티 라이언, 그리고 셰파의 말을 인용한 조사관 데니스 브루어와의 인터뷰를 기초로 한 것이다. 당시 조사의 일환으로 주차장에서 찍어둔 패스파인더 사진도 참고가 되었다. 데니스 조이스가 작성한 〈탬파 트리뷴〉 2008년 12월 18일자 기사 "Wife of Ex-Zoo Director Charged with Animal Cruelty"(동물학대로 비난 받는 전직 동물원장 아내)도 참고했다.

에필로그

383쪽. "2009년 9월, 동물원은 …… 방식이었다."
Baird Helgeson, "Tampa Zoo Uses Vague Ad to Seek New CEO," *Tampa Tribune*, September 30, 2009.

388쪽. "엘 디아블로 블랑코는 …… 쳐다보았다."
이 부분은 2010년 2월 28일 파스코 카운티에 있는 렉스의 농장에서 저자가 인터뷰한 내용을 바탕으로 한 것이다.

389쪽. "그와 관련된 모든 상황에 지친 …… 받기로 합의했다."
Alexandra Zayas, "Tampa's Lowry Park Zoo and Former President Lex Salisbury Negotiate a Financial Settlement," *St. Petersburg Times*, August 22, 2009.

395쪽. "생물권의 연쇄살인자"
E. O. Wilson, *The Future of Life*, p.94.

참 고 자 료

Baratay, Eric, and Elisabeth Hardouin—Fugier, *Zoo: A History of Zoological Gardens in the West*. English translation. Reaktion Books, 2002.

Bartlett, R. D. *Poison Dart Frogs: Facts & Advice on Care and Breeding*. Barron' s Educational Series, Inc., 2003.

Beard, Peter. *The End of the Game: The Last Word From Paradise*. Updated edition. Taschen, 2008.

Biology, Medicine, and Surgery of Elephants. Edited by Murray E. Fowler and Susan K. Mikota. Blackwell Publishing, 2006.

The Care and Management of Captive Chimpanzees. Edited by Linda Brent. The American Society of Primatologists, 1997.

Chadwick, Douglas H. *The Fate of the Elephant*. Sierra Club Books, 1994.

Clement, Herb. *Zoo Man*. Macmillan, 1969.

Cognitive Development in Chimpanzees. Edited by T. Matsuzawa, M. Tomonaga, and M. Tanaka. Springer, 2006.

Crandall, Lee S., in collaboration with William Bridges. *A Zoo Man's Notebook*. University of Chicago Press, 1975.

Croke, Vicki. *The Modern Ark: The Story of Zoos: Past, Present and Future*. Scribner, 1997.

A Cultural History of Animals. Volumes One through Six. Edited by Linda Kalof and Brigitte Resl. English edition by Berg, 2007.

de Waal, Frans. *Chimpanzee Politics: Power and Sex among Apes*. Revised edition, Johns Hopkins University Press, 2000.

Donahue, Jesse, and Erik Trump. *The Politics of Zoo: Exotic Animals and Their Protectors*. Northern Illinois University Press, 2006.

Douglas—Hamilton, Iain and Oria. *Battle for the Elephants*. Frist American edition, Viking Penguin, 1992.

An Elephant in the Room: The Science and Well—Being of Elephants in Captivity. Edited by Debra L. Forthman, Lisa F. Kane, David Hancocks, and Paul F. Waldau. From a 2006 symposium at Tufts University's Center for Animals and Public Policy, since posted online at elephantsincaptivity.com.

Elephant Management: A Scientific Assessment for South Africa. Edited by R. J. Scholes and K. G. Mennell. Witwatersrand University Press, Johannesburg, 2008.

Elephants and Ethics: Toward a Morality of Coexistence. Edited by Christen Wemmer and Catherine A. Christen. The Johns Hopkins Unversity Press, 2008.

The Encylopedia of Mammals. Edited by David Macdonald. Second edition. The Brown Reference Group, 2001.

Ethics on the Ark: Zoos, Animal Welfare, and Wildlife Conservation. Edited by Bryan G. Norton, Michael Hutchins, Elizabeth F. Stevens, and Terry L. Maple. Smithsonian Institution Press, 1996.

Fowler, Murray. *Restraint and Handling of Wild and Domestic Animals*. Third edition. Wiley—Blackwell, 2008.

Friend, Tim. *Animal Talk: Breaking the Codes of Animal Language*. Free Press, 2004.

Goodall, Jane. *In the Shadow of Man*. First Mariners Books edition, 2000.

Goodall, Jane. *Through a Window: My Thirty Years with the Chimpanzees of Gombe*. First Mariners Books edition, 2000.

Grandin, Temple, and Catherine Johnson. *Animals in Translation*. Paperback edition by Harcourt Books, 2006.

Hancocks, David. *A Different Nature: The Paradoxical World of Zoos and*

Their Uncertain Furture. University of California Press, 2001.

Hanson, Elizabeth. *Animal Attractions: Nature on Display in American Zoos*. Princeton University Press, 2002.

Hediger, H. *The Psychology and Behaviour of Animals in Zoos and Circuses*. English translation. Dover Publications, Inc., 1969.

Hediger, H. *Wild Animals in Captivity: An Outline of the Biology of Zoological Gardens*. English translation. Dover Publications, Inc., 1964.

Hill, Peggy S. M. *Vibrational Communication in Animals*. Harvard University Press, 2008.

Hosey, Geoff, Vicky Melfi, and Sheila Pankurst. *Zoo Animals: Behaviour, Management, and Welfare*. Oxford University Press, 2009.

Human Zoos: Science and Spectacle in the Age of Colonial Empires. Edited by Pascal Blanchard, Nicolas Bancel, Gilles Boetsch, Eric Deroo, Sandrine Lemaire, and Charles Forsdick. English translation by Liverpool University Press, 2009.

Jamison, Kay Redfield. *Night Falls Fast: Understanding Suicide*. Alfred A. Knopf, 1999.

Joubert, Salomon. *The Kruger National Park: A History*. Volumes One and Two. High Branching, 2007.

Kessler, Cristina. *All the King's Animals: The Return of Endangered Wildlife to Swaziland*. Boyds Mills Press, 2001.

The Kruger Experience: Ecology and Management of Savanna Heterogeneity. Edited by Johan T. du Toit, Kevin H. Rogers, and Harry C. Biggs. Island Press, 2003.

Linden, Eugene. *The Octopus and the Orangutan: New Tales of Animal Intrigue*, Intelligence, and Ingenuity. Dutton, 2002.

Lotters, Stefan, Karl—Heinz Jungfer, Friedrich Wilhelm Henkel, and Wolfgang Schmidt. *Poison Frogs: Biology, Species & Captive Husbandry*. Chimaira, 2007.

Machiavellian Intelligence II: Extensions and Evaluations. Edited by Andrew Whiten and Richard W. Byrne. Cambridge University Press, 1997.

Malamud, Randy. *Reading Zoos: Representations of Animals and Captivity*. New York University Press, 1998.

Maple, Terry L., and Erika F. Archibald. *Zoo Man: Inside the Zoo Revolution*. Longstreet Press, 1993.

Moss, Cynthia. *Elephant Memories: Thirteen Years in the Life of an Elephant Family*. Ballantine Books, 1989.

Mullan, Bob, and Garry Marvin. *Zoo Culture*. University of Illinois Press, 1999.

O' Connell, Caitlin. *The Elephant' s Secret Sense: The Hidden Life of the Wild Herds of Africa*. Free Press, 2007.

Payne, Katy. *Silent Thunder: The Hidden Voice of Elephants*. Paperback edition. Orion, 1999.

Peterson, Dale. *Elephant Reflections*. Photographs by Karl Ammann. University of California Press, 2009.

Poole, Joyce. *Coming of Age With Elephants: A Memoir*. Hyperion, 1996.

Poole, Joyce. *Elephants*. Voyageur Press Inc., 1997.

Robinson, Phillip T. *Life at the Zoo: Behind the Scenes with the Animal Doctors*. Columbia University Press, 2004.

Rothfels, Nigel. *Savages and Beasts: The Birth of the Modern Zoo*. The Johns Hopkins University Press, 2002.

Ryan, R.J. *Keepers of the Ark: An Elephants (sic) View of Captivity*. Self—Published by Xlibiris Corporation, 1999.

Scigliano, Eric. *Love, War, and Circuses: The Age—Old Relationship Between Elephants and Humans*. Houghton Mifflin Company, 2002.

Sihler, Amanda and Greg. *Poison Dart Frogs: A Complete Guide to Dendrobatidae*. T.F.H. Publications, 2007.

Sukumar, Raman. *The Living Elephants: Evolutionary Ecology, Behavior, and Conservation*. Oxford University Press, 2003.

Sutherland, Amy. *Kicked, Bitten, and Scratched: Life and Lessons at the World s Premier School for Exotic Animal Trainers*. Viking Penguin, 2006.

Tigers of the World: The Biology, Biopolitics, Management, and Conservation of an Endangered Species. Edited by Ronald L. Tilson and Ulysses S. Seal. Noyes Publications, 1989.

Turner, Alan. *The Big Cats and Their Fossil Relatives*. Columbia University Press, 1997.

Wild Mammals in Captivity: Principles and Techniques. Edited by Devra G. Kleiman, Mary E. Allen, Katerina V. Thompson, Susan Lumpkin, and Holly Harris. The University of Chicago Press, 1996.

The Wildlife of Southern Africa: The Larger Illustrated Guide to the Animals and Plants of the Region, edited by Vincent Carruthers. Larger format edition. Struik Publishers, 2008.

Wittgenstein, Ludwig. *Philosophical Investigations*. Revised English translation, 50th Anniversary Commemorative Edition, published in 2001 by Blackwell Publishing.

Wrangham, Richard, and Dale Peterson. *Demonic Males: Apes and the Origins of Human Violence*. Mariner Books, 1997.

Wright, Lawrence. *The Looming Tower: Al—Qaeda and the Road to 9/11*. Alfred A. Knopf, 2006.

Wylie, Dan. *Elephant*. Reaktion Books Ltd, 2008.

Zoo and Aquarium History: Ancient Animal Collections to Zoological Gardens. Edited by Vernon N. Kisling, Jr. CRC Press LLC, 2001.

논문

"The Effect of Early Experience on Adult Copulatory Behavior in Zoo—Born Chimpanzees(*Pantroglodytes*)," Nancy E. King and Jill D. Mellen, *Zoo Biology* 13: 1(1994); 51~59.

"African Elephant Vocal Communication I: Antiphonal Calling Behaviour among Affiliated Females," Joseph Soltis, Kirsten Leong, and Anne Savage, *Animal Behaviour* 70: 3(2005); 579~587.

"Anatomy of the Reproductive Tract of the Female African Elephant

(*Loxodonta africana*) with Reference to Development of Tehniques for Artificial Breeding," J.M.E. Balke, W.J. Boever, M.R. Ellersieck, U.S. Seal, and D.A. Smith, *Journal of Reproduction & Fertility* 84(1988); 485~492.

"Aspects of the Reproductive Biology and Breeding Management of Asian and African Elephants Elephas maximus and Loxodonta africana," T.B. Hildebrandt, F. Goeritz, R. Hermes, C. Reid, M. Dehnhard, and J.L. Brown, *International Zoo Yearbook* 40: 1(2006); 20~40.

"Assessment of Elephant Management in South Africa" —powerpoint presentation delivered on February 25, 2008—authored by Bob Schole and 62 other elephants researchers.

"Eletroejaculation, Semen Characteristics and Serum Testosterone Concentrations of Free—Ranging African Elephants(*Loxodonta africana*)," JoGayle Howard, M. Bush, V.de Vos, and D.E. Wildt, *Journal of Reproduction & Fertility* 72(1984); 187~195.

"Elephant Communication," W.R. Langbauer, Jr., *Zoo Biology* 19: 5(2000); 425~455.

"Elephant Culling's Cruel and Gory Past," article posted on International Fund for Animal Welfare's Web site, http//www.ifaw.org/ifaw/general/defaut.aspx?oid=155902.

"Liquid Storage of Asian Elephant(Elephas maximus) Sperm at 4℃," L.H. Graham, J. Bando, C. Gray, M. M. Buhr, *Animal Reproduction Science* 80: 4(2004); 329~340.

"Managing Multiple Elephants Using Protected Contact at San Diego's Wild Animal Park," by Gary Priest, Jennine Antrim, Jane Gilbert, and Valerie Hare, *Soundings* 23: 1(1998); 20~24.

"Manual Collection and Characterization of Semen from Asian Elephants(Elephas maximus)," D.L. Schmitt, T.B. Hildebrandt, *Animal Reproduction Science* 53:1(1998); 309~314.

"A Review of Injuries Caused by Elephants in Captivity: An Examination of Predominant Factors," M. Gore, M. Hutchins, and J. Ray, *International*

Zoo Yearbook 40: 1(2006); 51~62.

"Reproductive Evaluation in Wild African Elephants Prior to Translocation," Thomas B. Hildebrandt, Robert Hermes, Donald L. Janssen, James E. Oosterhuis, David Murphy, and Frank Goeritz—from the proceedings of a 2004 joint conference of the American Association of Zoo Veterinarians, the American Association of Wildlife Veterinarians, and the Wildlife Disease Association, pp.76~77.

"Responses of Captive African Elephants to Playback of Low—Frequency Calls," William R. Langbauer, Jr., Katharine B. Payne, Russell A. Charif, and Elizabeth M. Thomas, *Canadian Journal of Zoology* 67: 10(1989); 2604~2607.

"Rumble Vocalizations Mediate Interpartner Distance in African Elephants, Loxodonta africana," Katherine A. Leighty, Joseph Soltis, Christina M. Wesolek, and Anne Savage, *Animal Behaviour* 76: 5(2008); 1601~1608.

"Semen Collection in an Asian Elephant(*Elephas maximus*) Under Combined Physical and Chemical Restraint," T.J. Portas, B.R. Bryant, F.Goeritz, R. Hermes, T. Keeley, G. Evans, W.M.C. Maxwell, and T.B. Hildebrandt, *Australian Veterinary Journal* 85: 10(2007); 425~427.

"Social Interactions in Captive Female Florida Manatees," Jennifer Young Harper and Bruce A. Schulte, *Zoo Biology* 24: 2(2005); 135~144.

"Successful Cryopreservation of Asian Elephant(Elephas maximus) Spermatozoa," Joseph Saragusty, Thomas B. Hildebrandt, Britta Behr, Andreas Knieriem, Jurgen Krusse, Robert Hermes, *Animal Reproduction Science* article in press, doi:10.1016/j.anireprosci.2008.11.010.

"There' s No Place Like Home? 'The Swazi 11,' a Case Study in the Global Trade in Live Elephants," Adam M. Roberts and Will Travers, presented at the XIXth International Congress of Zoology, August 2004, Beijing.

"The Use of Low—Frequency Vocalizations in African Elephant(*Loxodonta africana*) Reproductive Strategies," by K.M. Leong, A. Ortolani, L.H. Graham, and A. Savage, *Hormones and Behavior* 43: 4(2003); 433~443.

"Unusually Extensive Networks of Vocal Recognitions in African Elephants," Karen McComb, Cynthia Moss, Soila Sayialel, and Lucy Baker, *Animal Behaviour* 59: 6(2000); 1103~1109.

West African Chimpanzees: Status Survey and Conservation Aciton Plan, edited by Rebecca Kormos, Christophe Boesch, Mohamed I. Bakarr, and Thomas M. Butynski, published in 2003 by the International Union for Conservation of Nature and Natural Resources.

동물원

우아하고도 쓸쓸한 도시의 정원

2011년 7월 1일 1판 1쇄 발행
2022년 9월 19일 1판 3쇄 발행

지은이 토머스 프렌치
옮긴이 이진선·박경선
펴낸이 박래선
펴낸곳 에이도스출판사
출판신고 제395-251002011000004호
주소 경기도 고양시 덕양구 삼원로 83, 광양프런티어밸리 1209호
팩스 0303-3444-4479
이메일 eidospub.co@gmail.com
페이스북 facebook.com/eidospublishing
인스타그램 instagram.com/eidos_book
블로그 https://eidospub.blog.me/
표지 디자인 공중정원
본문 디자인 네오북

ISBN 978-89-966022-0-0 03400